高等院校土建类专业"互联网＋"创新规划教材

U0231134

# 高层建筑结构设计
## （第2版）

主　编　刘立平　　黎　丹　　郑妮娜
参　编　杨　琼　　周小龙　　唐　剑
　　　　韩　军

北京大学出版社
PEKING UNIVERSITY PRESS

## 内 容 简 介

本书在第 1 版多年使用的基础上，结合我国现行的国家规范和标准修订而成。全书共 10 章，包括高层建筑发展绪论、高层建筑结构体系与概念设计、高层建筑结构荷载及其效应组合、高层建筑结构计算分析和设计要求、高层建筑框架结构设计、高层建筑剪力墙结构设计、高层建筑框架-剪力墙结构设计、高层建筑筒体结构设计、复杂高层建筑结构设计、高层建筑钢结构与混合结构设计。

本书可作为普通高等院校土木工程专业高层建筑结构课程的教材，也可作为建筑结构专业工程技术人员的参考用书。

**图书在版编目(CIP)数据**

高层建筑结构设计/刘立平，黎丹，郑妮娜主编．—2 版．—北京：北京大学出版社，2020.9

高等院校土建类专业 "互联网+" 创新规划教材

ISBN 978-7-301-31540-8

Ⅰ.①高…　Ⅱ.①刘…②黎…③郑…　Ⅲ.①高层建筑-结构设计-高等学校-教材

Ⅳ.①TU973

中国版本图书馆 CIP 数据核字(2020)第 151917 号

| 书　　　　名 | 高层建筑结构设计（第 2 版） |
| --- | --- |
|  | GAOCENG JIANZHU JIEGOU SHEJI (DI - ER BAN) |
| 著作责任者 | 刘立平　黎　丹　郑妮娜　主编 |
| 策 划 编 辑 | 吴　迪　卢　东 |
| 责 任 编 辑 | 伍大维 |
| 数 字 编 辑 | 蒙俞材 |
| 标 准 书 号 | ISBN 978-7-301-31540-8 |
| 出 版 发 行 | 北京大学出版社 |
| 地　　　　址 | 北京市海淀区成府路 205 号　100871 |
| 网　　　　址 | http://www.pup.cn　新浪微博:@北京大学出版社 |
| 电 子 信 箱 | pup_6@163.com |
| 电　　　　话 | 邮购部 010-62752015　发行部 010-62750672　编辑部 010-62750667 |
| 印 刷 者 | 河北滦县鑫华书刊印刷厂 |
| 经 销 者 | 新华书店 |
|  | 787 毫米×1092 毫米　16 开本　16 印张　369 千字 |
|  | 2006 年 7 月第 1 版 |
|  | 2020 年 9 月第 2 版　2021 年 11 月第 2 次印刷 (总第 15 次印刷) |
| 定　　　　价 | 42.00 元 |

**第 2 版 前言**

张仲先教授和王海波教授主编的《高层建筑结构设计》，在全国多所高校土木工程专业的教学中已使用十多年，获得了较好的评价，同时也收到了不少合理化建议。近年来，我国高层建筑结构设计相关的规范和标准已完成了新一轮的修订，在设计原则、设计方法和构造措施等方面进行了较大调整，为了满足我国高层建筑结构设计的需要，我们对第 1 版进行了修订。

在第 1 版的基础上，本教材进行了以下修订：①取消了第 1 版中的第 4 章高层建筑结构的近似计算方法和第 5 章扭转近似计算，将其内容调整后融入本教材的相关章节；增加了高层建筑结构计算分析和设计要求、框架-剪力墙结构设计及筒体结构设计 3 章内容；进一步强调了高层建筑结构体系，增强了教材的逻辑性。②与我国现行高层建筑结构设计相关规范和标准相协调，增强了教材的时效性和适用性。③补充了高层建筑结构设计案例，强化了知识点，提高了教材的可读性和实用性。

本教材由重庆大学刘立平、武汉轻工大学黎丹和重庆大学郑妮娜担任主编，四川省建筑科学研究院杨琼、武汉工程大学周小龙、江西科技师范大学唐剑和重庆大学韩军参与编写。具体编写分工如下：第 1 章和第 10 章由刘立平教授编写，第 2 章由杨琼教授级高级工程师编写，第 3 章和第 5 章由黎丹副教授编写，第 4 章由周小龙副教授编写，第 6 章由唐剑副教授编写，第 7 章由郑妮娜副教授编写，第 8 章和第 9 章由韩军副教授编写。刘立平教授负责教材的修改定稿。本教材得到了北京大学出版社的大力支持，在此表示衷心感谢。

鉴于编者水平有限，教材中不足之处在所难免，敬请广大读者批评指正。

编　者

2020 年 5 月

【资源索引】

近 20 年来，我国的高层建筑发展犹如雨后春笋一般，十分迅猛。无论是在高层建筑建造的地域与数量方面，还是在结构的高度与层数、新的结构体系与新材料的应用方面都不断地取得突破，表明我国高层建筑的设计水平和施工技术发展迅速。为了适应我国高层建筑发展的需要，丰富广大土木工程专业学生及众多建筑结构专业工程技术人员在高层建筑结构设计方面的学习与参考用书，笔者编写了本书。

本书不仅参考了同类优秀教材，而且紧密结合国内外高层建筑发展状况，尤其是我国高层建筑的发展与应用现状，严格按照 1998—2002 年版的国家现行有关规范与规程编写而成。这些规范和规程主要包括《建筑结构荷载规范》（GB 50009—2001）、《建筑抗震设计规范》（GB 50011—2001）、《混凝土结构设计规范》（GB 50010—2002）、《高层建筑混凝土结构技术规程》（JGJ 3—2002）、《高层民用建筑钢结构技术规程》（JGJ 99—1998）、《钢骨混凝土结构设计规程》（YB 9082—1997）、《型钢混凝土组合结构技术规程》（JGJ 138—2001）、《钢管混凝土结构设计与施工规程》（CECS 28：90）等。学习本书时，读者应具备混凝土结构和钢结构，以及结构力学和材料力学方面的基础知识。本书不仅可以帮助读者获得高层建筑结构设计方面的知识，还可以帮助读者加深对相关规范与规程的认识与理解，增加钢骨混凝土及钢管混凝土结构构件设计方面的知识。

全书共分 9 章，主要介绍了高层建筑的发展概况与应用现状、主要特点及结构分析方法的发展；各种常用结构体系的特点与布置原则、荷载计算与效应组合；框架结构、剪力墙结构及框架-剪力墙结构的内力分析方法与设计要求；复杂高层建筑结构的设计。本书以钢筋混凝土结构为主，同时也介绍了高层建筑钢结构和混合结构。本书第 1 章及第 2 章 2.3 节由华中科技大学张仲先教授编写，第 2 章 2.1 节、2.2 节及第 5 章由黄石理工学院程志勇副教授编写，第 3 章由武汉工业学院黎丹老师编写，第 4 章由湖南城市学院王海波副教授编写，第 6 章由中南林业科技大学黄太华副教授编写，第 7 章由湖北工业大学夏冬桃、胡军安老师编写，第 8 章由南京工程学院闫磊老师编写，第 9 章由重庆大学刘立平副教授编写。全书由华中科技大学张仲先教授和湖南城市学院王海波副教授主编，由华中科技大学苏原副教授主审。华中科技大学土木工程与力学学院张杰博士和周春圣硕士在本书的编写过程中投入了大量的时间和精力，在资料收集、插图绘制、全书校对及部分章节的编写方面做了大量的工作。

由于编者水平有限，加之时间仓促，书中不妥之处在所难免，衷心希望广大读者批评指正。

编　者

2006 年 2 月

# 目　录

**第1章　高层建筑发展绪论** ············ 1

1.1 高层建筑发展概况 ············ 1

    1.1.1 古代高层建筑 ············ 2

    1.1.2 近现代高层建筑 ············ 2

    1.1.3 高层建筑发展趋势 ········ 4

1.2 高层建筑结构特点及其设计
特点 ······························ 6

    1.2.1 高层建筑结构特点 ········ 6

    1.2.2 高层建筑结构设计特点 ····· 7

1.3 本课程的教学内容和要求 ······· 8

本章小结 ··························· 8

习题 ······························· 8

**第2章　高层建筑结构体系与概念
设计** ·························· 10

2.1 高层建筑的结构单元 ·········· 11

2.2 高层建筑的结构体系 ·········· 12

    2.2.1 框架结构 ··············· 12

    2.2.2 剪力墙结构 ············· 14

    2.2.3 框架-剪力墙结构 ········ 16

    2.2.4 筒体结构 ··············· 17

    2.2.5 巨型结构 ··············· 17

2.3 高层建筑结构的布置原则 ······· 18

    2.3.1 最大适用高度和高宽比
限值 ················· 18

    2.3.2 结构规则性 ············· 21

    2.3.3 变形缝 ················· 25

2.4 高层建筑结构抗震概念设计 ····· 28

    2.4.1 概念设计 ··············· 28

    2.4.2 延性要求 ··············· 30

    2.4.3 多道抗震防线 ··········· 30

2.5 高层建筑基础 ················ 31

本章小结 ·························· 33

习题 ······························ 34

**第3章　高层建筑结构荷载及其效应
组合** ························ 35

3.1 恒荷载 ······················ 36

3.2 活荷载 ······················ 37

3.3 风荷载 ······················ 38

3.4 地震作用 ···················· 44

    3.4.1 地震作用的特点 ········· 44

    3.4.2 抗震设防准则及基本
方法 ················· 45

    3.4.3 抗震计算方法 ··········· 46

    3.4.4 设计反应谱 ············· 48

    3.4.5 水平地震作用计算 ······· 50

    3.4.6 结构自振周期计算 ······· 54

    3.4.7 竖向地震作用计算 ······· 58

3.5 荷载效应组合 ················ 58

    3.5.1 荷载效应组合的目的和
原则 ················· 58

    3.5.2 非抗震设计时的荷载效应
组合 ················· 59

    3.5.3 抗震设计时的荷载效应
组合 ················· 60

本章小结 ·························· 61

习题 ······························ 61

**第4章　高层建筑结构计算分析与设计
要求** ························ 63

4.1 高层建筑结构的计算分析 ······· 64

    4.1.1 结构计算分析方法 ······· 64

    4.1.2 结构计算模型 ··········· 66

4.1.3 结构计算要求 …… 66
4.1.4 结构分析和设计软件 …… 67
4.2 高层建筑结构的设计要求 …… 71
4.2.1 承载力计算 …… 71
4.2.2 侧移限制 …… 72
4.2.3 舒适度要求 …… 73
4.2.4 稳定和抗倾覆 …… 74
4.3 高层建筑结构的抗震设计要求 …… 76
本章小结 …… 79
习题 …… 79

第5章 高层建筑框架结构设计 …… 81
5.1 框架结构的组成与布置 …… 82
5.1.1 框架结构的组成 …… 82
5.1.2 框架结构的布置 …… 83
5.2 框架结构的分析方法及计算简图 …… 84
5.2.1 框架结构的分析方法 …… 84
5.2.2 框架结构的计算简图 …… 84
5.3 竖向荷载作用下框架结构内力的简化计算 …… 85
5.3.1 分层法 …… 85
5.3.2 弯矩二次分配法 …… 86
5.4 水平荷载作用下框架结构内力和侧移的简化计算 …… 87
5.4.1 水平荷载作用下框架结构的受力及变形特点 …… 87
5.4.2 反弯点法 …… 88
5.4.3 D值法 …… 88
5.4.4 框架结构侧移的近似计算及控制 …… 95
5.5 框架结构内力组合 …… 96
5.5.1 内力调整 …… 96
5.5.2 框架结构控制截面及最不利内力 …… 96
5.5.3 活荷载的不利布置 …… 97
5.6 构件设计 …… 98
5.6.1 延性框架的要求 …… 98
5.6.2 框架梁 …… 100

5.6.3 框架柱 …… 103
5.6.4 梁柱节点 …… 107
5.7 框架结构的构造要求 …… 110
5.7.1 框架梁 …… 110
5.7.2 框架柱 …… 112
5.7.3 梁柱节点 …… 116
本章小结 …… 118
习题 …… 118

第6章 高层建筑剪力墙结构设计 …… 119
6.1 剪力墙结构的特点与布置 …… 121
6.1.1 剪力墙结构的特点 …… 121
6.1.2 剪力墙结构的布置 …… 122
6.2 剪力墙分类及判别 …… 124
6.2.1 剪力墙的分类及受力特点 …… 124
6.2.2 剪力墙类型的判别 …… 126
6.2.3 剪力墙有效翼缘宽度 $b_f$ …… 128
6.3 剪力墙结构简化分析方法 …… 129
6.3.1 剪力墙结构的平面简化分析方法 …… 129
6.3.2 剪力墙结构侧向荷载的简化 …… 130
6.3.3 单榀剪力墙分配的剪力 …… 131
6.4 整截面剪力墙及整体小开口剪力墙的内力和位移计算 …… 131
6.4.1 整截面剪力墙及整体小开口剪力墙在竖向荷载作用下的内力计算 …… 131
6.4.2 整截面剪力墙及整体小开口剪力墙在水平荷载作用下的内力计算 …… 132
6.4.3 整截面剪力墙及整体小开口剪力墙在水平荷载作用下的位移计算 …… 133
6.5 联肢剪力墙的内力和位移计算 …… 135
6.5.1 联肢剪力墙在竖向荷载作用下的内力计算 …… 135

6.5.2 联肢剪力墙在水平荷载作用
下的内力计算 ………… 137
6.5.3 双肢剪力墙在水平荷载
作用下的顶点位移计算 … 139
6.6 壁式框架的内力和位移计算 …… 140
6.6.1 壁式框架在竖向荷载作用下的
内力计算 …………… 141
6.6.2 壁式框架在水平荷载作用下的
内力和位移计算 ……… 141
6.7 剪力墙截面设计 …………… 144
6.7.1 墙肢截面设计 ………… 144
6.7.2 连梁截面设计 ………… 151
6.8 剪力墙结构的构造要求 ……… 154
6.8.1 剪力墙的加强部位 …… 154
6.8.2 剪力墙轴压比限值和边缘
构件 ………………… 154
6.8.3 墙肢构造要求 ………… 158
6.8.4 连梁构造要求 ………… 159
本章小结 ………………………… 160
习题 …………………………… 161

第7章 高层建筑框架-剪力墙结构
设计 ……………………… 163
7.1 框架-剪力墙结构的组成及布置
要求 ……………………… 165
7.1.1 框架-剪力墙结构的
组成 ………………… 165
7.1.2 框架-剪力墙结构的布置
要求 ………………… 165
7.1.3 剪力墙的合理数量 …… 166
7.2 框架-剪力墙结构协同工作原理和
计算简图 ………………… 168
7.2.1 协同工作思路与基本
假定 ………………… 168
7.2.2 计算简图 …………… 169
7.3 框架-剪力墙结构在水平荷载下的
计算 ……………………… 170
7.3.1 框架的抗推刚度 …… 170
7.3.2 剪力墙的抗弯刚度 …… 171
7.3.3 框架-剪力墙铰接体系的

协同工作分析 ………… 171
7.3.4 框架-剪力墙刚接体系的
协同工作分析 ………… 177
7.4 框架-剪力墙结构的位移和受力
特征 ……………………… 177
7.4.1 结构的侧向位移特征 … 177
7.4.2 结构的内力分布特征 … 178
7.5 框架-剪力墙结构的设计
规定 ……………………… 179
7.5.1 框架承受的倾覆力矩
要求 ………………… 179
7.5.2 总框架的剪力调整 …… 180
7.5.3 框架-剪力墙结构的截面
设计及构造要求 ……… 180
本章小结 ………………………… 181
习题 …………………………… 181

第8章 高层建筑简体结构设计 …… 183
8.1 简体结构类型 …………… 184
8.1.1 概述 ………………… 184
8.1.2 框筒结构 …………… 185
8.1.3 筒中筒结构 ………… 186
8.1.4 框架-核心筒结构 …… 187
8.1.5 成束筒结构 ………… 187
8.1.6 多重筒结构 ………… 187
8.2 简体结构在侧向力作用下的受力
特点及结构布置要点 ……… 188
8.2.1 简体结构在侧向力作用下的
受力特点 …………… 188
8.2.2 结构布置要点 ……… 190
8.3 简体结构简化计算方法 …… 192
8.3.1 平面展开矩阵位移法 … 192
8.3.2 空间杆系-薄壁柱矩阵
位移法 ……………… 194
8.3.3 等效弹性连续体法 …… 194
8.4 简体结构的截面设计及构造
要求 ……………………… 196
8.4.1 简体结构设计基本要求 … 196
8.4.2 简体结构的楼盖构造
要求 ………………… 197

8.4.3 筒中筒结构的截面设计及
构造要求 ·············· 197
8.4.4 框架-核心筒结构的截面
设计及构造要求 ········ 198
本章小结 ····················· 199
习题 ·························· 199

第9章 复杂高层建筑结构设计 ······ 200

9.1 带转换层的高层建筑结构 ········ 201
9.1.1 转换层的基本功能及
结构形式 ·············· 202
9.1.2 带转换层高层建筑结构
布置 ················· 204
9.1.3 梁式转换层结构设计 ····· 205
9.2 带加强层的高层建筑结构 ········ 211
9.2.1 加强层的三种构件
类型 ················· 211
9.2.2 加强层布置 ········· 213
9.2.3 设计措施 ·············· 214
9.3 错层结构 ···················· 214
9.3.1 错层结构及其适用
范围 ················· 214
9.3.2 结构分析 ·············· 215
9.3.3 设计措施 ·············· 215
9.4 连体结构 ···················· 216
9.4.1 连体结构的形式及适用
范围 ················· 216

9.4.2 结构分析 ·············· 216
9.4.3 设计措施 ·············· 217
9.5 多塔楼结构 ·················· 217
9.5.1 结构布置 ·············· 218
9.5.2 结构分析 ·············· 218
9.5.3 设计措施 ·············· 219
本章小结 ····················· 219
习题 ·························· 220

第10章 高层建筑钢结构与混合结构
设计 ·················· 221

10.1 高层建筑钢结构设计简介 ····· 222
10.1.1 一般规定 ·············· 222
10.1.2 结构计算 ·············· 225
10.1.3 构件计算 ·············· 227
10.1.4 连接设计 ·············· 229
10.2 高层建筑混合结构设计
简介 ····················· 234
10.2.1 一般规定 ·············· 235
10.2.2 结构布置 ·············· 236
10.2.3 计算要求 ·············· 237
10.2.4 型钢混凝土构件 ······· 238
10.2.5 钢管混凝土构件 ······· 241
本章小结 ····················· 245
习题 ·························· 245

参考文献 ······················· 246

# 第1章

# 高层建筑发展绪论

 教学目标

本章主要介绍了高层建筑发展概况、高层建筑结构特点及其设计特点,以及本课程的教学内容和要求。学生通过本章的学习,应达到以下目标。

(1) 掌握高层建筑的界定方法,了解高层建筑的发展历史和发展趋势。

(2) 掌握高层建筑结构特点,熟悉高层建筑结构设计特点。

教学要求

| 知识要点 | 能力要求 | 相关知识 |
|---|---|---|
| 高层建筑发展概况 | (1) 掌握高层建筑的界定;<br>(2) 了解高层建筑的发展过程和发展趋势 | (1) 高层建筑的界定;<br>(2) 高层建筑的发展过程;<br>(3) 高层建筑的发展趋势 |
| 高层建筑结构特点<br>与设计特点 | (1) 掌握高层建筑结构特点;<br>(2) 熟悉高层建筑结构设计特点 | (1) 高层建筑结构特点;<br>(2) 高层建筑结构设计特点 |

 引例

作为近代高层建筑起点标志的是位于芝加哥的家庭保险公司大楼,该大楼共 12 层,高 55m,采用铁-钢框架和砖石自承重外墙。目前世界上最高的建筑是 2010 年在阿联酋迪拜建成的哈利法塔,该塔原名迪拜塔,共 162 层,高 828m,其下部为钢筋混凝土核心筒-剪力墙结构,上部为带斜撑的钢框架结构。我们在仰望一幢幢高层建筑时不禁会思考:什么是高层建筑?高层建筑是如何发展起来的?如何进行高层建筑结构设计?本教材将对这些问题进行一一解答。

## 1.1 高层建筑发展概况

高层建筑是指建筑的高度或层数达到一定要求的建筑物。高层建筑的界定与一个国家

的经济水平、建筑技术、电梯设备和消防能力等因素相关。

世界各国对高层建筑的定义并不统一。1972 年召开的国际高层建筑会议建议将 9 层及以上的建筑定义为高层建筑，并按建筑高度和层数划分为四类：9～16 层，高度不超过 50m 的为第一类高层建筑；17～25 层，高度不超过 75m 的为第二类高层建筑；26～40 层，高度不超过 100m 的为第三类高层建筑；40 层以上，高于 100m 的为第四类高层建筑。在美国，7 层或建筑高度在 24.6m 以上的建筑视为高层建筑；在日本，8 层或建筑高度在 31m 以上的建筑视为高层建筑；在英国，高度不小于 24.3m 的建筑视为高层建筑。

我国《民用建筑设计统一标准》（GB 50352—2019）规定建筑高度大于 27m 的住宅建筑和建筑高度大于 24m 的非单层公共建筑，且高度不大于 100m 的为高层建筑，建筑高度大于 100m 的为超高层建筑；我国《建筑设计防火规范（2018 年版）》（GB 50016—2014）将建筑高度大于 27m 的住宅建筑和建筑高度大于 24m 的非单层厂房、仓库和其他民用建筑称为高层建筑；我国《高层建筑混凝土结构技术规程》（JGJ 3—2010）（以下简称《高规》）和《高层民用建筑钢结构技术规程》（JGJ 99—2015）规定的高层建筑为 10 层及 10 层以上或房屋高度大于 28m 的住宅建筑以及房屋高度大于 24m 的其他高层民用建筑。高层建筑的高度通常是指从室外地面到主要屋面的距离，不包括局部突出屋面部分（如电梯机房、屋面楼梯间、水箱等）和有一定埋置深度的地下室。

## 1.1.1　古代高层建筑

自古以来，人类在建筑上就有向高空发展的愿望。公元前 281 年建成的亚历山大港灯塔，高度超过了 100m，全部用石材砌筑，曾耸立在港口 900 多年，引导过往船只避免触礁。古代的罗马城在公元 80 年已有砖墙承重的 10 层建筑。

我国古代的高层建筑大多为塔或寺院建筑。现存最早的嵩岳寺塔（图 1.1），位于河南省登封市西北 5km 嵩山南麓的嵩岳寺内，塔高 37m 左右，为单层筒体砖结构，平面为正十二边形，外形为 15 层密檐。坐落在西藏拉萨的布达拉宫（图 1.2），是海拔最高，集宫殿、城堡、寺院和藏汉建筑风格于一体的宏伟建筑。布达拉宫始建于公元 7 世纪，17 世纪后陆续重建和扩建，用花岗岩砌筑，扩建后主楼高 117m，外观 13 层，内为 9 层。

【嵩岳寺塔】

图 1.1　嵩岳寺塔

图 1.2　西藏布达拉宫

## 1.1.2　近现代高层建筑

作为城市现代化象征的现代高层建筑，其发展只有一百多年的历史。近代高层建筑是城市化、工业化和科学技术发展的产物。城市工业和商业的迅速发展，城市人口的猛增，建设用地的日渐紧张，促使建筑向高空发展。科学技术的进步，新材料、新工艺的涌现，使人们在高空居住和工作成为可能。建筑师和开发商为建筑高度而骄傲。

　　世界上第一幢近代高层建筑是位于美国芝加哥的家庭保险公司大楼［图 1.3(a)］，该建筑建于 1883—1885 年，10 层，高 42m，1890 年又加建了 2 层，增高至 55m。该建筑下部 6 层采用生铁柱和熟铁梁框架，上部 4 层为钢框架，后于 1931 年被拆毁。此后，随着电梯技术的发展和钢结构的应用，高层建筑迅速发展。20 世纪 30 年代出现了高层建筑发展的第一个高潮，其中 1931 年在美国纽约建成的高 381m、103 层的帝国大厦［图 1.3(b)］，保持了世界最高建筑纪录长达 41 年之久。第二次世界大战后经济得到恢复和发展，随着焊接技术、高强度螺栓在钢结构中的应用和框筒结构体系的提出，高层建筑的发展又进入一个新高潮。20 世纪 60 年代末和 70 年代初在美国建成了 344m 高的芝加哥约翰·汉考克大厦［图 1.3(c)］、415m 和 417m 高的纽约世贸双子大厦［图 1.3(d)］[①]、443m 高的芝加哥西尔斯大厦［图 1.3(e)］等一批 100 层以上的超高层建筑。随着亚洲经济的腾飞，1996 年在马来西亚建成的高 452m、88 层的吉隆坡石油双塔［图 1.3(f)］成为当时的世界第一高楼，随后又被 2004 年在中国台湾地区建成的高 508m、101 层的台北 101 大楼［图 1.3(g)］所取代。随着高强材料的应用，抗侧力结构体系的发展，施工工艺的提高，运行设施的完善，超高层建筑结构得到了进一步发展。目前世界高层建筑之最为 2010 年建成的位于阿联酋迪拜的哈利法塔，其高 828m，共 162 层［图 1.3(h)］。

【纽约帝国大厦】

【台北101大楼】

【动画演示迪拜塔建筑全过程】

(a) 芝加哥家庭保险公司大楼

(b) 纽约帝国大厦

(c) 芝加哥约翰·汉考克大厦

(d) 纽约世贸双子大厦

(e) 芝加哥西尔斯大厦

(f) 吉隆坡石油双塔

(g) 台北101大楼

(h) 迪拜哈利法塔

图 1.3　世界著名的高层建筑

① 2001 年，纽约世贸双子大厦在"9.11"恐怖袭击事件中倒塌。

我国现代高层建筑始建于 20 世纪 50 年代末，1959 年建成的 12 层（高 47.7m）北京民族饭店成为我国自行设计和建造高层建筑的开端。由于受当时经济条件的限制，高层建筑规模小，发展速度慢。1975 年，广州建成的 33 层（高 114.05m）的白云宾馆［图 1.4（a）］标志着我国建筑高度突破 100m。80 年代是我国高层建筑的兴盛时期，北京、广州、上海、深圳等城市建成了一批高层建筑，各种新型结构体系在高层建筑中得到广泛应用。1998 年，88 层（高 420.5m）的上海金茂大厦［图 1.4（b）］建成，曾经是我国最高、

【上海中心大厦】

当时世界排名第四的高层建筑，标志着我国高层建筑的建设水平已经达到了世界先进水平。21 世纪后，随着我国经济实力的增强和城市建设速度的加快，我国高层建筑发展迅猛。2008 年建成的上海环球金融中心［图 1.4（c）］，地上 101 层，地下 3 层，高 492m。2015 年建成的上海中心大厦［图 1.4（d）］，建筑主体为 119 层，高 632m。

(a) 广州白云宾馆　　(b) 上海金茂大厦　　(c) 上海环球金融中心　　(d) 上海中心大厦

图 1.4　我国著名的高层建筑

## 1.1.3　高层建筑发展趋势

随着社会的进步，经济的发展，技术的提升，社会需求的增长，高层建筑将会进一步发展，其未来的发展将呈现以下趋势。

### 1. 进一步提升建筑高度

随着社会需求的增长，高层建筑高度将会进一步提升，一方面高层建筑会越来越普及，另一方面高层建筑的最高纪录也将不断被刷新。目前世界最高建筑是 2010 年建成的位于阿联酋迪拜的哈利法塔，高 828m。我国最高建筑是 2016 年建成的上海中心大厦，高 632m。我国正在规划建设高度达 800m 以上的超高层建筑。美国、日本等国也都在筹划建设高度超过 500m，层数超过 100 层的高层建筑。随着新材料和新结构体系的应用，相信不久的将来会出现高度超过 1000m 的高层建筑。

### 2. 促进新材料的开发与应用

新材料的应用促进了高层建筑的发展，而高层建筑的发展又促进了新材料的开发。世界上第一幢近代高层建筑——美国芝加哥家庭保险公司大楼采用的就是铁-钢框架结构。美国、日本等国家的早期高层建筑主要为钢结构，如 1974 年在美国芝加哥建成的高 443m

的西尔斯大厦。1824 年英国人发明的硅酸盐水泥为建筑提供了一种新型材料；1849 年法国人发明了钢筋混凝土，1872 年在美国纽约建成了第一座钢筋混凝土结构，从此钢筋混凝土结构得到广泛应用。我国多数高层建筑采用的是钢筋混凝土结构，如 1997 年在广州建成的主楼高 391m 的中信广场大厦。近年来，混凝土的强度和韧性得到不断提高，混凝土强度等级可以达到 C100 以上，这些高性能混凝土材料的出现，将进一步促进高层建筑的发展。随着冶金技术的发展，钢材的性能不断提高，具有高强度、高延性的高性能钢材将在高层建筑中广泛应用。纤维增强复合材料具有强度高、质量轻、不导电、耐腐蚀的特点，已在土木工程中得到一定程度的应用。随着材料性能的进一步改善，纤维增强复合材料将会逐步应用于高层建筑中，成为未来高层建筑的新型材料。

### 3. 促进新结构体系的开发与应用

高层建筑的发展对结构体系提出了新的要求。近现代高层建筑结构体系的发展归纳于表 1-1。建筑高度的增加对结构抗侧力设计提出了更高的要求，出现了框架结构、剪力墙结构、框架-剪力墙结构、筒体结构。具有更高抗侧向作用刚度的桁架筒体结构、多束筒结构将应用于更多高层建筑中。钢和混凝土的组合，可以充分利用不同材料的优势，形成如钢管混凝土、钢骨混凝土、钢板剪力墙、钢骨剪力墙等组合结构，也可形成如钢框架-钢筋混凝土筒体、钢管混凝土-钢板剪力墙等组合结构。组合结构可建造更高的建筑，目前我国最高的十大建筑绝大部分采用的是组合结构，目前世界第一高层建筑——哈利法塔也采用的是组合结构。隔震减震技术的应用是提高高层建筑抗震能力和抗风能力的关键。隔震减震技术包括隔震技术、被动减震技术和主动减震技术。隔震技术是在基础与结构之间或结构中间楼层采用隔震层来减小地震作用；被动减震技术是利用阻尼器、耗能支撑等被动耗能装置来减小主体结构的振动；主动减震技术是通过控制技术在结构上施加与风或地震作用相反的作用来减小结构反应。目前日本采用隔震减震技术的高层建筑较多。台北 101 大厦在第 88~92 楼层间安装了重达 660t 的被动调谐质量阻尼器；上海环球金融中心在第 90 层安装了 2 台重约 150t 的风阻尼器。隔震减震技术的应用将促进高层建筑的发展。

【台北 101 大楼的"黄金"阻尼器】

表 1-1　近现代高层建筑结构体系的发展

| 始 用 年 代 | 结构体系和特点 |
| --- | --- |
| 1885 年 | 砖墙结构、铸铁柱结构、钢梁结构 |
| 1889 年 | 钢框架结构 |
| 1903 年 | 钢筋混凝土框架结构 |
| 20 世纪初 | 钢框架-支撑结构 |
| 第二次世界大战后 | 钢筋混凝土框架-剪力墙结构、钢筋混凝土剪力墙结构、预制钢筋混凝土结构 |
| 20 世纪 50 年代 | 钢框架-钢筋混凝土核心筒结构、钢骨钢筋混凝土结构 |
| 20 世纪 60 年代末和 20 世纪 70 年代初 | 框筒结构、筒中筒结构、束筒结构、悬挂结构、偏心支撑和带缝剪力墙板框架结构 |
| 20 世纪 80 年代 | 巨型结构、应力蒙皮结构、隔震结构 |
| 20 世纪 80 年代中期 | 被动耗能结构、主动控制结构、混合控制结构 |

## 1.2　高层建筑结构特点及其设计特点

高层建筑向空中延伸，减小了占地面积，极大地提高了土地的利用率，可以节约用地。但随着建筑高度的增加，施工难度大大提高，对施工技术提出了更高的要求；同时竖向交通的组织更复杂，对防火、防灾要求更严。相对于多层建筑而言，高层建筑单位面积的工程造价和运行成本会增加，但从城市总体规划的角度来看，却是经济的。相对于多层建筑结构而言，高层建筑结构具有其特点和相应的设计特点。

### 1.2.1　高层建筑结构特点

（1）高层建筑结构高，其水平作用效应显著，侧移成为高层建筑结构设计的主要控制目标之一。对一般建筑物而言，其材料用量、造价及结构方案的确定主要由竖向荷载控制，而在高层建筑结构中，高宽比增大，水平作用（包括风力和地震作用）产生的侧移和内力所占比重增大，成为确定结构方案、材料用量和造价的决定因素。其根本原因就是侧移和内力随高度的增加而迅速增长。例如，一竖向悬臂杆件在竖向荷载作用下产生的轴力仅与高度成正比，但在水平荷载作用下的弯矩和侧移却分别与高度呈二次方和四次方的曲线关系。因此，当建筑物达到一定高度或层数之后，内力和位移均急剧增加。图1.5所示为结构内力（$N$、$M$）或侧移（$\Delta$）与高度（$H$）的关系，除了轴力与高度成正比外，弯矩与侧移都呈指数曲线上升，因此，随着高度的增加，水平荷载将成为控制结构设计的主要因素，结构侧移成为结构设计的主要控制目标。

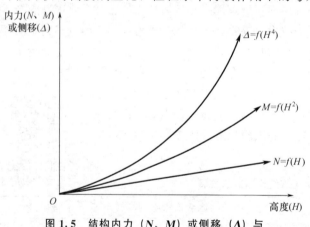

图1.5　结构内力（$N$、$M$）或侧移（$\Delta$）与高度（$H$）的关系

高层建筑结构，除了要像多层和低层建筑一样进行强度计算外，还必须控制其侧移大小，以保证结构具有足够的刚度，避免因侧移过大导致结构开裂、破坏、倾覆，以及一些次要构件和装饰的损坏。

（2）高层建筑结构自重大、构件类型多，其构件受力复杂，影响构件变形的因素多。在多层建筑结构分析时，通常只考虑构件弯曲变形的影响，而忽略构件轴向变形和剪切变形的影响，因为一般来说其构件的轴力和剪力产生的影响很小。而对于高层建筑结构，由于其层数多、高度大，轴力很大，从而沿高度逐渐积累的轴向变形显著，中部构件与边部、角部构件的轴向变形差别大，对结构内力分配的影响大，因此构件中的轴向变形影响必须加以考虑；另外，在剪力墙结构体系中还应考虑整片墙或墙肢的剪切变形，在简体结构中还应考虑剪力滞后的影响等。

（3）高层建筑结构较柔，结构动力响应显著，结构动力作用效应不能忽略。根据结构本身的特点不同，如结构的类型与形式、结构的高度与高宽比、结构的自振周期与材料的阻尼比等的不同，结构在受到地震作用或风荷载作用时，产生的动力效应对结构的影响也不同，有时这种动力效应会严重影响结构物的正常使用，甚至造成结构物的破坏。

（4）高层建筑结构体型复杂，其结构扭转效应明显，设计时宜加以考虑。当结构的质量分布、刚度分布不均匀时，高层建筑结构在水平荷载作用下容易产生较大的扭转作用，扭转作用会使抗侧力结构的侧移发生变化，从而影响各个抗侧力结构构件（柱、剪力墙或筒体）受到的剪力，进而影响各个抗侧力结构构件及其他构件的内力与变形。因此，在高层建筑结构设计中，结构的扭转效应是不可忽视的问题。即使在结构质量和刚度分布均匀的高层建筑结构中，在水平荷载作用下也仍然存在扭转效应。

（5）高层建筑高宽比大，容易出现结构失稳或倾覆问题。在高层建筑结构设计中，应重视结构的整体稳定性与结构的抗倾覆能力，防止结构发生整体失稳破坏。

## 1.2.2　高层建筑结构设计特点

高层建筑结构设计与一般建筑结构设计的相同之处包括基础形式选择、结构体系选择、结构布置、荷载确定、结构计算、构件设计和构造措施等，其不同之处主要体现在以下几个方面。

（1）相对于结构计算，概念设计对保证高层建筑的受力性能同等重要。

概念设计是指根据理论与试验研究结果及工程经验等所形成的基本设计原则和设计思想，进行建筑和结构的总体布置并确定细部构造的过程。概念设计包括场地的选择、结构体系的选择、结构的布置要求等。从抗震角度来看，高层建筑的场地应遵循"选择有利地段，避开不利地段，不选危险地段"的原则。结构体系应满足竖向和水平承载力要求，在抗震设计时应选择具有多道抗震防线的结构体系。结构平面形状宜简单、规则、对称，质量和刚度分布宜均匀；竖向宜规则、均匀，避免有过大的外挑和收进；结构的侧向刚度宜下大上小，均匀变化。

（2）结构体系除满足竖向承载力要求外，还应有足够的刚度来满足水平承载力要求。

合理的结构体系是保证高层建筑结构受力性能的关键。高层建筑结构体系应能满足竖向承载力和水平承载力的要求。结构高度越高，其所需的抗侧能力也越大。不同结构体系的抗侧能力不同，一般而言，筒体结构强于剪力墙结构，剪力墙结构强于框架结构。通常可根据建筑物的用途、高度和抗震设防烈度等要求结合各种结构体系的特点选择合适的结构体系。

（3）高层建筑结构更复杂，应采用符合实际结构受力特点的合理计算模型。

高层建筑结构是十分复杂的空间结构体系，结构设计时应采用符合实际的合理的计算模型。对复杂高层建筑结构应采用三维空间结构模型进行设计，对较简单的高层建筑结构可采用简化的分析模型进行计算，如结构力学中的分层法、$D$ 值法等。为使计算模型更接近实际结构，要求设计人员掌握计算的基本假定、计算简图和计算要求，并对计算结果的合理性和有效性进行判定。

# 1.3 本课程的教学内容和要求

本课程主要讨论混凝土结构、钢结构和钢-混凝土组合结构等高层建筑结构设计方面的问题，主要内容包括：高层建筑结构体系与概念设计、高层建筑结构荷载及其效应组合、高层建筑结构计算分析与设计要求、高层建筑框架结构设计、高层建筑剪力墙结构设计、高层建筑框架-剪力墙结构设计、高层建筑筒体结构设计、复杂高层建筑结构设计、高层建筑钢结构与混合结构设计。

本课程的主要任务是学习高层建筑结构设计的基本方法。其要求是：了解高层建筑结构的常用结构体系、特点和应用范围；熟练掌握风荷载及地震作用的计算方法；掌握高层建筑框架结构、高层建筑剪力墙结构、高层建筑框架-剪力墙结构3种基本结构内力及位移的计算方法，理解这3种结构内力分布及侧移变形的特点和规律，学会这3种结构体系中所包含的框架及剪力墙构件的配筋计算方法和构造要求。通过本课程的学习，还应了解高层建筑筒体结构、复杂高层建筑结构、高层建筑钢结构、高层建筑混合结构的结构体系、适应范围、设计原则和计算要求，对这些高层建筑结构设计有初步认识。

## 本 章 小 结

本章主要介绍了高层建筑发展概况、高层建筑结构的特点及其设计特点、本课程的教学内容和要求。

高层建筑的界定与一个国家的经济水平、建筑技术、电梯设备和消防能力等因素相关。世界各国对高层建筑的定义并不统一。我国《高规》规定10层及10层以上或房屋高度超过28m的住宅建筑以及房屋高度大于24m的其他高层民用建筑称为高层建筑结构。

现代高层建筑的发展只有一百多年的历史。新材料和新结构体系的开发与应用，将进一步促进高层建筑的发展。高层建筑结构受水平荷载作用（风荷载或水平地震作用）影响明显。高层建筑结构除计算外，还应进行概念设计并采取相应的构造措施；结构体系除应满足竖向承载力要求外，还应有足够的刚度来满足水平承载力要求；应采用符合实际结构受力特点的合理计算模型。

## 习 题

1. 思考题

（1）简述我国高层建筑的界定方法。

（2）简述高层建筑的发展趋势。

（3）简述高层建筑结构的设计特点。

2. 计算题

某住宅建筑，共 8 层，每层层高 3.6m，请按《高规》判定该住宅建筑是否为高层建筑。

# 第2章
# 高层建筑结构体系与概念设计

教学目标

本章主要介绍了高层建筑的各种常用结构体系及其布置原则。学生通过本章的学习，应达到以下目标。

（1）掌握建筑结构的基本构件组成；理解承重单体与抗侧力单元的作用；了解水平荷载对结构内力及变形的影响。

（2）掌握常用高层建筑的结构体系及各结构体系的特点和适用范围。

（3）理解高层建筑结构的基本布置原则，了解各结构体系的最大适用高度、高宽比限值、结构抗震等级。

（4）理解结构的平面及竖向布置要求，理解结构体型不规则的定义及相关规定。

（5）了解各种结构缝的处理、地基基础选型。

教学要求

| 知识要点 | 能力要求 | 相关知识 |
|---|---|---|
| 高层建筑的结构单元 | （1）掌握建筑结构的基本构件组成；<br>（2）理解承重单体与抗侧力单元的作用 | （1）建筑结构的基本构件分类；<br>（2）结构主要承重单体；<br>（3）结构主要抗侧力构件 |
| 高层建筑的结构体系 | （1）掌握常用高层建筑的结构体系；<br>（2）理解框架结构、剪力墙结构、框架-剪力墙结构的特点和适用范围；<br>（3）了解筒体结构和巨型结构的组成、特点和适用范围 | （1）常用高层建筑的结构体系类型；<br>（2）框架结构、剪力墙结构、框架-剪力墙结构在水平荷载作用下的变形特点；<br>（3）筒体结构和巨型结构的组成和受力特点 |
| 高层建筑结构的布置原则 | （1）理解高层建筑结构的基本布置原则；<br>（2）了解各结构体系的最大适用高度、高宽比限值；<br>（3）理解结构的平面及竖向布置规定；<br>（4）理解结构体型不规则的定义及相关规定；<br>（5）了解各种结构缝的处理、地基基础选型 | （1）各结构体系的最大适用高度和高宽比限值；<br>（2）各结构体系的结构抗震等级；<br>（3）结构的平面及竖向布置要求；<br>（4）结构体型不规则的定义和要求；<br>（5）结构缝的作用及处理办法；<br>（6）高层建筑基础形式、选型依据 |

**引例**

　　建筑结构体系的正确选择和建筑结构的规则性布置是建筑结构概念设计的重要内容。建筑布局简单合理，结构布置符合抗震原则，能从根本上保证建筑具有良好的抗震性能。结构选型和结构布置是结构设计的关键。如果结构选型和结构布置不合理，后续的计算工作便会犹如给一个残疾人提供拐杖，只能尽可能让拐杖合理使其稳定站立。然而，如果结构选型和结构布置合理，就如同直接选择了一个矫健的运动员，少量的辅助措施就可以达到理想的效果。

　　1972年2月23日尼加拉瓜的马那瓜发生地震，地震烈度为Ⅷ度，同一街区有相邻的两栋高层建筑，美洲银行大厦和中央银行大厦，如图2.1所示。美洲银行大厦结构布置均匀对称，采用核心筒和外侧密排柱结构；而中央银行大厦不仅平面布置不规则（4个楼梯间置于塔楼西端），而且竖向布置也不规则（4、5层存在严重不均匀、不连续现象）。两栋高层建筑在地震后的震害表现截然不同，美洲银行大厦只是轻微损坏，而中央银行大厦破坏严重。

　　通过若干现代建筑在地震中的实际表现，工程师们积累了大量关于建筑结构概念设计的经验，因此在建筑的概念设计阶段一定要对结构选型和结构布置有清晰明确的认识。本章将重点介绍高层建筑的常用结构体系及概念设计要点。

(a) 地震前　　　　　　　　　　　　　　　　(b) 地震后

**图2.1　相邻两栋高层建筑在马那瓜地震前后的震害对比**

# 2.1　高层建筑的结构单元

　　建筑结构的作用是承受建筑及结构的自重，以及其他多种多样的荷载与作用，它是一个空间的结构整体。一般来说，建筑的上部结构由水平分体系和竖向分体系组成。水平分体系在能够承受局部竖向荷载作用的同时，尚需承受水平荷载作用，并把荷载传递给竖向分体系且保持其界面的结合形状。竖向分体系在传递整个恒载的同时，将水平剪力传递给基础。竖向分体系必须由水平分体系联系在一起，以便有更好的抗弯和抗压曲能力。水平分体系作为竖向分体系的横向支撑将其连接起来，以减小其计算长度并影响其侧向刚度及侧向稳定性。竖向分体系的间距也会影响水平分体系的选型及布置。

建筑结构的基本构件有板、梁、柱、墙、筒体和支撑等，基本构件或其组合（如柱、墙、桁架、框架、实腹筒、框筒等）便是联系杆件和分体系的"桥梁"，它们是建筑结构的基本受力单元，称作承重单体或抗侧力单元。尽管基本构件（如柱、墙等）可以作为基本受力单元，但基本构件只有单独作为一个基本受力单元时才可称其为承重单体或抗侧力单元。例如，由梁柱组成的1榀平面框架、由4片墙围成的墙筒或由4片密柱深梁型框架围成的框筒，尽管其基本构件依旧是线型或面型构件，但此时它们已转变成具有不同力学特性的平面或空间抗力单元，考虑竖向荷载时它们是基本的承重单体，考虑侧向荷载时它们是基本的抗侧力单元。高层建筑结构体系通常也是按照其承重单体与抗侧力单元的特性来命名的，当基本的承重单体或抗侧力单元为框架或墙时，则称其为框架结构或剪力墙结构；当基本的承重单体或抗侧力单元包含框筒时，则称其为框筒结构。

承重单体或抗侧力单元是竖向分体系或水平分体系的基本组成部分，它们的抗力是高层建筑结构分体系抗力的基本组成单元。高层建筑结构的竖向荷载比较大，但它作用在结构上引起的响应通常都能被较好地抵抗，因此承重单体的问题较易解决。相比之下，由于风荷载与水平地震作用等水平力的作用要严重得多，其内力和挠度等都较大且要合理抵抗，因此高层建筑结构的抗侧力单元显得尤为重要，这就要求结构工程师在设计高层建筑结构时要认真选择结构体系并布置好结构的抗侧力单元。

## 2.2　高层建筑的结构体系

高层建筑发展到今天，其结构体系形式繁多，划分的标准也多种多样。从结构工程师的观点出发，高层建筑结构体系的分类标准通常是依据其承重单体和抗侧力单元的类型来划分。

### 2.2.1　框架结构

框架结构是由梁、柱等线性构件通过刚性节点连接在一起构成的结构，其基本的承重单体和抗侧力单元为梁、柱通过节点连接形成的框架，如图2.2所示。框架结构按施工方法不同可以分为以下4种。

（1）梁、板、柱全部现场浇筑的现浇框架结构。

（2）板预制，梁、柱现场浇筑的现浇框架结构。

（3）梁、板预制，柱现场浇筑的半装配式框架结构。

（4）梁、板、柱全部预制的全装配式框架结构。

框架结构最主要的优点：较空旷且建筑平面布置灵活，可做成具有较大空间的会议室、餐厅、办公室、实验室等，同时便于门窗的灵活设置，立面也可以处理得富于变化，可以满足各种不同用途的建筑的需求。但由于其结构的本身柔性较大，抗侧刚度较小，在风荷载作用下会产生较大的水平位移；在地震作用下，因为非结构性构件（填充墙、设备管道等）的破坏较严重，所以建筑物的层数和高度受到限制。

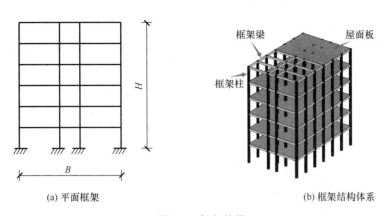

(a) 平面框架　　　　　　　　　　(b) 框架结构体系

**图 2.2　框架结构**

建筑的柱网和层高一般根据建筑的使用功能而定。柱网布置要尽可能对称，图 2.3 所示为框架结构的柱网布置示意。

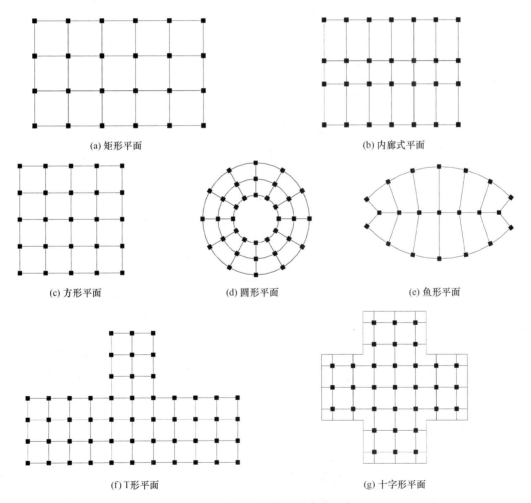

(a) 矩形平面　　　　　　　　　　(b) 内廊式平面

(c) 方形平面　　　　(d) 圆形平面　　　　(e) 鱼形平面

(f) T形平面　　　　　　　　(g) 十字形平面

**图 2.3　框架结构的柱网布置示意**

　　框架结构的抗力来自梁、柱通过节点相互约束形成的框架作用。单层框架柱底完全固接，单层梁的刚度也大到可以完全限制柱顶的转动，此时在侧向荷载作用下，柱的反弯点在柱的中间，其承受的弯矩为全部外弯矩的一半，另一半由柱子的轴力形成的力偶矩来抵抗。这种情况下的梁、柱之间的相互作用即为框架作用的理想状态——完全框架作用。一般来说，当梁的线刚度为柱的线刚度的 5 倍以上时，可以近似地认为梁能完全限制柱的转动，此时比较接近完全框架作用。实际的框架作用往往介于完全框架作用与悬臂排架柱作用之间，梁、柱等线性构件受建筑功能的限制，截面不能太大，其线刚度比较小，故而抗侧刚度比较小。

　　在水平荷载作用下框架结构将产生较大的侧向位移，如图 2.4(a) 所示。其中一部分是剪切变形 [图 2.4(b)]，即框架的整体受剪，层间梁、柱杆件发生弯曲而引起的水平位移。在完全框架作用情况下，柱子的弯曲尚需抵抗一半的外弯矩，在普通的框架中，柱的弯曲需抵抗更多的外弯矩，这对比较柔的线性构件来说是比较难抵抗的；另一部分是框架结构产生的整体弯曲变形 [图 2.4(c)]，即由柱子的轴向拉伸和压缩所引起的侧移，在完全框架作用情况下，拉压力偶抵抗一半的外弯矩，此时的整体弯曲变形还是比较明显的。对于一般框架结构而言，在水平荷载作用下其侧移曲线以剪切型为主。

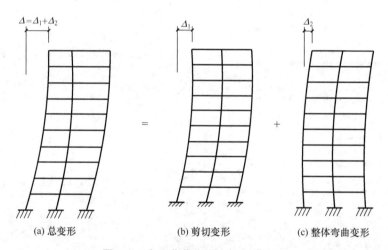

(a) 总变形　　　　(b) 剪切变形　　　　(c) 整体弯曲变形

**图 2.4　水平荷载作用下框架的变形**

## 2.2.2　剪力墙结构

　　由墙体承受全部水平作用和竖向荷载的结构称为剪力墙结构。剪力墙结构多用钢筋混凝土作为建筑材料，其基本的承重单体和抗侧力单元均为钢筋混凝土墙体。剪力墙结构按照施工方法不同可以分为以下 3 种。

　　(1) 全部现浇的剪力墙结构。

　　(2) 全部用预制墙板装配而成的剪力墙结构。

　　(3) 部分现浇、部分为预制墙板装配的剪力墙结构。

　　剪力墙结构是在框架结构的基础上发展而来的。框架结构中柱的抗弯刚度较小，由材料力学知识可知，构件的抗弯刚度与截面高度的三次方成正比。高层建筑要求结构体系具有较大的侧向刚度，故而增大框架柱截面高度以满足高层建筑侧移要求的办法自然就产生了。但是由于它与框架柱的受力性能有很大不同，因而形成了另外一种结构构件。在承受水平作用时，剪力墙相当于一根悬臂深梁，其水平位移由弯曲变形和剪切变形两部分组成。在高层建筑结构中，框架柱的变形以剪切变形为主，而剪力墙的变形以弯曲变形为主，其位移曲线呈弯曲形，特点是结构层间位移随楼层的增高而增加。

剪力墙的平面内刚度较大，而平面外刚度较小，结构设计时一般不考虑其平面外刚度和强度，因此剪力墙平面布置宜简单、规则，宜沿两个主轴方向或其他方向双向布置，两个方向的侧向刚度不宜相差过大。抗震设计时，不应采用仅单向有墙的结构布置。沿高度方向，剪力墙宜自下而上连续布置，避免刚度突变。门窗洞口宜上下对齐、成列布置，形成明确的墙肢和连梁；宜避免造成墙肢宽度相差悬殊的洞口设置。抗震设计时，一、二、三级剪力墙的底部加强部位不宜采用上下洞口不对齐的错洞墙，全高均不宜采用洞口局部重叠的叠合错洞墙。一般情况下，剪力墙结构均做成落地形式，但由于建筑功能及其他方面的要求，部分剪力墙可能不能落地，图2.5所示为此类部分框支剪力墙立面布置示意。

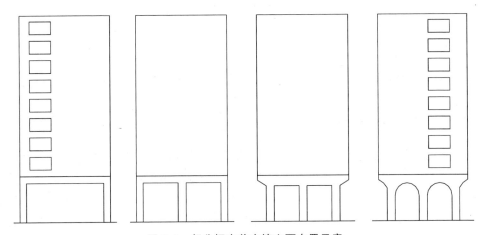

图 2.5 部分框支剪力墙立面布置示意

相比框架结构来说，剪力墙结构的抗侧刚度大、整体性好，如图2.6所示。结构顶点水平位移和层间位移通常较小，能满足高层建筑抵抗较大水平作用的要求，同时剪力墙的截面面积大，竖向承载力要求也比较容易满足。在进行剪力墙的平面布置时，一般应考虑能使其承担足够大的自重荷载以抵销水平荷载作用下的弯曲拉应力，但是轴向荷载又不能太大，过大的轴压比会大幅降低剪力墙的延性。剪力墙可以在平面内布置，但为了能更好地满足设计意图、提高抗弯刚度和构件延性，通常设计成 L 形、T 形、I 形或 [ 形等截面形式。

历次地震表明，经过恰当设计的剪力墙结构具有良好的抗震性能。采用剪力墙结构体系的高层建筑，房间内没有梁柱棱角，比较美观且便于室内布置和使用。但剪力墙是比较宽大的平面构件，这使建筑平面布置、交通组织和使用要求等都受到一定的限制。同时剪力墙的间距受到楼板构件跨度的限制，不容易形成大空间，因而比较适用于具有较小房间的公寓、住宅、酒店等建筑。用于普通单元住宅建筑时，由于其平面布置的复杂性，容易形成截面高宽比小于8的短肢剪力墙（图2.6），此时其抗震性能比普通剪力墙差，需要更加仔细地设计。需要注意的是，高层建筑不允许采用全部为短肢剪力墙的剪力墙结构，应设置一定数量的一般剪力墙或井筒，共同抵抗水平作用。

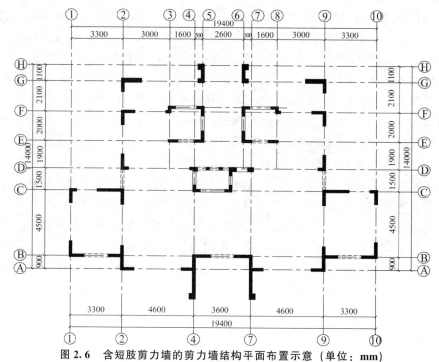

图 2.6　含短肢剪力墙的剪力墙结构平面布置示意（单位：mm）

### 2.2.3　框架-剪力墙结构

　　框架-剪力墙结构是把框架和剪力墙两种结构共同组合在一起形成的结构，竖向荷载由框架和剪力墙等承重单体共同承担，水平荷载则主要由剪力墙这一具有较大刚度的抗侧力单元来承担。这种结构综合了框架结构和剪力墙结构的优点，并在一定程度上规避了两者的缺点，达到了扬长避短的目的，使得建筑功能要求和结构设计协调得比较好。它既具有框架结构平面布置灵活、使用方便的特点，又具有较大的刚度和较好的抗震能力，因而在高层建筑中应用非常广泛。它与框架结构、剪力墙结构是目前高层建筑中最常用的三种结构体系。图 2.7 所示为框架-剪力墙结构。

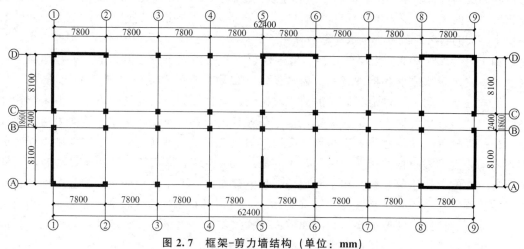

图 2.7　框架-剪力墙结构（单位：mm）

## 2.2.4 筒体结构

当建筑向上延伸达到一定高度时，在平面上需要布置较多的墙体以形成较大刚度来抵抗水平作用，此时常规的三大结构体系往往不能满足要求。在高层建筑结构中，作为主要竖向交通联系使用的电梯常常布置在建筑的中心或两端，此时常常将电梯井壁集中布置为墙体。电梯井四面围有剪力墙，尽管所开洞口对其刚度有一定的削弱，但是其整体刚度比同样的独立的几片墙要大得多，这是由于相互联系的各片墙围成一个筒后，其整体受力与变形性能有很大的变化，此时形成的空间作用已使面型剪力墙单元转变成具有空间作用的筒体单元，它具有很大的刚度和承载力，能承受很大的竖向荷载和水平作用。常将承重单体和抗侧力单元含一个或多个筒体单元的结构称为筒体结构。

筒体结构的基本特征是主要由一个或多个空间受力的竖向筒体承受水平力。筒体可以由剪力墙构成，也可以由密柱深梁构成。筒体是空间整截面工作的，如同一个竖在地面上的箱形悬臂梁。

筒体结构的类型很多，根据筒体的布置、组成和数量等可将筒体结构分为框筒、筒中筒、桁架筒、束筒等结构。框筒结构只有一个密柱深梁外筒，竖向荷载主要由内部柱承受，水平荷载主要由外筒抵抗；筒中筒结构一般由中央剪力墙内筒和周边外框筒组成；桁架筒包含由两个方向的桁架组成的空间筒体，增设附加支撑是一种非常有效的方法；当单个筒体不足以承受水平力时，由若干个筒体串联套叠起来形成的结构即为束筒结构。

高层建筑的内筒集中布置在楼（电）梯间和服务性房间，常是由较密集的剪力墙形成的一个截面形状复杂的薄壁筒；外筒则多为由密柱（一般跨度在 3m 以内）深梁所组成的框筒，密柱框筒到下部楼层往往要通过转换楼层扩大柱距形成大入口。需要注意的是，框架-核心筒结构与框筒结构不是同一个概念，前者指的是由框架和筒体（核心筒）结构单元组成的结构，框架与筒体是平行的受力单元。

筒体结构除内部剪力墙薄壁筒处外，经过适当的组合在建筑内部也能形成较大的自由空间，平面可以自由灵活分隔。经过合理设计，筒体结构可以具有良好的刚度、承载力和抗震抗风性能，适用于多功能、多用途的超高层建筑。

## 2.2.5 巨型结构

巨型结构由两级结构组成，一级结构一般有巨型框架结构和巨型桁架结构。由电梯井、楼梯间等组成巨型柱，每隔若干层设置很高的实腹梁或空腹桁架梁作为巨型梁，巨型柱和巨型梁组成巨型框架以承受水平力和竖向力。其余竖向的分布荷载或集中荷载则由二级结构（如上下层巨型框架梁之间的楼层梁柱等）传递给巨型框架。

巨型结构构件形成的空间较空旷，二级结构自身承受的荷载较小，构件截面也较小，而且可以灵活布置，增加了建筑布置的灵活性和有效使用面积。有些紧靠巨型梁的楼层甚至可以不设置内柱，从而形成较大的空旷空间。

　　图 2.8 所示为上海环球金融中心，其巨型结构由巨型柱、巨型斜撑和带状桁架组成。巨型结构与核心筒、伸臂桁架共同对抗由风荷载和水平地震荷载引起的倾覆弯矩。

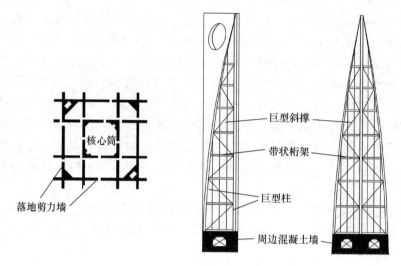

**图 2.8　上海环球金融中心（巨型结构）**

# 2.3　高层建筑结构的布置原则

　　由于地震作用的随机性、复杂性和不确定性，以及结构内力分析方面的理想化（将空间结构简化为平面结构，动力分析简化为等效静力分析，非弹性性质简化为弹性性质），而且未能充分考虑材料时效、阻尼变化等各种因素，因此结构分析存在非确定性。

## 2.3.1　最大适用高度和高宽比限值

　　1. 建筑结构的最大适用高度

　　《高规》划分了 A 级高度高层建筑和 B 级高度高层建筑。A 级高度高层建筑是指常规的、一般的建筑。B 级高度高层建筑是指较高的、高度超过 A 级高度规定的建筑，因而设计应有更严格的要求。

　　（1）A 级高度钢筋混凝土乙类和丙类高层建筑的最大适用高度应符合表 2-1 的规定。当框架-剪力墙、剪力墙及筒体结构超出表 2-1 的高度时，列入 B 级高度钢筋混凝土高层建筑。B 级高度钢筋混凝土乙类和丙类高层建筑的最大适用高度应符合表 2-2 的规定，并应遵守《高规》规定的更严格的计算和构造措施，同时需经过专家的审查复核。平面和竖向均不规则的高层建筑结构，其最大适用高度宜适当降低。

表 2-1　A 级高度钢筋混凝土乙类和丙类高层建筑的最大适用高度　　　单位：m

| 结构体系 | | 抗震设防烈度 | | | | |
|---|---|---|---|---|---|---|
| | | 6 度 | 7 度 | 8 度 | | 9 度 |
| | | | | 0.20g | 0.30g | |
| 框架 | | 60 | 50 | 40 | 35 | — |
| 框架-剪力墙 | | 130 | 120 | 100 | 80 | 50 |
| 剪力墙 | 全部落地剪力墙 | 140 | 120 | 100 | 80 | 60 |
| | 部分框支剪力墙 | 120 | 100 | 80 | 50 | 不应采用 |
| 筒体 | 框架-核心筒 | 150 | 130 | 100 | 90 | 70 |
| | 筒中筒 | 180 | 150 | 120 | 100 | 80 |
| 板柱-剪力墙 | | 80 | 70 | 55 | 40 | 不应采用 |

注：① 表中框架不含异形柱框架。

　　② 部分框支剪力墙结构指地面以上有部分框支剪力墙的剪力墙结构。

　　③ 甲类建筑，6、7、8 度时宜按本地区抗震设防烈度提高 1 度后符合本表的要求，9 度时应专门研究。

　　④ 框架结构、板柱-剪力墙结构及 9 度抗震设防的表列其他结构，当房屋高度超过表中数值时，结构设计应有可靠依据，并采取有效的加强措施。

表 2-2　B 级高度钢筋混凝土乙类和丙类高层建筑的最大适用高度　　　单位：m

| 结构体系 | | 抗震设防烈度 | | | |
|---|---|---|---|---|---|
| | | 6 度 | 7 度 | 8 度 | |
| | | | | 0.20g | 0.30g |
| 框架-剪力墙 | | 160 | 140 | 120 | 100 |
| 剪力墙 | 全部落地剪力墙 | 170 | 150 | 130 | 110 |
| | 部分框支剪力墙 | 140 | 120 | 100 | 80 |
| 筒体 | 框架-核心筒 | 210 | 180 | 140 | 120 |
| | 筒中筒 | 280 | 230 | 170 | 150 |

注：① 部分框支剪力墙结构指地面以上有部分框支剪力墙的剪力墙结构。

　　② 甲类建筑，6、7 度时宜按本地区抗震设防烈度提高 1 度后符合本表的要求，8 度时应专门研究。

　　③ 当房屋高度超过表中数值时，结构设计应有可靠依据，并采取有效的加强措施。

　　对于房屋高度超过 A 级高度高层建筑最大适用高度的框架结构、板柱-剪力墙结构及 9 度抗震设防的各类结构，因研究成果和工程经验尚显不足，在 B 级高度高层建筑中未予列入。

　　（2）具有较多短肢剪力墙的剪力墙结构的抗震性能有待进一步研究和工程实践检验，《高规》第 7.1.8 条规定其最大适用高度比普通剪力墙结构适当降低，7 度时不应超过

100m、8 度 (0.2g) 时不应超过 80m、8 度 (0.3g) 时不应超过 60m；B 级高度高层建筑及 9 度时的 A 级高度高层建筑不应采用这类结构。

(3) 高度超出表 2-2 的特殊工程，应通过专门的审查、论证，补充更严格的计算分析，必要时应进行相应的结构试验研究，采取专门的加强构造措施。

(4) 框架-核心筒结构中，除周边框架外，内部带有部分仅承受竖向荷载的柱与无梁楼板时，不属于本条所列的板柱-剪力墙结构。

(5) 在《高规》最大适用高度表中，框架-剪力墙结构的高度均低于框架-核心筒结构的高度。其主要原因是，框架-核心筒结构的核心筒相对于框架-剪力墙结构的剪力墙构件性能较好，核心筒成为主要抗侧力构件，结构设计上也有更严格的要求。

《高层民用建筑钢结构技术规程》(JGJ 99—2015) 对抗震设防烈度为 6～9 度的乙类和丙类高层民用建筑钢结构的最大适用高度做出了规定，如表 2-3 所示。

表 2-3　高层民用建筑钢结构的最大适用高度　　　　　　　　单位：m

| 结 构 体 系 | 抗震设防烈度 | | | | |
| --- | --- | --- | --- | --- | --- |
| | 6、7 度 (0.10g) | 7 度 (0.15g) | 8 度 | | 9 度 (0.40g) |
| | | | 0.20g | 0.30g | |
| 框架 | 110 | 90 | 90 | 70 | 50 |
| 框架-中心支撑 | 220 | 200 | 180 | 150 | 120 |
| 框架-偏心支撑<br>框架-屈曲约束支撑<br>框架-延性墙板 | 240 | 220 | 200 | 180 | 160 |
| 筒体(框筒、筒中筒、<br>桁架筒、束筒)<br>巨型框架 | 300 | 280 | 260 | 240 | 180 |

注：① 房屋高度指室外地面到主要屋面板板顶的高度（不包括局部突出屋顶部分）。
　　② 超过表内高度的房屋，应进行专门研究和论证，采取有效的加强措施。
　　③ 表内筒体不包括混凝土筒。
　　④ 框架柱包括全钢柱和钢管混凝土柱。
　　⑤ 甲类建筑，6～8 度时宜按本地区抗震设防烈度提高 1 度后符合本表的要求，9 度时应专门研究。

【深圳平安
金融中心】

【深圳地王大厦】

**2. 建筑结构的高宽比限值**

高层建筑的高宽比是对结构刚度、整体稳定、承载能力和经济合理性的宏观控制；在结构设计满足规范规定的承载力、稳定、抗倾覆、变形和舒适度等基本要求后，仅从结构安全角度来看，高宽比限值不是必须满足的，其主要影响结构设计的经济性。钢筋混凝土高层建筑结构的高宽比不宜超过表 2-4 的规定，高层民用建筑钢结构的高宽比不宜超过表 2-5 的规定。从目前大多数高层建筑来看，这一限值是各方面都可以接受的，也是比较经济合理的。高宽比超过这一限值的是极个别的，例如深圳平安金融中心的高宽比为 10.6，深圳地王大厦的高宽比为 8.8。

表 2-4　钢筋混凝土高层建筑结构适用的最大高宽比

| 结 构 体 系 | 抗震设防烈度 | | |
|---|---|---|---|
| | 6、7 度 | 8 度 | 9 度 |
| 框架 | 4 | 3 | — |
| 板柱-剪力墙 | 5 | 4 | |
| 框架-剪力墙、剪力墙 | 6 | 5 | 4 |
| 框架-核心筒 | 7 | 6 | 4 |
| 筒中筒 | 8 | 7 | 5 |

表 2-5　高层民用建筑钢结构适用的最大高宽比

| 抗震设防烈度 | 6、7 度 | 8 度 | 9 度 |
|---|---|---|---|
| 最大高宽比 | 6.5 | 6.0 | 5.5 |

在体型复杂的高层建筑中，如何计算高宽比是比较难的问题。一般情况下，可按所考虑方向的最小宽度计算高宽比，但对突出建筑物平面很小的局部结构［如楼（电）梯间等］，一般不应包含在计算高度内。对于不宜采用最小宽度计算高宽比的情况，应由设计人员根据实际情况确定合理的计算方法，对带有裙房的高层建筑，当裙房的面积和刚度相对于其上部塔楼的面积和刚度较大时，计算高宽比的房屋高度和宽度可按裙房以上塔楼结构考虑。

## 2.3.2　结构规则性

### 1. 结构的平面布置

高层建筑按外形不同可以分为塔式和板式两大类。塔式高层建筑其平面长宽比（$L/B$）相差不大，是高层建筑的主要外形，如圆形、正方形、正多边形、长宽比不大的长方形、Y 形及井字形等，塔式高层建筑比较容易实现结构在两个平面方向的动力特性相近；另一类是实际应用相对较少的板式高层建筑，其平面长宽比相对较大，为了避免短边方向结构的抗侧刚度较小的问题，相应的抗侧力单元布置较多，有时也结合建筑平面将其做成折线或曲线形。高层结构平面布置应考虑下列问题。

（1）高层建筑的开间、进深尺寸及构件类型规格应尽量少，以利于建筑工业化。

（2）尽量采用风压较小的形状，并注意邻近高层房屋对该房屋风压分布的影响，如表面有竖向线条的高层房屋可增加 5% 的风压，群体高层可增加高达 50% 的风压。

（3）有抗震设防要求的高层结构，平面布置应力求简单、规整、均匀、对称，长宽比不大并尽量减小偏心扭转的影响。大量宏观震害表明，布置不对称、刚度不均匀的结构会产生难以计算和处理的地震力（如应力集中、扭曲等），引起严重后果。在抗震结构中，结构体型、布置、构造措施的好坏有时比计算精确与否更能直接影响结构的安全。当建筑物平面尺寸过长时，如板式高层建筑，在短边方向不仅侧向变形会加大，而且会产生两端不同步的地震运动。较长的楼板在平面内既有扭转又有挠曲，与理论计算结果相差较大，因此平面长度不应过大，突出部分也应尽量小，以接近塔式高层建筑（对抗震有利的平面形式）。结构的承载力、刚度及质量分布应均匀、对称，质量中心与刚度中心应尽可能重合，并尽量增大结构的抗扭刚度。结构具有良好的整体性是高层建筑结构平面布置的关键。

（4）结构单元两端和拐角处受力复杂且为温度效应敏感处，设置的楼（电）梯间会削弱其刚度，故应尽量避免在两端和拐角处设置楼（电）梯间，如必须设置则应采用加强措施。

**2. 结构的竖向布置**

高层结构竖向除应满足高宽比限值外，还要考虑下面几个问题。

（1）有抗震设防要求的建筑物，结构竖向布置要做到刚度均匀而连续，避免刚度突变和薄弱层遭受震害。结构竖向体型应力求规则、均匀，避免有过大的外挑和内收，避免出现承载力沿高度分布不均匀的结构。满足以上要求的建筑结构可按竖向规则结构进行抗震分析。

（2）高层建筑宜设地下室，即有一定埋深的地下室，这样既可以保证上部结构的稳定，又可以充分利用地下室空间，同时还能补偿地基承载力。

**3. 不规则结构**

工程结构抗震经验表明：建筑结构体型的不规则性不利于结构抗震，甚至会使结构遭受严重破坏或倒塌，因此，设计的建筑结构体型宜力求规则和对称。建筑结构体型的不规则性可分为两种，一种是建筑结构平面不规则，另一种是建筑结构竖向不规则。其中建筑结构竖向不规则的危害更大。

（1）建筑结构平面不规则。

平面不规则的类型分为扭转不规则、凹凸不规则、楼板局部不连续3种。其相应的定义详见表2-6。

表2-6 平面不规则的类型

| 不规则类型 | 定 义 |
| --- | --- |
| 扭转不规则 | 在具有偶然偏心的规定水平力作用下，楼层两端抗侧力构件弹性水平位移（或层间位移）的最大值与平均值的比值大于1.2 |
| 凹凸不规则 | 平面凹进一侧的尺寸大于相应投影方向总尺寸的30% |
| 楼板局部不连续 | 楼板的尺寸和平面刚度急剧变化，例如，有效楼板宽度小于该层楼板典型宽度的50%，或开洞面积大于该层楼面面积的30%，或较大的楼层错层 |

建筑平面的长宽比不宜过大，以避免因两端相距太远，振动不同步，产生扭转等复杂的振动而使结构受到损害。为了保证楼板平面内刚度较大，使楼板平面内不产生大的振动变形，建筑平面的突出部分长度 $l$ 应尽可能小。平面凹进时，应保证楼板宽度 $B$ 足够大。Z形平面则应保证重叠部分长度 $l'$ 足够大。另外，由于在凹角附近，楼板容易产生应力集中，应加强楼板的配筋。结构平面布置如图2.9所示。平面尺寸及突出部位尺寸的比值限值宜满足表2-7的要求。

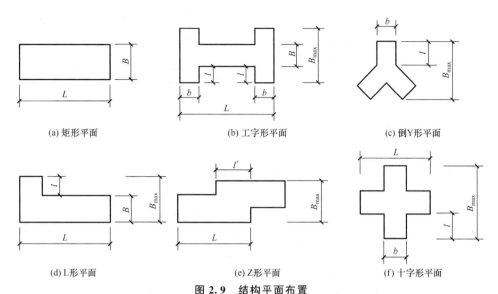

图 2.9 结构平面布置

表 2-7 平面尺寸及突出部位尺寸的比值限值

| 抗震设防烈度 | $L/B$ | $L/B_{max}$ | $l/b$ |
|---|---|---|---|
| 6、7 度 | ≤6.0 | ≤0.35 | ≤2.0 |
| 8、9 度 | ≤5.0 | ≤0.30 | ≤1.5 |

在实际工程中，$L/B$ 在 6、7 度抗震设防时最好不超过 4.0；在 8、9 度抗震设防时最好不超过 3.0。$l/b$ 最好不超过 1.0。当平面 $l/b$≤1.0 且 $L/B_{max}$≤0.30，质量和刚度分布比较均匀对称时，可以按规则结构进行抗震设计。

在规则平面中，如果结构平面刚度不对称，仍会产生扭转。所以，在布置抗侧力单元时，应使结构均匀分布，令荷载作用线通过结构刚度中心，以减少扭转的影响。尤其是布置刚度较大的楼（电）梯间时，更要注意保证其结构的对称性。但有时从建筑功能考虑，若必须在平面拐角部位和端部布置楼（电）梯间，则应采用剪力墙、筒体等加强措施。

框架-核心筒结构和筒中筒结构更应选取双向对称的规则平面，如矩形、正方形、正多边形、圆形。当采用矩形平面时，$L/B$ 不宜大于 1.5，且不应大于 2.0。如果采用复杂的平面而不能满足表 2-7 的要求，则应进行更细致的抗震验算，并采取加强措施。

（2）建筑结构竖向不规则。

竖向不规则的类型分为侧向刚度不规则、竖向抗侧力构件不连续及楼层承载力突变 3 种。其相应的定义详见表 2-8。

表 2-8 竖向不规则的类型

| 不规则类型 | 定　义 |
|---|---|
| 侧向刚度不规则 | 该层的侧向刚度小于相邻上一层的 70%，或小于其上相邻三个楼层侧向刚度平均值的 80%；除顶层或出屋面小建筑外，局部收进的水平向尺寸大于相邻下一层的 25% |
| 竖向抗侧力构件不连续 | 竖向抗侧力构件（柱、抗震墙、抗震支撑）的内力由水平转换构件（梁、桁架等）向下传递 |
| 楼层承载力突变 | 抗侧力单元的层间受剪承载力小于相邻上一楼层的 80% |

抗震设防的建筑结构竖向布置应使体型规则、均匀，避免有较大的外挑和收进，结构的承载力和刚度宜自下而上逐渐减小。高层建筑结构的高宽比（$H/B$）不宜过大，如图2.10所示，高层建筑结构的高宽比还跟抗震设防烈度有关，抗震设防烈度越高，高宽比限制越严。

计算时往往沿竖向分段改变构件截面尺寸和混凝土强度等级，这种改变使结构刚度自下而上递减。从施工角度来看，分段改变不宜太多，但从结构受力角度来看，分段改变却宜多而均匀。在实际工程设计中，一般沿竖向变化不超过4段。每次改变，梁、柱尺寸减小100～150mm，墙厚减小50mm，混凝土强度降低一个等级，而且一般尺寸改变与强度改变要错开楼层布置，避免楼层刚度产生较大突变。沿竖向出现刚度突变还有下述两个原因。

① 结构竖向体型突变。

由于结构竖向体型突变而使刚度变化，一般有下面几种情况。

a. 建筑顶部内收形成塔楼。顶部小塔楼因鞭梢效应而放大地震作用，塔楼的质量和刚度越小则地震作用放大越明显。在可能的情况下，宜采用台阶形逐级内收的立面。

b. 楼层外挑内收。结构刚度和质量变化大，在地震作用下易形成较薄弱环节。

为此，《高规》规定，在进行抗震设计时，当结构上部楼层收进部分到室外地面的高度$H_1$与房屋高度$H$之比大于0.2时，上部楼层收进后的水平尺寸$B_1$不宜小于下部楼层水平尺寸$B$的0.75倍，如图2.10(a)、(b)所示；当结构上部楼层相对于下部楼层外挑时，上部楼层水平尺寸$B_1$不宜大于下部楼层水平尺寸$B$的1.1倍，且水平外挑尺寸$a$不宜大于4m，如图2.10(c)、(d)所示。

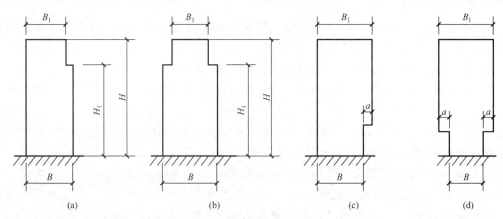

图2.10 结构竖向收进和外挑示意

② 结构体系变化。

抗侧力单元布置将在下列情况下发生改变。

a. 剪力墙结构或框筒结构的底部大空间需要，底层或底部若干层剪力墙不落地，可能产生刚度突变。这时应尽量增加其他落地剪力墙、柱或筒体的截面尺寸，并适当提高相应楼层的混凝土强度等级，尽量减小刚度的变化。

b. 中部楼层部分剪力墙中断。如果建筑功能要求必须取消中间楼层的部分墙体，则取消的墙比例不宜多于1/3，不得超过半数，且其余墙体应加强配筋。

c. 顶层设置空旷的大空间，取消部分剪力墙或内柱。由于顶层刚度削弱，高振型影响会使地震力增大，因此顶层取消的剪力墙比例也不宜多于1/3，且不得超过半数。框架取消内柱后，全部剪力应由其他柱或剪力墙承受，顶层柱子应全长加密配箍。

d. 抗侧力单元构件截面尺寸改变（减小）较多，改变（减小）集中在某一楼层，并且混凝土强度改变也集中于该楼层，此时也容易使抗侧力刚度沿竖向发生突变。

### 2.3.3 变形缝

变形缝包括伸缩缝、沉降缝和防震缝（也称"三缝"）。在高层建筑中，为防止结构因温度变化和混凝土收缩而产生裂缝，常隔一定距离用伸缩缝分开；在塔楼和裙房之间，由于沉降不同，往往设沉降缝分开；建筑物各部分层数、质量、刚度差异过大，或有错层时，也可用防震缝分开。伸缩缝、沉降缝和防震缝将高层建筑划分为若干个结构独立的部分，成为独立的结构单元。

高层建筑设置"三缝"，可以解决产生过大变形和内力的问题，但又会产生许多新的问题。例如，由于缝两侧均需布置剪力墙或框架而使结构复杂或建筑使用不便；"三缝"使建筑立面处理困难；地下部分容易渗漏，防水困难等。更为突出的是，地震时缝两侧结构进入弹塑性状态，位移急剧增大而发生相互碰撞，会产生严重的震害。1976年我国的唐山大地震中，京津唐地区设缝的高层建筑（缝宽为50～150mm），除北京饭店东楼（18层框架-剪力墙结构，缝宽600mm）外，许多房屋结构都发生了不同程度的碰撞。轻者外装修、女儿墙、檐口损坏，重者主体结构破坏。1985年墨西哥城大地震中，由于碰撞而使顶部楼层破坏的震害也相当多。

多年的高层建筑结构设计和施工经验总结表明：高层建筑应当调整平面尺寸和结构布置，采取构造措施和施工措施，能不设缝就不设缝，能少设缝就少设缝；如果没有采取措施或必须设缝，则必须保证有必要的缝宽以防止震害。

1. 伸缩缝

高层建筑结构不仅平面尺度大，而且竖向高度也很大，温度变化和混凝土收缩不仅会产生水平方向的变形和内力，而且会产生竖向的变形和内力。但是，高层钢筋混凝土结构一般不计算由于温度收缩产生的内力。因为一方面高层建筑的温度场分布和收缩参数等都很难准确确定；另一方面混凝土不是弹性材料，它既有塑性变形，又有徐变和应力松弛，实际的内力要远小于按弹性结构得出的计算值。广州白云宾馆（地上33层，地下1层，地面上总高度为117.05m，长度为70m）的温度应力计算表明，温度-收缩应力计算值过大，难以作为设计的依据。曾经计算过温度-收缩应力的其他建筑也遇到过类似的情况。因此，钢筋混凝土高层建筑结构的温度-收缩问题，一般由构造措施来解决。高层建筑结构伸缩缝的最大间距宜符合表2-9的规定。

表2-9 高层建筑结构伸缩缝的最大间距　　　　　　　　　　　　单位：m

| 结 构 体 系 | 施 工 方 法 | 最 大 间 距 |
|---|---|---|
| 框架结构 | 现浇 | 55 |
| 剪力墙结构 | 现浇 | 45 |

注：① 框架-剪力墙的伸缩缝间距可根据结构的具体布置情况取表中框架结构与剪力墙结构之间的数值。

② 当屋面无保温或隔热措施、混凝土的收缩较大或室内结构因施工外露时间较长时，伸缩缝间距应适度减小。

③ 位于气候干燥地区、夏季炎热且暴雨频繁地区的结构，伸缩缝的间距宜适当减小。

目前已建成的许多高层建筑结构，由于采取了充分有效的措施，并进行了合理的施工，伸缩缝的间距已超出了规定的数值。例如，1973年施工的广州白云宾馆长度已达70m。目前我国伸缩缝最大间距已超过100m的建筑有：北京昆仑饭店（30层剪力墙结构）长度达114m；北京京伦饭店（12层剪力墙结构）达138m。

当采用有效的构造措施和施工措施减小温度变化和混凝土收缩对结构的影响时，可适当放宽伸缩缝的间距。这些措施可包括但不限于下列几方面。

（1）顶层、底层、山墙、内纵墙端开间等受温度变化影响较大的部位提高配筋率。

（2）顶层加强保温隔热措施，外墙设置外保温层。

（3）每30～40m间距留出施工后浇带，带宽800～1000mm，钢筋采用搭接接头，后浇带混凝土宜在45d后浇筑。

（4）采用收缩小的水泥，减小水泥用量，在混凝土中加入适宜的外加剂。

（5）提高每层楼板的构造配筋率或采用部分预应力结构。

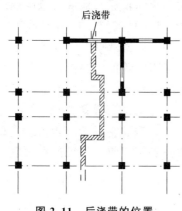

**图2.11　后浇带的位置**

后浇带应通过建筑物的整个横截面，分开全部墙、梁和楼板，使得两边都可以自由收缩。后浇带可以选择对结构受力影响较小的部位曲折通过，只要将建筑物分为两段即可。后浇带不要设在一个平面内，以免全部钢筋都在同一平面内搭接。一般情况下，后浇带可设在框架梁和楼板的1/3跨处，设在剪力墙洞口上方连梁的跨中或内外墙连接处，如图2.11所示。由于后浇带混凝土后浇，钢筋采用搭接，其两侧结构长期处于悬臂状态，所以模板的支柱在本跨不能全部拆除。当框架主梁跨度较大时，梁的钢筋可以直通而不切断，以免搭接长度过长而产生施工困难，也防止悬臂状态下产生不利的内力和变形。

**2. 沉降缝**

当同一建筑物中的各部分由于基础沉降不同而产生显著沉降差，有可能产生结构难以承受的内力和变形时，可采用沉降缝将两部分分开。沉降缝不仅应贯通上部结构，而且应贯通基础本身。通常，沉降缝用来划分同一高层建筑中层数相差很多、荷载相差很大的各部分，最典型的是用来分开主楼和裙房。

是否设缝，应根据具体条件综合考虑。设沉降缝后，由于上部结构需在缝的两侧均设独立的抗侧力单元，形成双梁、双柱和双墙，因此建筑、结构问题较多，地下室渗漏不容易解决。通常，建筑物各部分沉降差有以下3种方法来处理。

（1）"放"——设沉降缝，让各部分自由沉降，互不影响，避免出现由于不均匀沉降而产生的内力。

（2）"抗"——采用端承桩或刚度较大的其他基础。前者由坚硬的基岩或砂卵石层来承受，尽可能避免显著的沉降差；后者则用基础本身的刚度来抵抗沉降差。

（3）"调"——在设计与施工中采取措施，调整各部分沉降，减小其差异，降低由沉降差产生的内力。

采用"放"的方法似乎比较省事，而实际上如前所述，结构、建筑、设备、施工各方面困难不少。有抗震要求时，缝宽还要考虑防震缝的宽度要求。采用无沉降的端承桩只能在有坚硬基岩的条件下实施，而且桩基造价较高。用设刚度很大的基础来抵抗沉降差而不设沉降缝的做法，虽然在一些情况下能"抗"住，但其基础材料用量多，不经济。

目前许多工程采用介乎两者之间的办法，即调整各部分沉降差，在施工过程中留后浇段作为临时沉降缝，等到沉降基本稳定后再连为整体，不设永久性沉降缝。采用这种"调"的方法，使得在一定条件下，高层建筑主楼与裙房之间可以不设沉降缝，从而解决了设计、施工和使用上的一系列问题。由于高层建筑的主楼和裙房的层数相差很大，在具有下列条件之一时才可以不留永久沉降缝。

① 采用端承桩，桩支承在基岩上。

② 地基条件较好，沉降差小。

③ 有较多的沉降观测资料，沉降计算比较可靠。

在后两种情况下，可按"调"的办法采取如下措施。

① 调压力差。主楼部分荷载大，可采用整体的箱形基础或筏形基础，降低土压力，并加大埋深，减少附加压力；裙房部分可采用较浅的交叉梁基础等，增加土压力，使高低部分沉降接近。

② 调时间差。先施工主楼，主楼工期长，沉降大，待主楼基本建成，沉降基本稳定后，再施工裙房，使后期沉降基本相近。

在上述几种情况下，都要在主楼与裙房之间预留后浇带，连通钢筋，最后浇筑混凝土，待两部分沉降稳定后再连为整体。目前，广州、深圳等地的高层建筑多采用基岩端承桩，主楼和裙房间不设沉降缝；北京的高层建筑则一般采用施工时留后浇带的做法。

3. 防震缝

(1) 有抗震设计要求的高层建筑在下列情况下宜设防震缝。

① 平面长度和外伸长度尺寸超出了规程限值而又没有采取加强措施时。

② 各部分结构刚度相差很大，采取不同材料和不同结构体系时。

③ 各部分质量相差很大时。

④ 各部分有较大错层时。

(2) 设置防震缝时，防震缝缝宽应符合下列规定。

① 框架结构房屋，高度不超过 15m 时不应小于 100mm；超过 15m 的部分，6 度、7 度、8 度和 9 度分别每增加高度 5m、4m、3m 和 2m，宜加宽 20mm。

② 框架-剪力墙结构房屋不应小于①中规定数值的 70%，剪力墙结构房屋不应小于①中规定数值的 50%，且二者均不宜小于 100mm。

防震缝两侧结构体系不同时，防震缝宽度应按不利的结构类型确定。防震缝两侧的房屋高度不同时，防震缝宽度可按较低的房屋高度确定。8 度和 9 度抗震设防的框架结构房屋，当防震缝两侧结构层高相差较大时，防震缝两侧框架柱的箍筋应沿房屋全高加密，并可根据需要沿房屋全高在防震缝两侧各设置不少于两道垂直于防震缝的抗撞墙。当相邻结构的基础存在较大沉降差时，宜增大防震缝的宽度。防震缝宜沿房屋全高设置，地下室、基础可不设防震缝，但在与上部防震缝对应处应加强构造和连接。结构单元之间或主楼与裙房之间如无可靠措施，不应采用牛腿托梁的做法设置防震缝。天津友谊宾馆主楼（8 层框架)与裙房(单层餐厅)采用餐厅层屋面梁支承在主框架牛腿上加以钢筋焊接,在唐山大地震中,由于震动不同步,牛腿被拉断、压碎,发生严重破坏,证明这种连接方式对抗震是不利的;必须采用时,应针对具体情况,采取有效措施避免地震时破坏。

因此,高层建筑各部分之间凡是设缝的,就要分得彻底;凡是不设缝的,就要连接牢固。绝不要将各部分之间设计得似分不分,似连不连,如"藕断丝连"一般,否则连接处在地震中很容易被破坏。

抗震设计时伸缩缝、沉降缝的宽度均应符合防震缝最小宽度要求。

# 2.4 高层建筑结构抗震概念设计

要使结构抗震设计更好地符合客观实际,就必须着眼于建筑总体抗震能力的概念设计。概念设计涉及的范围很广,要考虑的方面也很多。具体地说,要正确认识地震作用的复杂性、间接性、随机性和耦联性,尽量创造减少地震动的客观条件,避免因地面变形而导致的直接危害和减少地震能量输入。在结构总体布置上:首先在房屋体型、结构体系、刚度和强度分布、构件延性等主要方面创造结构整体的良好抗震条件,从根本上消除建筑中的抗震薄弱环节。然后,再辅以必要的计算、内力调整和构造措施。因此,国内外工程界常将概念设计作为设计的主导,认为它比数值计算更重要。在《建筑抗震设计规范(2016年版)》(GB 50011—2010,以下简称《抗震规范》)中所涉及的若干基本概念如下。

(1) 预防为主,全面规划。

(2) 选择抗震有利场地,避开抗震不利地段。

(3) 规则建筑。

(4) 多道抗震防线。

(5) 防止薄弱层塑性变形集中。

(6) 强度、刚度和变形能力的统一。

(7) 确保结构的整体性。

(8) 非结构构件的抗震措施。

## 2.4.1 概念设计

在结构设计中包括结构作用效应分析和结构抗力分析。传统设计方法较注重这两方面的精确力学及数学分析,而忽视对一些综合相关因素的考虑。当今世界,科学和工商业高度发展,高层建筑结构的功能和所处的环境、条件也在变化,它迫使人们寻求一种新的结构设计思维方法。概念设计是保证结构具有良好抗震性能的一种方法,就是在结构设计中对某些无法进行精确计算,而现行的规范、规程又无法具体明确规定的内容,由设计人员将自己所掌握的知识综合运用到结构设计全过程。这些知识包括科学试验结论、震害调查结论、前人的设计经验(包括成功的经验和失败的教训)等。

结构设计的全过程包括结构方案的确定、结构布置、内力分析与配筋计算、构造措施。设计人员在对结构的地震作用、风作用、温度作用、各种其他偶然作用、结构的真实荷载效应、结构所处条件、场地土特性、结构抗力和一些基本概念深刻理解的基础上，运用正确的思维方法去指导设计，就是说不仅要做必要的结构计算，而且要对引起结构不安全的各种因素做综合的、宏观的、定性的分析并采取相应的对策，以求在总体上降低结构破坏概率。因此，要做好概念设计，需要多方面的知识，包括理论分析、构造措施、施工技术、设计经验、事故及震害分析和处理等。尤其是结构的抗震设计，必须运用概念设计方法，下面简述概念设计在若干方面的体现。

在结构布置方面，关键是受力明确，传力途径简捷，因此应尽量避免采用上刚下柔和平面刚度不均匀的结构体系。保证结构协同工作的传力构件主要是楼（屋）面结构，因此要采取措施加强楼板的刚度。结构延性是度量结构抗震性能的重要指标，但不是唯一指标。过大地利用延性可能导致次生内力加剧，且延性大小的量度方法也不统一。应将结构强度、变形、破坏过程和破坏模式综合考虑。

地震动导致震害的主要原因是地基失效和结构的地震反应。地基失效指地基因地层断裂、错位、滑塌、液化等而失去承载力。结构的地震反应包括加速度、速度和位移，以及由此引起的结构损害和破坏。要分清原因，区别对待，正确设计。地震动有远震和近震之分。远离震中地区长周期地震波成分较多，对高而柔建筑物影响大；而距震中近的地区短周期地震波较多，对低而刚的建筑物影响大。我们采取的对策是设法减小共振因素，提高结构耗能能力，多道设防。要特别重视塔楼的设防措施。竖向地震作用一般不做考虑，但日本阪神地震表明其作用也不容忽视，尤其是其与水平地震作用组合形成的危害。在 9 度抗震设防及 8 度抗震设防的大跨结构、长悬臂结构中，应考虑竖向地震作用。

【地震中的高层建筑】

【地震中高层建筑内的震感】

地震作用的时间、强度、频数和震源是变化的，因此难以精确地考虑地震动的作用。解决的对策只能是定性正确，定量大致合理。追求精确的地震作用效应是不现实的，只能在必要的计算基础上加充分的构造措施以实现防震目的。震害表明，结构连接点、支承点的不可靠性，往往容易导致结构坍塌，阪神地震就证明了这一点，因此应该重视连接点的设计计算和构造措施。历次震害表明，一场大灾害（如地震、风灾、水灾等）伴随的次生灾害（火灾、断电、通信中断、停水等），对人民生命财产的危害往往比结构的损害更为严重，因此应建立总体抗灾的观念。

地震震害具有选择性、累积性和重复性。地震震害的选择性表现为在坚硬场地土上，短周期结构震害比中、长周期结构的震害严重，而软弱场地土上某些中、长周期结构震害比短周期结构的震害严重。场地土的软弱夹层对中、短周期结构有时还起到减震作用。液化土如处于地基主要受力层以下，且无喷冒滑坡可能时，对剪切波作用下的中、短周期结构也能起到减震作用。地震作用总是先行损坏最薄弱结构。地震震害的累积性表现为在前震、主震和余震的同一地震序列中结构多次受损的累积效应，还表现为远场地层使地面水平运动持续时间延长，以及再次遭震的震害累积等。地震震害的重复性表现为在同一场地上，特性相同的结构在多次地震下出现相似的震害。针对地震震害的上述特性，抗震设计时应在明确本地区抗震设防烈度和地震历史条件下综合考虑上部建筑、基础和地基土的情况，合理地进行结构选型、总平面布置，并采取各种具体的减震措施。

上述仅为概念设计的部分内容。概念设计内容丰富、涉及面广，需不断总结经验、深化研究。那种只注重具体计算，孤立地看待个别问题，忽略综合地、全面地、宏观地分析问题的做法，是不可取的。

## 2.4.2 延性要求

建筑结构的抗震、抗风性能主要取决于结构所吸收的能量，由结构承载力与变形能力共同决定，即结构承载力-变形曲线所包围的面积，如图 2.12 所示。当结构承载力较低而具有很大的变形能力（即延性）时，也可以吸收很多的能量，即使结构较早出现损伤，也仍具有一定的变形能力而不致破坏，因此，为保证高层建筑在强风、强震作用下的安全性，必须在满足结构强度要求的条件下，保证结构在进入塑性阶段后仍具有良好的延性。

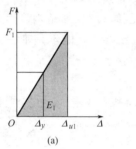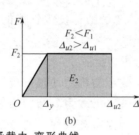

图 2.12　结构承载力-变形曲线

延性是指结构或构件在承载力没有明显降低情况下的塑性变形能力，一般用破坏或极限强度时的变形与屈服变形的比值来描述，即延性比或延性系数。高层建筑延性比受多种因素影响，如结构材料、结构体系、总体结构布置、构件设计、节点连接构造等。因此，对于高层建筑设计，应综合考虑这些因素来合理设计，从而使结构具有足够的强度、适宜的刚度和良好的延性。延性包括材料、截面、构件和结构的延性，延性系数 $\mu$ 常用转角或位移的极限值与屈服值的比值来表示。

$$\mu = \frac{\Delta_u}{\Delta_y} \qquad (2-1)$$

式中：$\Delta$——材料的应变、截面的曲率、构件或结构的转角或位移；

$\Delta_u$、$\Delta_y$——分别为极限值和屈服值。

一个结构抵抗强烈地震的能力强弱，主要取决于这个结构对地震能量"吸收与耗散"能力的大小。要使结构在遭遇强烈地震时具有很强的抗倒塌能力，最理想的是使结构中的所有构件均具有很高的延性。然而，在实际工程中很难做到这一点。一个有效的办法是有选择地重点提高结构中的重要构件及某些构件中关键部位的延性。在设计时有意识地设置一系列有利的屈服区，使这些并不危险的部位首先形成塑性铰来耗散能量，这样，结构既可承受反复的塑性变形又不会倒塌。

《抗震规范》采用两种具体途径来控制结构的延性：一种途径是通过"抗震措施（内力调整）"来控制构件的破坏形态；另一种途径是通过规定具体的"构造措施"来实现对其他延性的控制。

【高层建筑经受模拟地震考验】

## 2.4.3 多道抗震防线

地震作用是一个持续的过程，一次地震可能伴随多个震级相当的余震，也可能引发群震，不同大小的地震加速度脉冲一个接一个地对建筑物产生多次往复式冲击，造成累积式结构损伤破坏，如果建筑物采用的是单一结构体系，仅有一道抗震防线，则此防线一旦破坏，接踵而来的持续地震动就会致使建筑物倒塌，特别是当建筑物的自振周期与地震动的卓越周期相近时。然而，当建筑物采用的是多道抗震防线时，第一道防线的抗侧力构件在强震作用下遭到破坏，后续的第二道甚至第三道防线的抗侧力构件会立即接替，挡住地震动的冲击，从而保证建筑物不倒塌。而且，在遇到建筑物的基本周期与地震动的卓越周期相同或接近的情况时，多道防线更能显示极大的优越性：当第一道防线的抗侧力构件因共振而破坏，第二道防线接替后，建筑物的自振周期将出现大幅度的变化，与地震动的卓越周期错开，使建筑物共振现象得以缓解，从而降低地震产生的破坏作用。

符合多道抗震防线的建筑结构体系有：框-墙体系、框-撑体系、筒体-框架体系、筒中筒体系等，其中筒体、抗震墙、竖向支撑等承力构件，都可以充当第一道防线的抗侧力构件，率先抵抗水平地震作用的冲击。但是由于它们在结构中的受力条件不同，地震后果也不一样，因此原则上讲，应优先选择不负担或少负担重力荷载的竖向支撑或填充墙，或者选用轴压比较小的抗震墙、实墙筒体之类的构件，作为第一道抗震防线的抗侧力构件，而将框架作为第二道抗震防线。在水平地震作用下，两道抗震防线之间通过楼盖协同工作，各层楼盖相当于一根两端铰接的刚性水平杆，其作用是将两类抗震构件连成一个并联体，参与水平力传递。

为进一步增加结构体系的抗震防线，可在每层楼盖处设置一根两端刚接的连系梁。在地震作用下，其不仅能够率先进入屈服状态，承担地震动的前期脉冲，耗散尽可能多的地震能量，而且由于未采用连系梁连接之前的主体结构已是静定结构或超静定结构，这些连系梁在整个结构中属于赘余杆件，因此它们的先期破坏不会影响整个结构的稳定性。

当采用框架体系时，框架就成为整个体系中唯一的抗侧力构件，此时就应该采用"强柱弱梁"型延性框架，使梁的屈服先于柱，这样就可以利用梁的变形来耗散地震输入结构的能量，使框架柱退居第二道防线的位置，以提高结构的安全度。

# 2.5　高层建筑基础

高层建筑上部结构荷载很大，因而基础埋置较深，面积较大，材料用量多，施工周期长。基础的经济技术指标对高层建筑的造价影响较大。例如，箱形基础的造价在某些情况下可达总造价的1/3。因此，选择合理的高层建筑基础形式，并正确地进行基础和地基的设计和施工是非常重要的。

1. 高层建筑基础设计中应注意的问题

高层建筑的基础设计，应注意下列问题。

（1）基底压力不能超过地基承载力或桩承载力，不能产生过大变形，更不能产生塑性流动。

（2）基础的总沉降量、沉降差异和倾斜应在许可范围内。高层建筑结构是整体空间结构，刚度较大，差异沉降产生的影响更为显著，因此应更加注意主楼和裙房的基础设计。计算地基变形时，传至基础底面的荷载应按长期效应组合，不应计入风荷载和地震作用。

（3）基础底板、侧墙和沉降缝的构造，都应满足地下室的防水要求。

（4）当基础埋深较大且地基软弱，但施工场地开阔时，要采用大开挖。但应采用护坡施工，应综合利用各种护坡措施，并且采用逆向或半逆向施工方法。

（5）如邻近建筑正在进行基础施工，则必须采取有效措施防止对毗邻房屋的影响，防止施工中因土体扰动而使已建房屋下沉、倾斜和裂缝。

（6）基础选型和设计应考虑综合效果，不仅要考虑基础本身的用料和造价，而且要考虑使用功能及施工条件等因素。

**2. 高层建筑基础的埋深**

高层建筑基础必须有足够的埋深，主要考虑如下因素。

（1）基础的埋深必须满足地基变形和稳定性要求，以保证高层建筑在风力和地震作用下的稳定性，减少建筑的整体倾斜，防止倾覆和滑移。足够的埋深可以充分利用土的侧限形成嵌固条件，保证高层建筑的稳定。

（2）增加埋深可以提高地基的承载力，减少基础沉降。其原因：首先，埋深越大，挖去的土体越多，地基的附加压力越小；其次，埋深越大，地基承载力的深度修正也越大，承载力也越高；最后，由于外墙土体的摩擦力，限制了基础在水平力作用下的摆动，使基础底面土反力分布趋于平缓。

（3）高层建筑宜设置地下室，设置多层地下室有利于建筑物抗震。有地下室对提高地基的承载力有利，对结构抗倾覆有利。当基础落在岩石上时，其埋深应根据抗滑移的要求来确定。

基础的埋深一般是指从室外地面到基础底面的高度，但如果地下室周围无可靠侧限，则应从具有侧限的地面算起。采用天然地基或复合地基时，高层建筑基础埋深可取房屋高度的1/15；采用桩基础时，不计桩长，可取房屋高度的1/18。此规定基于工程实践和科研成果而定，保证了基础抗倾覆和抗滑移的稳定性。

**3. 高层建筑基础的选型**

高层建筑基础的选型应根据上部结构情况、工程地质情况、施工条件等因素综合考虑来确定。以基础本身刚度为出发点，从小到大可供选择的基础有：条形基础、交叉梁式基础、筏形基础、箱形基础等，如图2.13所示。工程中还常常选择桩基础和岩石锚杆基础，独立基础在高层建筑中除岩石地基外很少采用。

高层建筑基础的选型，主要考虑如下因素。

（1）上部结构的层数、高度、荷载和结构类型。若主楼部分层数多、荷载大，则要求基础的承载能力高、总体刚度大，这时往往采用整体式基础，甚至还要打桩；裙房部分有时可采用交叉梁式基础。

（2）地基土质条件。地基土均匀、承载力高、沉降量小时，可采用刚度较小的基础，放在天然地基上；反之，则要采用刚性整体式基础，有时还要做桩基础。

（3）抗震设计要求，水平力作用的大小。抗震设计时，对基础的整体性、埋深、稳定性及地基液化等都有更高的要求。

（4）施工条件和场地环境。施工技术水平和施工设备往往制约了基础形式的选择，地下水位对基础选型也有影响。

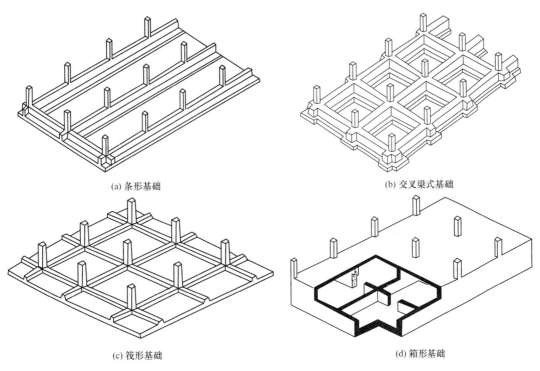

(a) 条形基础　　　　　　　　　　　　　(b) 交叉梁式基础

(c) 筏形基础　　　　　　　　　　　　　(d) 箱形基础

**图 2.13　高层建筑结构基础**

　　一般来说，设计中应优先采用有利于高层建筑整体稳定、刚度较大，能抵抗差异沉降、底面面积较大，有利于分散土压力的整体基础，如箱形基础和筏形基础；当上部荷载不大，地基条件较好时，也可以选择交叉梁式基础；只有当上部荷载较小，地基条件好（如基础直接支承在微风化或未风化岩层上）的 6～9 层房屋可采用条形基础（多在裙房中采用），但必须加设拉梁。

　　当地下室可以设置较多的钢筋混凝土墙体，形成刚度较大的箱体时，按箱形基础设计较为有利；当地下室作为停车场、商店使用而必须有大空间导致无法设置足够的墙体时，则应考虑基础底板的作用，按筏形基础设计。

## 本 章 小 结

　　本章介绍了常用的建筑结构体系和布置原则。

　　高层建筑的主要结构体系有框架结构、剪力墙结构、框架-剪力墙结构、简体结构、巨型结构等，通过本章的学习，理解各结构体系的特点和适用范围。

　　从概念设计角度，把握高层建筑各类结构的最大适用高度、高宽比限值和结构的抗震等级。

　　高层建筑结构布置宜规则、均匀，其体型不规则性分为平面不规则和竖向不规则；

平面不规则分为扭转不规则、凹凸不规则和楼板局部不连续；竖向不规则分为侧向刚度不规则、竖向抗侧力构件不连续和楼层承载力突变。

高层建筑结构变形缝包括伸缩缝、沉降缝和防震缝；基础类型主要包括条形基础、交叉梁式基础、筏形基础、箱形基础等。

习　题

思考题

(1) 高层建筑中常用的结构体系有哪几种？试对每一种结构体系列举1~2个实例。

(2) 框架结构、剪力墙结构和框架-剪力墙结构在侧向力作用下的变形曲线有什么特点？简述这3种结构的适用层数和应用范围。

(3) 在抗震结构中为什么要求平面布置简单、规则、对称，竖向布置刚度均匀？结构的平面布置和竖向布置应注意哪些问题？什么是平面不规则结构？什么是竖向不规则结构？

(4) 伸缩缝、沉降缝和防震缝分别是什么？对这些缝的位置、构造、宽度分别有什么要求？在高层建筑结构中，特别是抗震结构中，怎么处理好这3种缝？

(5) 在高层建筑结构设计中，为什么要控制房屋的高宽比？高宽比限值与什么因素有关？

(6) 高层建筑的基础都有哪些形式？在选择基础形式及埋深时，高层建筑与多层、低层建筑有什么不同？

(7) 框架-剪力墙结构与框架-核心筒结构有何异同？哪一种体系更适合建造较高的建筑？为什么？

# 第3章

# 高层建筑结构荷载及其效应组合

本章简要介绍了高层建筑的荷载类型、竖向荷载的确定方法，重点介绍了高层建筑风荷载的计算方法、水平地震作用的计算方法，以及竖向地震作用的计算方法，同时分非抗震设计和抗震设计两类情况对高层建筑的荷载效应组合方法进行了介绍。学生通过本章的学习，应达到以下目标。

(1) 了解高层建筑结构荷载的特点。

(2) 掌握高层建筑结构各种荷载的计算方法，重点掌握高层建筑风荷载和水平地震作用的计算方法。

(3) 掌握高层建筑结构荷载效应组合。

教学要求

| 知识要点 | 能力要求 | 相关知识 |
|---|---|---|
| 竖向荷载 | (1) 理解高层建筑的荷载与作用类型；<br>(2) 掌握恒荷载和活荷载的计算方法 | (1) 高层建筑荷载的特点和分类；<br>(2) 恒荷载及活荷载的计算 |
| 风荷载 | (1) 理解风对建筑物的作用特点；<br>(2) 熟练掌握风荷载的计算方法 | (1) 风对建筑物的作用特点；<br>(2) 高层建筑结构风荷载的计算方法 |
| 地震作用 | (1) 理解地震作用的特点和一般设计原则；<br>(2) 掌握底部剪力法、振型分解反应谱法求解水平地震作用；<br>(3) 了解竖向地震作用的计算方法 | (1) 地震作用的特点；<br>(2) 底部剪力法；<br>(3) 振型分解反应谱法 |
| 荷载效应组合 | 掌握荷载效应组合各种工况的区别及其应用 | (1) 非抗震设计时的荷载效应组合；<br>(2) 抗震设计时的荷载效应组合 |

**引例**

与所有结构一样，高层建筑结构必须能抵抗各种外部作用，具有足够的安全度，并满足使用要求。这些外部作用包括建筑物自重及使用荷载、风荷载、地震作用，以及其他如温度变化、地基不均匀沉降等。其中，前两项为竖向荷载，风荷载为水平荷载，地震作用则包括水平地震作用和竖向地震作用。在高层建筑中，尽管竖向荷载仍对结构设计产生重要影响，但水平荷载却往往起着决定性的作用。随着建筑层数的增多、建筑高度的增加，水平荷载越发成为结构设计的控制因素。

1926 年，美国迈阿密 17 层的 Meyer-kiser 大楼在飓风袭击后产生巨大的塑性变形，顶部水平残余位移竟达 0.61m，如图 3.1 所示。1995 年 1 月 17 日，日本关西地区发生了 7.3 级的阪神大地震，毁坏建筑物约 10.8 万幢，图 3.2 所示为阪神大地震后中间层破坏的高层建筑。这些都是高层建筑在荷载作用下失效的例子，因此弄清高层建筑的荷载作用及其计算方法，理解各种荷载效应的组合非常重要。

图 3.1　飓风袭击后变形的 Meyer-kiser 大楼　　　　图 3.2　阪神大地震后中间层破坏的高层建筑

# 3.1　恒　荷　载

竖向荷载包括恒荷载（即永久荷载）、楼面及屋面活荷载、雪荷载。恒荷载包括结构构件、围护构件、面层及装饰、固定设备、长期储物的自重，土压力、水压力，以及其他需要按恒荷载考虑的荷载。建筑结构自重的标准值由构件及装修材料的尺寸和材料单位体积自重计算得出，常用材料单位体积的自重可查《建筑结构荷载规范》（GB 50009—2012，以下简称《荷载规范》）附录 A。应注意区分几种情况的荷载类型，如屋顶花园、屋顶运动场等的构造层自重和种植土、过滤层等在饱和水状态下的重度按恒荷载计算；固定隔墙自重按恒荷载计算，位置可灵活布置的隔墙自重应按活荷载考虑；固定设备的自重按实际情况确定或由专业设计人员提供。

【屋顶花园】

【固定隔墙】

# 3.2　活　荷　载

高层建筑的楼面活荷载可按《荷载规范》采用，常用民用建筑楼面均布活荷载不应小于表 3－1 的规定。上人屋面和不上人屋面均布活荷载标准值分别取 2.0kN/m² 和 0.5kN/m²，屋顶花园活荷载标准值可取 3.0kN/m²，不包括花圃土石等材料自重。

【一分钟了解活荷载】

表 3－1　常用民用建筑楼面均布活荷载

| 项次 | 类　　别 | 标准值/<br>（kN/m²） | 准永久值<br>系数 $\psi_q$ | 组合值<br>系数 $\psi_c$ |
|---|---|---|---|---|
| 1 | 住宅、宿舍、旅馆、办公楼、医院病房、托儿所、幼儿园 | 2.0 | 0.4 | 0.7 |
| 2 | 实验室、阅览室、会议室、医院门诊室 | 2.0 | 0.5 | 0.7 |
| 3 | 教室、食堂、餐厅、一般资料档案室 | 2.5 | 0.5 | 0.7 |
| 4 | 礼堂、剧场、影院、有固定座位的看台 | 3.0 | 0.3 | 0.7 |
| 5 | 商店、展览厅、车站、港口、机场大厅及其旅客等候室 | 3.5 | 0.5 | 0.7 |
| 6 | 健身房、演出舞台（运动场、舞厅） | 4.0 | 0.5 (0.3) | 0.7 |
| 7 | 书库、档案库、贮藏室 | 5.0 | 0.8 | 0.9 |
| 8 | 通风机房、电梯机房 | 7.0 | 0.8 | 0.9 |
| 9 | 楼梯（多层住宅或其他） | 3.5 | 0.3 | 0.7 |

注：第 6 项准永久值系数括号内数值是运动场和舞厅的取值；第 7 项当书架高度大于 2m 时，书库活荷载应按每米书架高度不小于 2.5kN/m² 确定。

现阶段国内高层建筑多为钢筋混凝土结构，构件截面尺寸较大，自重大，设计时往往先估算地基承载力、基础和结构底部剪力，初步确定结构构件尺寸。根据大量工程设计经验，钢筋混凝土高层建筑结构竖向荷载，对于框架结构和框架-剪力墙结构为 12～14kN/m²，对于剪力墙和筒中筒结构为 14～16kN/m²。钢筋混凝土高层建筑的恒荷载较大，占竖向荷载的 85% 以上；活荷载相对较小，占竖向荷载的 15% 左右。大量高层住宅、旅馆、办公楼的楼面活荷载仅为 2.0～2.5kN/m²。

《荷载规范》规定：设计楼面梁、墙、柱及基础时，考虑到活荷载各层同时满布的可能性极少，因此需要考虑活荷载的折减。楼面活荷载的折减可在构件内力组合时根据设计构件所处的位置选用相应的折减系数，再进行内力组合。

【房屋积雪】

屋面水平投影面上的雪荷载标准值应按式(3-1)计算。

$$s_k = \mu_r s_0 \tag{3-1}$$

式中：$s_k$——雪荷载标准值（kN/m²）；

$\mu_r$——屋面积雪分布系数，屋面坡度不大于25°时取1.0，其他查《荷载规范》；

$s_0$——基本雪压，一般按50年重现期的雪压（kN/m²）取值。

雪荷载的组合值系数可取0.7，频遇值系数可取0.6，准永久值系数按雪荷载分区Ⅰ、Ⅱ、Ⅲ分别取0.5、0.2和0。

# 3.3 风 荷 载

【高楼遭遇台风，如何实现稳赢？】

空气流动形成的风遇到建筑物时，会使建筑物表面产生压力或吸力，这种作用称为建筑物所受到的风荷载。风的作用是不规则的，风压随风速、风向的变化而不断改变。实际上，风荷载是随时间波动的动力荷载，但设计时一般把它视为静荷载。长周期的风压会使建筑物产生侧移，短周期的脉动风压会使建筑物在平均侧移附近摇摆，风振动作用如图3.3所示。

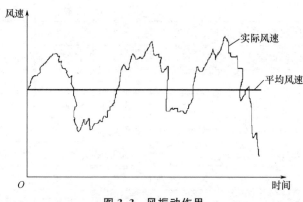

图 3.3 风振动作用

对于高度较大且较柔的高层建筑，要考虑动力效应，适当加大风荷载数值。确定高层建筑风荷载，大多数情况（高度300m以下）可按照《荷载规范》规定的方法，少数建筑（重要而且体型复杂、对风荷载敏感或有特殊情况）还要通过风洞试验确定风荷载，以补充规范的不足。

风荷载的大小主要和近地风的性质、风速、风向有关；和该建筑物所在地的地貌及周围环境有关；同时和建筑物本身的高度、体型及表面状况有关。

《荷载规范》规定垂直于建筑物表面的风荷载标准值$w_k$应按式(3-2)计算。

$$w_k = \beta_z \mu_s \mu_z w_0 \tag{3-2}$$

式中：$w_0$——基本风压值（kN/m²）；

$\beta_z$——高度$z$处的风振系数；

$\mu_s$——风荷载体型系数；

$\mu_z$——风压高度变化系数。

1. 基本风压值 $w_0$

我国《荷载规范》给出的基本风压值$w_0$，是用各地区空旷地面上离地10m高、统计50年（或100年）重现期的10min平均最大风速$v_0$（m/s）计算得到的，$w_0$不得小于0.3kN/m²。《高规》规定对风荷载比较敏感（一般高度大于60m）的高层建筑，承载力设计时应按基本风压的 1.1 倍采用。对于一般高层建筑取重现期为 50 年的风压值计算风荷载；对于特别重要或有特殊要求的高层建筑，取重现期为 100 年的风压值计算风荷载；进行舒适度计算时，取重现期为 10 年的风压值计算。

2. 风压高度变化系数 $\mu_z$

风速大小与高度有关，由地面沿高度按指数函数曲线逐渐增大。上层风速受地面影响小，风速较稳定。风速与地貌及环境有关，不同的地面粗糙度使风速沿高度增大的梯度不同。一般来说，地面越粗糙，风的阻力越大，风速越小。《荷载规范》将地面粗糙度分为 A、B、C、D 四类。

A 类指近海海面和海岛、海岸、湖岸及沙漠地区。

B 类指田野、乡村、丛林、丘陵及房屋比较稀疏的乡镇。

C 类指有密集建筑群的城市市区。

D 类指有密集建筑群且房屋较高的城市市区。

《荷载规范》给出了各类地区的风压高度变化系数，见表 3-2。位于山峰和山坡地的高层建筑，其风压高度系数还要进行修正，可查阅《荷载规范》。建在山上或河岸附近的建筑物，其离地高度应从山脚下或水面算起。

表 3-2　风压高度变化系数 $\mu_z$

| 离地面或海平面高度/m | 地面粗糙度类别 | | | |
|:---:|:---:|:---:|:---:|:---:|
| | A | B | C | D |
| 5 | 1.09 | 1.00 | 0.65 | 0.51 |
| 10 | 1.28 | 1.00 | 0.65 | 0.51 |
| 15 | 1.42 | 1.13 | 0.65 | 0.51 |
| 20 | 1.52 | 1.23 | 0.74 | 0.51 |
| 30 | 1.67 | 1.39 | 0.88 | 0.51 |
| 40 | 1.79 | 1.52 | 1.00 | 0.60 |
| 50 | 1.89 | 1.62 | 1.10 | 0.69 |
| 60 | 1.97 | 1.71 | 1.20 | 0.77 |
| 70 | 2.05 | 1.79 | 1.28 | 0.84 |
| 80 | 2.12 | 1.87 | 1.36 | 0.91 |
| 90 | 2.18 | 1.93 | 1.43 | 0.98 |
| 100 | 2.23 | 2.00 | 1.50 | 1.04 |
| 150 | 2.46 | 2.25 | 1.79 | 1.33 |
| 200 | 2.64 | 2.46 | 2.03 | 1.58 |
| 250 | 2.78 | 2.63 | 2.24 | 1.81 |
| 300 | 2.91 | 2.77 | 2.43 | 2.02 |
| 350 | 2.91 | 2.91 | 2.60 | 2.22 |
| 400 | 2.91 | 2.91 | 2.76 | 2.40 |
| 450 | 2.91 | 2.91 | 2.91 | 2.58 |
| 500 | 2.91 | 2.91 | 2.91 | 2.74 |
| ≥550 | 2.91 | 2.91 | 2.91 | 2.91 |

3. 风荷载体型系数 $\mu_s$

当风流经建筑物时，对建筑物不同的部位会产生不同的效果，迎风面为压力，侧风面及背风面为吸力。空气流动还会产生涡流，对建筑物局部会产生较大的压力或吸力。因此，风对建筑物表面的作用力并不等于基本风压值，风的作用力随建筑物的体型、尺度、表面位置、表面状况而改变。风作用力的大小和方向可以通过实测或风洞试验得到，图 3.4(a)所示为某房屋平面风压分布系数的实测结果，图中的风压分布系数是指表面风压值与基本风压值的比值，正值为压力，负值为吸力，当空气流经房屋时，在迎风面产生压力，在背风面产生吸力，在侧风面也产生吸力，而且各面风作用力并不均匀。图 3.4(b)、(c) 所示分别为房屋迎风面和背风面表面风压分布系数，表明沿房屋每个立面的风压值并不均匀。但在设计时，采用各个表面风作用力的平均值，该平均值与基本风压值的比值称为风荷载体型系数。值得注意的是，由风荷载体型系数计算的每个表面的风荷载都垂直于该表面。

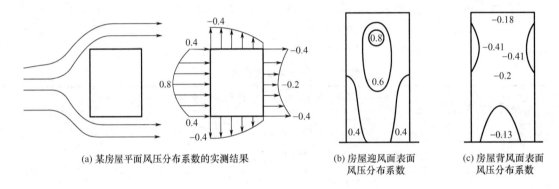

(a) 某房屋平面风压分布系数的实测结果　(b) 房屋迎风面表面风压分布系数　(c) 房屋背风面表面风压分布系数

图 3.4　风压分布

根据《高规》规定，计算主体结构的风荷载效应时，风荷载体型系数 $\mu_s$ 可按下列规定采用：① 圆形平面建筑取 0.8；② 正 $n$ 边形及截面三角形平面建筑取 $0.8+1.2/\sqrt{n}$；③ 高宽比不大于 4 的矩形、方形、十字形平面建筑取 1.3；④ V 形、Y 形、弧形、双十字形、井字形、L 形、槽形和高宽比大于 4 的十字形平面建筑，以及高宽比大于 4、长宽比不大于 1.5 的矩形、鼓形平面建筑取 1.4。需要更细致地进行风荷载计算的场合，按《高规》附录 B 采用，或由风洞试验确定。

对高层建筑群体，尤其是对于体型复杂而且重要的房屋结构，风洞试验应作为抗风设计重要的辅助工具。注意矩形截面高层建筑深宽比对背风面风荷载体型系数的影响。当多个群体的高层建筑间距较小时，宜考虑风力相互干扰的群体效应，相互干扰系数根据施扰建筑的位置，对顺风向风荷载可取 1.00～1.10，对横风向风荷载可取 1.00～1.20；相互干扰系数乘以建筑的风荷载体型系数 $\mu_s$ 使用。

另外，在建筑物角隅、檐口、边棱处和附属结构部位，局部风压会高于《荷载规范》表 8.3.1 所得的平均风压，应考虑局部体型系数 $\mu_{s1}$：封闭式矩形平面房屋墙面及屋面可按《荷载规范》表 8.3.3 的规定采用；檐口、雨篷、遮阳板、边棱处的装饰条等突出构件，取 $-2.0$；其他房屋和构筑物可按《荷载规范》第 8.3.1 条规定的体型系数的 1.25 倍取值。计算围护结构风荷载时，建筑物内部也会有压力或吸力，对封闭式建筑物，按其外表面风压的正负情况取 0.2 或 $-0.2$。

4. 风振系数 $\beta_z$

风作用是不规则的，实际风压在平均风压附近上下波动。平均风压使建筑物产生一定的侧移，而波动风压使建筑物在该侧移附近左右或前后摇摆。如果周围高层建筑物密集，还会产生涡流现象。

这种波动风压会在建筑物上产生一定的动力效应。通过实测及功率谱分析可以发现，风载波动是周期性的，基本周期往往很长，与一般建筑物的自振周期相差较大。例如，一般多层钢筋混凝土结构的自振周期为 0.4~1s，因而风对一般多层建筑造成的动力效应不大。但是，风荷载波动中的短周期成分对于高度较大或刚度较小的高层建筑可能产生一些不可忽视的动力效应，所以在设计中采用风振系数 $\beta_z$ 来考虑这种动力效应。确定风振系数时要考虑结构的动力特性及房屋周围的环境，设计时用它加大风荷载，仍然按照静力作用计算风荷载效应。这是一种近似方法，把动力问题转化为静力计算，可以大大简化设计工作。但是如果建筑物的高度很高，特别是对较柔的结构，最好进行风洞试验，用通过实测得到的风对建筑物的作用作为设计依据较为安全可靠。

《荷载规范》规定，对高度大于 30m 且高宽比大于 1.5 的房屋，以及基本自振周期 $T_1 > 0.25s$ 的各种高耸结构，应考虑风压脉动产生顺风向风振的影响。对于一般竖向悬臂型结构，$z$ 高度处的风振系数 $\beta_z$ 的计算公式如下。

$$\beta_z = 1 + 2gI_{10}B_z\sqrt{1+R^2} \tag{3-3}$$

式中：$g$——峰值因子，可取 2.5。

$I_{10}$——10m 高度名义湍流强度，对应 A、B、C 和 D 四类地面粗糙度，分别取 0.12、0.14、0.23 和 0.39。

$B_z$——脉动风荷载的背景分量因子，$B_z = kH^{a_1}\rho_x\rho_z\dfrac{\phi_1(z)}{\mu_z}$，式中系数 $k$ 和 $a_1$ 查表 3-3；$\phi_1(z)$ 为结构第 1 阶振型系数，查《荷载规范》附录 G 表 G.0.2 高耸结构振型系数；$H$ 为结构总高度（m），对应 A、B、C 和 D 四类地面粗糙度，$H$ 取值分别不应大于 300m、350m、450m 和 550m；$\rho_x$ 为脉动风荷载水平方向相关系数，$\rho_x = \dfrac{10\sqrt{B+50e^{-B/50}-50}}{B}$ [$B$ 为结构迎风面宽度（m），$B \leqslant 2H$]；

$\rho_z$ 为脉动风荷载垂直方向相关系数，$\rho_z = \dfrac{10\sqrt{H+60e^{-H/50}-60}}{H}$]。

$R$——脉动风荷载的共振分量因子，$R = \sqrt{\dfrac{\pi}{6\zeta_1}\times\dfrac{x_1^2}{(1+x_1^2)^{4/3}}}$，式中 $x_1 = \dfrac{30f_1}{\sqrt{k_w w_0}}$，$x_1 > 5$；$f_1$ 为结构第 1 阶自振频率（Hz）；$k_w$ 为地面粗糙度修正系数，查表 3-3；$\zeta_1$ 为结构阻尼比，对钢结构取 0.01，对有填充墙的钢结构取 0.02，对钢筋混凝土及砌体结构取 0.05，对其他结构可根据工程经验确定。

表3－3  高层建筑地面粗糙度修正系数 $k_w$、系数 $k$ 和 $a_1$

| 粗糙度类别 | A | B | C | D |
|---|---|---|---|---|
| $k_w$ | 1.28 | 1.0 | 0.54 | 0.26 |
| $k$ | 0.944 | 0.670 | 0.295 | 0.112 |
| $a_1$ | 0.155 | 0.187 | 0.261 | 0.346 |

建筑高度超过150m或高宽比大于5的高层建筑会出现较为明显的横向风振效应，宜考虑横向风振影响，该效应随建筑高度或建筑高宽比增大而增加。当建筑各立面受到风压非对称作用时，在一定条件下，还需考虑扭转风振效应，详见《荷载规范》。

**【例3.1】**  某10层现浇框架-剪力墙结构办公楼，其平面图及剖面图如图3.5所示，各层楼面荷载及质量、竖向及侧向刚度变化较均匀。当地50年重现期的基本风压为 $0.7kN/m^2$，地面粗糙度为A类，设计使用年限为50年，求在图示风向作用下，建筑物各楼层的风力标准值。

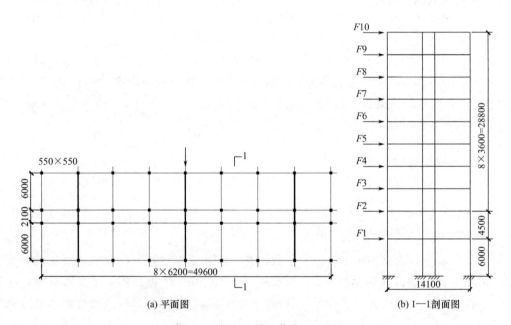

(a) 平面图          (b) 1—1剖面图

图3.5  例3.1图（单位：mm）

**解：**（1）建筑高度 $H=39.3m>30m$，且高宽比 $39.3/14.1\approx2.787>1.5$，故根据《荷载规范》8.4.1条，应考虑风振系数 $\beta_z$。

根据《高规》4.2.2条及条文说明，$H=39.3m<60m$，故取 $w_0=0.70kN/m^2>0.30kN/m^2$。

根据《荷载规范》附录F.2条，$n=10$ 层，取 $T_1=0.06n=0.06\times10=0.6(s)$，$f_1=1/T_1=1/0.6(Hz)$。

（2）确定各楼层处的风振系数 $\beta_z$。

A类地面，$k_w=1.28$，$k=0.944$，$a_1=0.155$，$I_{10}=0.12$，$\zeta_1=0.05$。

① 求共振分量因子 $R$。

$$x_1 = \frac{30f_1}{\sqrt{k_w w_0}} = \frac{30/0.6}{\sqrt{1.28 \times 0.7}} \approx 52.8 > 5,\ \text{可以}$$

$$R = \sqrt{\frac{\pi}{6\zeta_1} \times \frac{x_1^2}{(1+x_1^2)^{4/3}}} = \sqrt{\frac{\pi}{6 \times 0.05} \times \frac{52.8^2}{(1+52.8^2)^{4/3}}} \approx 0.862$$

② 求背景分量因子 $B_z$。

水平方向相关系数 $\rho_x = \dfrac{10\sqrt{B+50e^{-B/50}-50}}{B} = \dfrac{10\sqrt{50.15+50e^{-50.15/50}-50}}{50.15} \approx 0.857$

竖直方向相关系数 $\rho_z = \dfrac{10\sqrt{H+60e^{-H/60}-60}}{H} = \dfrac{10\sqrt{39.3+60e^{-39.3/60}-60}}{39.3} \approx 0.823$

查《荷载规范》附录 G 表 G.0.2 可得各楼层高度处结构振型系数 $\phi_1(z)$，根据地面粗糙度 A 类和楼层离地高度 $z$ 查表 3-2 可得相应的 $\mu_z$ 值，列于表 3-4 中。

$$B_z = kH^{a_1}\rho_x\rho_z\frac{\phi_1(z)}{\mu_z} = 0.944 \times 39.3^{0.155} \times 0.857 \times 0.823\frac{\phi_1(z)}{\mu_z} \approx 1.176\frac{\phi_1(z)}{\mu_z}$$

$B_z$ 列表计算，见表 3-4。

③ 求风振系数 $\beta_z$。

$$\beta_z = 1 + 2gI_{10}B_z\sqrt{1+R^2} = 1 + 2 \times 2.5 \times 0.12 \times \sqrt{1+0.862^2}\,B_z \approx 1 + 0.792B_z$$

各楼层风振系数计算结果见表 3-4。

表 3-4　各楼层风振系数计算结果

| 楼层 | 楼面距地高度 $z/\text{m}$ | $z/H$ | $\phi_1(z)$ | $\mu_z$ | $\dfrac{\phi_1(z)}{\mu_z}$ | $B_z$ | $\beta_z$ |
| --- | --- | --- | --- | --- | --- | --- | --- |
| 1 | 6.0 | 0.153 | 0.041 | 1.128 | 0.036 | 0.042 | 1.034 |
| 2 | 10.5 | 0.267 | 0.114 | 1.294 | 0.088 | 0.103 | 1.082 |
| 3 | 14.1 | 0.358 | 0.228 | 1.395 | 0.163 | 0.192 | 1.152 |
| 4 | 17.7 | 0.450 | 0.285 | 1.474 | 0.193 | 0.227 | 1.180 |
| 5 | 21.3 | 0.542 | 0.390 | 1.546 | 0.252 | 0.296 | 1.235 |
| 6 | 24.9 | 0.634 | 0.504 | 1.594 | 0.316 | 0.372 | 1.294 |
| 7 | 28.5 | 0.725 | 0.640 | 1.648 | 0.388 | 0.456 | 1.361 |
| 8 | 32.1 | 0.817 | 0.802 | 1.695 | 0.473 | 0.556 | 1.441 |
| 9 | 35.7 | 0.908 | 0.871 | 1.738 | 0.501 | 0.589 | 1.467 |
| 10 | 39.3 | 1.000 | 1.000 | 1.782 | 0.561 | 0.660 | 1.523 |

(3) 确定各楼层的风力标准值。

根据《高规》4.2.3 条，矩形平面高宽比 $39.3/14.1 \approx 2.787 < 4$，故取 $\mu_s = 1.3$。

各楼层风力标准值 $w_k = \beta_z \mu_s \mu_z w_0$，按建筑物总风载和计算单元计算，见表 3-5。

表 3-5　各楼层风力标准值计算结果

| 楼层 | 受风面积 $A/m^2$ | $\beta_z$ | $\mu_s$ | $\mu_z$ | $w_0 /$ $(kN/m^2)$ | 建筑物总风载 $F_{ik}/kN$ | 按计算单元 $F_{ik}/kN$ |
|---|---|---|---|---|---|---|---|
| 1 | $5.25\times50.15(6.2)=263.29(32.55)$ | 1.034 | 1.3 | 1.128 | 0.70 | 279.45 | 34.55 |
| 2 | $4.05\times50.15(6.2)=203.11(25.11)$ | 1.082 | 1.3 | 1.294 | 0.70 | 258.77 | 31.99 |
| 3 | $3.6\times50.15(6.2)=180.54(22.32)$ | 1.152 | 1.3 | 1.395 | 0.70 | 264.02 | 32.64 |
| 4 | $3.6\times50.15(6.2)=180.54(22.32)$ | 1.180 | 1.3 | 1.474 | 0.70 | 287.34 | 35.33 |
| 5 | $3.6\times50.15(6.2)=180.54(22.32)$ | 1.235 | 1.3 | 1.546 | 0.70 | 317.16 | 38.78 |
| 6 | $3.6\times50.15(6.2)=180.54(22.32)$ | 1.294 | 1.3 | 1.594 | 0.70 | 344.50 | 41.89 |
| 7 | $3.6\times50.15(6.2)=180.54(22.32)$ | 1.361 | 1.3 | 1.648 | 0.70 | 376.66 | 45.56 |
| 8 | $3.6\times50.15(6.2)=180.54(22.32)$ | 1.441 | 1.3 | 1.695 | 0.70 | 412.39 | 49.61 |
| 9 | $3.6\times50.15(6.2)=180.54(22.32)$ | 1.467 | 1.3 | 1.738 | 0.70 | 432.81 | 51.79 |
| 10 | $1.8\times50.15(6.2)=90.27(11.16)$ | 1.523 | 1.3 | 1.782 | 0.70 | 222.94 | 27.56 |

注：括号内数值为计算单元数据，本例计算单元宽度为6.2m。

# 3.4　地 震 作 用

## 3.4.1　地震作用的特点

【地震波传播】

地震波传播产生地面运动，通过基础影响上部结构，上部结构产生的振动称为结构的地震反应，包括加速度、速度和位移反应。由于地震作用是间接施加在结构上的，不应称为地震荷载。

地震波可以分解为6个振动分量：2个水平分量、1个竖向分量和3个扭转分量。对建筑结构造成破坏的分量主要是水平振动和扭转振动。扭转振动对房屋的破坏性很大，但目前尚无法准确计算，主要采用概念设计方法加大结构的抵抗能力，以降低破坏程度。地面竖向振动只在震中附近高烈度区影响房屋结构，因此，大多数结构的设计计算主要考虑水平地震作用。8度、9度抗震设防时，高层建筑中的大跨度和长悬臂结构应考虑竖向地震作用，9度抗震设防时应计算竖向地震作用。

地震作用和地面运动特性有关。地面运动特性可以用3个特征量来描述：振幅、频谱和持续时间。强烈地震的加速度或速度幅值一般很大，但如果地震时间很短，则对建筑物的破坏性可能不大；而有时地面运动的加速度或速度幅值并不太大，但地震波的卓越周期（频谱分析中能量占主导地位的频率成分）与结构物基本周期接近，或者振动时间很长，却有可能对建筑物造成严重影响。因此，振幅、频谱与持续时间被称为地震动三要素。

　　地面运动特性除了与震源所在位置、深度、地震发生原因、传播距离等因素有关外，还与地震传播经过的区域和建筑物所在区域的场地土性质密切相关。观测表明，不同性质的土层对地震波包含的各种频率成分的吸收和过滤效果不同。地震波在传播过程中，振幅逐渐衰减，在土层中高频成分易被吸收，低频成分振动传播得更远。因此，在震中附近或在岩石等坚硬土壤中，地震波中短周期成分丰富。在距震中较远的地方，或当冲积土层厚、土壤又较软时，短周期成分地震波被吸收而导致以长周期成分地震波为主，这对高层建筑十分不利。此外，当深层地震波传到地面时，土层又会将振动放大，土层性质不同，放大作用也不同，软土的放大作用较大。

　　建筑物本身的动力特性对建筑物是否被破坏和破坏程度也有很大影响。建筑物动力特性是指建筑物的自振周期、振型与阻尼，它们与建筑物的质量和结构的刚度有关。质量大、刚度大、周期短的建筑物在地震作用下的惯性力较大；刚度小、周期长的建筑物位移较大，但惯性力较小。特别是当地震波的卓越周期与建筑物的自振周期相近时，会引起类共振现象，导致结构的地震反应加剧。

【地震破坏程度的相关因素】

## 3.4.2　抗震设防准则及基本方法

　　地震作用与风荷载的性质不同，结构设计的要求和方法也不同。风力作用时间较长，有时达数小时，发生的机会也多，一般要求风荷载作用下结构处于弹性阶段，不允许出现大变形，装修材料和结构均不允许出现裂缝，人不应有不舒适感等。而地震发生的概率小，作用持续时间短，一般为几秒到几十秒，但地震作用强烈。如果要求结构在所有地震作用下均处于弹性阶段，势必造成结构材料使用过多，不经济。因此，抗震设计有专门的方法和要求。

　　1. 三水准抗震设防目标

　　我国的房屋建筑采用三水准抗震设防目标，即"小震不坏，中震可修，大震不倒"。在小震作用下，房屋应该不需修理仍可继续使用；在中震作用下，允许结构局部进入屈服阶段，经过一般修理仍可继续使用；在大震作用下，构件可能严重屈服，结构破坏，但房屋不应倒塌、不应出现危及生命财产的严重破坏。也就是说，抗震设计要同时达到多层次要求。小、中、大震是指概率统计意义上的地震烈度大小。

　　小震指该地区 50 年内超越概率约为 63% 的地震烈度，即众值烈度，又称多遇烈度；中震指该地区 50 年内超越概率约为 10% 的地震烈度，又称为基本烈度或抗震设防烈度；大震指该地区 50 年内超越概率为 2%～3% 的地震烈度，又称为罕遇烈度。

　　各个地区和城市的抗震设防烈度是由国家规定的。某地区的抗震设防烈度是指基本烈度，也就是指中震。小震大约比中震低 1.55 度，大震大约比中震高 1 度。

　　抗震设防目标和要求是根据一个国家的经济力量、科学技术水平，以及建筑材料和设计、施工现状等综合制定的，并会随着经济和科学水平的发展而改变。

　　2. 抗震设计的两阶段方法

　　为了实现三水准抗震设防目标，抗震设计采取两阶段方法。

第一阶段为结构设计阶段。在初步设计及技术设计时，就要按有利于抗震的做法去确定结构方案和结构布置，然后进行抗震计算及抗震构造设计。在此阶段，用相应于该地区抗震设防烈度的小震作用计算结构的弹性位移和构件内力，并进行结构变形验算，用极限状态方法进行截面承载力验算，按延性和耗能要求进行截面配筋及构造设计，采取相应的抗震构造措施。虽然只用小震进行计算，但是结构的方案、布置、构件设计及配筋构造都是以三水准抗震设防为目标的，也就是说，经过第一阶段设计，结构应实现"小震不坏，中震可修，大震不倒"的目标。

第二阶段为验算阶段。一些重要的或特殊的结构，经过第一阶段设计后，要求用与该地区抗震设防烈度相应的大震作用进行弹塑性变形验算，以检验是否达到了"大震不倒"的目标。大震作用下，结构必定已经进入弹塑性状态，因此要考虑构件的弹塑性性能。如果大震作用下的层间变形超过允许值（倒塌变形限值），则应修改结构设计，直到层间变形满足要求为止。如果存在薄弱层，可能会造成严重破坏，则应视其部位及可能出现的后果进行处理，采取相应改进措施。

3. 抗震设防范围

我国现行的《抗震规范》规定，在基本烈度为6度及6度以上地区内的建筑结构，应当抗震设防。现行《抗震规范》适用于抗震设防烈度为6～9度地区的建筑抗震设计。10度地区建筑的抗震设计，按专门规定执行。我国抗震设防烈度为6度和6度以上的地区约占全国总面积的60%。

某地区、某城市的建筑抗震设防烈度是国家地震局（2016年）颁发的《中国地震烈度区划图》上规定的基本烈度，也可采用抗震设防区划提供的地震动参数进行设计，《抗震规范》规定的抗震设防烈度和基本地震加速度值的对应关系见表3-6。

表3-6 抗震设防烈度和基本地震加速度值的对应关系

| 抗震设防烈度 | 6度 | 7度 | 8度 | 9度 |
|---|---|---|---|---|
| 基本地震加速度值 | $0.05g$ | $0.10(0.15)g$ | $0.20(0.30)g$ | $0.40g$ |

注：$g$ 为重力加速度。括号内设计地震加速度为 $0.15g$、$0.30g$ 地区内的建筑，除本规范另有规定外，应分别按抗震设防烈度为7度和8度的要求进行抗震设计。

我国《建筑工程抗震设防分类标准》（GB 50223—2008）按建筑物使用功能的重要性分为甲、乙、丙、丁四个抗震设防类别。甲类建筑是重大建筑工程和地震时可能发生严重次生灾害的建筑，按高于本地区抗震设防烈度进行设计；乙类建筑是地震时使用功能不能中断或需尽快恢复的建筑，按本地区防设烈度进行设计；丙类建筑是除甲、乙、丁类以外的一般建筑，按本地区抗震设防烈度进行设计；丁类建筑是抗震次要建筑。6度抗震设防的Ⅰ～Ⅲ类场地上的多层和高度不大的高层建筑可不进行地震作用的计算，只需满足相关抗震措施要求即可。

### 3.4.3　抗震计算方法

计算地震作用的方法可分为静力法、反应谱法（拟静力法）和时程分析法（直接动力法）

3 大类。我国《抗震规范》要求在设计阶段按照反应谱法计算地震作用，少数情况需要采用时程分析法进行补充计算。《抗震规范》要求进行第二阶段验算的建筑也是少数，第二阶段验算一般采用弹塑性静力分析法或弹塑性时程分析法。下面主要介绍反应谱法和时程分析法。

**1. 反应谱法**

反应谱法是采用反应谱确定地震作用的方法。从 20 世纪 40 年代开始，世界范围内的结构抗震理论开始进入反应谱理论阶段，这是结构抗震理论的一大飞跃，到 50 年代末反应谱法已基本取代了静力法。

反应谱是通过单自由度弹性体系的地震反应计算得到的谱曲线。图 3.6 所示的单自由度弹性体系在地面运动加速度作用下，质点的运动方程如下。

$$m\ddot{x} + c\dot{x} + kx = -m\ddot{x}_0 \tag{3-4}$$

式中：$m$、$c$、$k$——质点的质量、阻尼常数和刚度系数；

　　　$x$、$\dot{x}$、$\ddot{x}$——质点的位移、速度和加速度反应，是时间 $t$ 的函数；

　　　$\ddot{x}_0$——地面运动加速度，是时间 $t$ 的函数。

运动方程可通过 Duhamel 积分或通过数值计算求解，计算结果是随时间变化的质点加速度、速度、位移反应。

最大加速度 $S_a$ 与地震作用和结构刚度有关，若将结构刚度用结构周期 $T$（或频率 $f$）表示，用某一次地震记录对具有不同结构周期 $T$ 的结构进行计算，可求出不同的 $S_a$ 值，将最大值 $S_{a1}$，$S_{a2}$，$S_{a3}$…在 $S_a$-$T$ 坐标图上相连，作出一条 $S_a$-$T$ 关系曲线，这条曲线则称为该次地震的加速度反应谱。如果结构的阻尼比 $\zeta$ 不同，得到的地震加速度反应谱也不同，阻尼比越大，谱值越低。

场地、震级和震中距都会影响地震波的性质，从而影响反应谱曲线形状，因此反应谱曲线的形状也可反映场地土的性质，图 3.7 所示为不同性质土壤的场地上的地震波作出的地震反应谱。硬土的反应谱峰值对应的周期较短，即硬土的卓越周期短（峰值对应周期可近似代表场地的卓越周期，卓越周期是指地震功率谱中能量占主要部分的周期）；软土的反应谱峰值对应的周期较长，即软土的卓越周期长，且曲线的平台（较大反应值范围）较硬土大，说明长周期结构在软土地基上的地震作用更大。

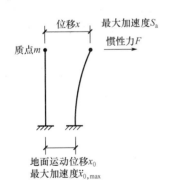

图 3.6　单自由度弹性体系地震反应

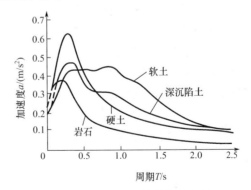

图 3.7　不同性质土壤的场地上的
地震反应谱（阻尼比为 0.05）

目前我国抗震设计都采用加速度反应谱计算地震作用。取加速度反应绝对最大值计算

惯性力作为等效地震荷载，即

$$F = mS_a \qquad (3-5a)$$

将式（3-5a）的右边改写成

$$F = mS_a = \frac{\ddot{x}_{0,\max}}{g} \times \frac{S_a}{\ddot{x}_{0,\max}} mg = k\beta G = \alpha G \qquad (3-5b)$$

式中：$\alpha$——地震影响系数，$\alpha = k\beta$。

$\quad\quad G$——质点的重力，$G = mg$。

$\quad\quad g$——重力加速度。

$\quad\quad k$——地震系数，$k = \ddot{x}_{0,\max}/g$，即地面运动最大加速度与 $g$ 的比值。

$\quad\quad \beta$——动力系数，$\beta = S_a/\ddot{x}_{0,\max}$，即结构最大加速度反应相对于地面最大加速度的放大系数。$\beta$ 与 $\ddot{x}_{0,\max}$、结构周期 $T$ 及阻尼比 $\zeta$ 有关（其中的 $\beta$-$T$ 曲线，称为 $\beta$ 谱）。通过计算发现，不同地震波得到的 $\beta_{\max}$ 值相差并不太大，平均值在 2.25 左右。因此可以从不同地震波求出的 $\beta$-$T$ 曲线中取具有代表性的平均曲线作为设计依据，称为标准 $\beta$ 谱曲线。我国设计采用 $\alpha$ 谱曲线，即 $k\beta$ 曲线，它可以同时表达地面运动的强烈程度。由于同一烈度的 $k$ 值为常数，$\alpha$ 谱曲线的形状与 $\beta$ 谱曲线的形状是相同的，$\alpha$ 谱曲线又称为地震影响系数曲线。

### 2. 时程分析法

时程分析法是一种动力计算方法，用地震波［加速度时程 $\ddot{x}_0(t)$］作为地面运动输入，直接计算并输出结构随时间而变化的地震反应。它既考虑了地震动三要素（振幅、频谱和持续时间），又考虑了结构的动力特性。计算结果可以得到结构地震反应的全过程，包括每一时刻的内力、位移、屈服位置、塑性变形等，也可以得到反应的最大值，是一种先进的直接动力计算方法。

输入地震波可选用实际地震记录或人工地震波，计算的结构模型可以是弹性结构，也可以是弹塑性结构。通常，在多遇地震作用下，结构处于弹性状态，可采用弹性时程分析，弹性结构的刚度是常数，得到弹性地震反应；在罕遇地震作用下，结构进入弹塑性状态，必须采用弹塑性时程分析。弹塑性结构的刚度随时间而变化，因此计算时必须给出构件的力-变形的非线性关系，即恢复力模型。恢复力模型是在大量试验研究基础上归纳出来，并可用于计算的曲线模型。

时程分析法比反应谱法前进了一大步，但由于种种原因，还不能在工程设计中普遍采用。《抗震规范》规定特别重要或特殊的建筑才采用时程分析法做补充计算。

### 3.4.4　设计反应谱

#### 1. 反应谱曲线

我国在制定《抗震规范》规定的反应谱时，收集了国内外不同场地上 255 条地震加速度记录（大部分 7 度以上，少部分 6 度），计算得到了不同场地的 $\beta$ 谱曲线，经过处理得到标准的 $\beta$ 谱曲线，计入 $k$ 值后形成 $\alpha$ 谱曲线，即《抗震规范》给出的地震影响系数曲线，如图 3.8 所示。由图 3.8 可见，确定结构地震作用大小的地震影响系数 $\alpha$ 值分为 4 个线段，其直接变量为结构自振周期 $T$，由结构周期 $T$ 确定 $\alpha$ 值，然后按式(3-5b)计算地震作用。

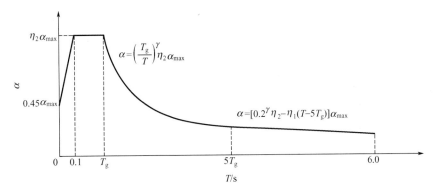

**图 3.8　地震影响系数曲线**

（1）$T<0.1\mathrm{s}$ 的线段在设计时不用。

（2）$0.1\mathrm{s}<T<T_\mathrm{g}$ 时，$\alpha=\eta_2\alpha_{\max}$，为平台段。$\alpha_{\max}$ 只与抗震设防烈度有关，表 3-7 给出了抗震设防烈度 6 度、7 度、8 度、9 度对应的多遇地震和罕遇地震的 $\alpha_{\max}$ 值。

**表 3-7　抗震设防烈度对应的多遇地震和罕遇地震的 $\alpha_{\max}$ 值**

| 地震影响 | 抗震设防烈度 | | | |
|---|---|---|---|---|
| | **6 度** | **7 度** | **8 度** | **9 度** |
| 多遇地震 | 0.04 | 0.08（0.12） | 0.16（0.24） | 0.32 |
| 罕遇地震 | 0.28 | 0.50（0.72） | 0.90（1.20） | 1.40 |

注：括号内数值分别用于设计基本地震加速度为 $0.15g$ 和 $0.30g$ 的地区。

（3）$T>T_\mathrm{g}$ 后，$\alpha$ 进入下降段，$5T_\mathrm{g}$ 以前为曲线下降。

（4）$T>5T_\mathrm{g}$ 以后按直线下降直至 $6.0\mathrm{s}$。

图 3.8 分别给出了曲线下降段和直线下降段的表达式，公式中各系数与阻尼比 $\zeta$ 有关。

$\gamma$ 称为下降段的衰减指数，其计算式如下。

$$\gamma=0.9+\frac{0.05-\zeta}{0.3+6\zeta} \tag{3-6}$$

$\eta_1$ 称为直线下降段的下降斜率调整系数，小于 0 时取 0。

$$\eta_1=0.02+\frac{0.05-\zeta}{4+32\zeta} \tag{3-7}$$

$\eta_2$ 称为阻尼调整系数，小于 0.55 时取 0.55。

$$\eta_2=1+\frac{0.05-\zeta}{0.08+1.6\zeta} \tag{3-8}$$

一般建筑结构的阻尼比 $\zeta$ 取 0.05，阻尼调整系数 $\eta_2=1.0$。

**2. 场地特征周期 $T_\mathrm{g}$ 与场地、场地土**

影响 $\alpha$ 值大小的因素除自振周期和阻尼比外，还有场地特征周期 $T_\mathrm{g}$。地震影响曲线上由最大值开始下降的周期称为场地特征周期，场地特征周期越大，曲线平台段越长，长周期结构的地震作用将越大。场地特征周期与场地和场地土的性质有关，也与设计地震分组有关，见表 3-8。

我国将建筑场地类别根据土层等效剪切波速和场地覆盖层厚度划分为四类，其中 I 类又分为 $I_0$、$I_1$ 两个亚类。

表 3-8  场地特征周期 $T_g$                  单位：s

| 设计地震分组 | 场 地 类 别 | | | | |
|---|---|---|---|---|---|
| | $I_0$ | $I_1$ | II | III | IV |
| 第一组 | 0.20 | 0.25 | 0.35 | 0.45 | 0.65 |
| 第二组 | 0.25 | 0.30 | 0.40 | 0.55 | 0.75 |
| 第三组 | 0.30 | 0.35 | 0.45 | 0.65 | 0.90 |

要综合考虑场地土的性质和覆盖层的厚度才能确定场地类别。对于高层建筑，要由岩土工程勘察得到场地土的等效剪切波速和覆盖层厚度确定场地类别，具体参考表 3-9。场地土越软，软土覆盖层厚度越大，场地类别就越高，场地特征周期越大，对长周期结构越不利。

表 3-9  建筑场地覆盖层厚度                  单位：m

| 岩石的剪切波速 $v_s$ 或土的等效剪切波速 $v_{se}$/(m/s) | 场 地 类 别 | | | | |
|---|---|---|---|---|---|
| | $I_0$ | $I_1$ | II | III | IV |
| $v_s > 800$ | 0 | | | | |
| $800 \geqslant v_s > 500$ | | 0 | | | |
| $500 \geqslant v_{se} > 250$ | | <5 | ≥5 | | |
| $250 \geqslant v_{se} > 150$ | | <3 | 3~50 | >50 | |
| $v_{se} \leqslant 150$ | | <3 | 3~15 | >15~80 | >80 |

设计地震分组反映了震中距的影响。在《抗震规范》附录 A 中给出了我国主要城镇的抗震设防烈度、设计基本地震加速度和设计地震分组。调查表明，在相同烈度下，距震中远近不同和震级大小不同的地震产生的震害是不同的。例如，同样是 7 度，如果距震中较近，则地面运动的频率成分中短周期成分多，场地卓越周期短，对刚性结构造成的震害大，长周期结构的反应较小；如果距震中远，短周期振动衰减较多，场地卓越周期较长，则高柔结构受地震的影响大。《抗震规范》用设计地震分组粗略地反映了这一宏观现象。分在第三组的城镇，由于场地特征周期较大，长周期结构的地震作用较大。

## 3.4.5  水平地震作用计算

我国《抗震规范》规定，抗震设防烈度为 6 度的建筑（不规则建筑及建造于 IV 类场地上较高的高层建筑除外），应允许不进行截面抗震验算，但应符合有关的抗震措施要求。抗震设防烈度为 6 度的不规则建筑、建造于 IV 类场地上较高的高层建筑，抗震设防烈度为 7 度和 7 度以上的建筑结构应进行多遇地震作用下的截面抗震验算。

计算时要通过加速度反应谱将地震惯性力处理成等效水平地震荷载,按 $x$、$y$ 两个方向分别计算地震作用。具体计算方法又分为底部剪力法和振型分解反应谱法两种。在少数情况下需采用弹性时程分析法做补充计算。

1. 底部剪力法

底部剪力法只考虑结构的基本振型,适用于高度不超过 40m,以剪切变形为主且质量和刚度沿高度分布比较均匀的高层建筑结构。用底部剪力法计算地震作用时,将多自由度体系等效为单自由度体系,只考虑结构的基本自振周期,计算总水平地震力,然后再按一定规律分配到各个楼层。

结构水平地震作用标准值按式(3-9)确定。

$$F_{Ek} = \alpha_1 G_{eq} \tag{3-9}$$

式中：$\alpha_1$——相应于结构基本周期 $T_1$ 的地震影响系数,由设计反应谱公式计算得出。

　　　$G_{eq}$——结构等效总重力荷载,$G_{eq} = 0.85 G_E$,$G_E$ 为结构总重力荷载代表值,是各层重力荷载代表值之和。重力荷载代表值取 100% 的恒荷载标准值、50% 或 80%(藏书库、档案库)的楼面活荷载和 50% 的雪荷载之和,屋面活荷载不计入。

等效地震荷载的分布形式如图 3.9 所示,$i$ 楼层处的水平地震作用标准值 $F_i$ 按式(3-10)计算。

$$F_i = \frac{G_i H_i}{\sum_{j=1}^{n} G_j H_j} F_{Ek}(1 - \delta_n) \tag{3-10}$$

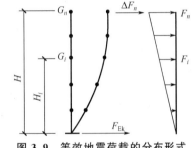

**图 3.9　等效地震荷载的分布形式**

式中：$G_i$、$G_j$——集中于质点 $i$、$j$ 的重力荷载代表值;

　　　$H_i$、$H_j$——质点 $i$、$j$ 的计算高度;

　　　$\delta_n$——顶部附加地震作用系数。

为了考虑高振型对水平地震力沿高度分布的影响,在顶部附加一集中水平作用 $\Delta F_n$。顶部附加水平地震作用按式(3-11)计算。

$$\Delta F_n = \delta_n F_{Ek} \tag{3-11}$$

当结构基本自振周期 $T_1 \leqslant 1.4 T_g$ 时,高振型影响小,可不考虑顶部附加水平力,即 $\delta_n = 0$;当结构基本自振周期 $T_1 > 1.4 T_g$ 时,$\delta_n$ 与 $T_g$ 有关,见表 3-10。

**表 3-10　顶部附加地震作用系数 $\delta_n$**

| $T_g$ | $T_1 > 1.4 T_g$ | $T_1 \leqslant 1.4 T_g$ |
|---|---|---|
| $T_g \leqslant 0.35s$ | $0.08 T_1 + 0.07$ | |
| $0.35s < T_g \leqslant 0.55s$ | $0.08 T_1 + 0.01$ | 0.0 |
| $T_g > 0.55s$ | $0.08 T_1 - 0.02$ | |

注：当建筑物有局部突出屋面的小建筑(如出屋面楼梯间、烟囱等)时,由于该部分的自重和结构刚度突然变小,将产生鞭梢效应,出现该部分的地震响应加剧现象。因此,《抗震规范》规定局部突出屋面处的地震作用效应按计算结果放大 3 倍,但增大的 2 倍不向结构下部传递。另外,顶部附加地震作用应置于主体结构的顶部,而不应置于局部突出屋面处。

2. 振型分解反应谱法

较高的结构，除基本振型的影响外，高振型的影响也比较大，因此一般高层建筑宜用振型分解反应谱法考虑多个振型的组合。一般可将质量集中在楼层位置，$n$ 个楼层为 $n$ 个质点，有 $n$ 个振型。在组合前要分别计算每个振型的水平地震作用及其效应（弯矩、轴力、剪力、位移等），然后进行内力与位移的振型组合。

（1）结构计算模型分为平面结构及空间结构，平面结构振型分解反应谱法如下。

按平面结构计算时，$x$、$y$ 两个水平方向分别计算，一个水平方向每个楼层有一个平移自由度，$n$ 个楼层有 $n$ 个自由度、$n$ 个频率和 $n$ 个振型。平面结构的振型如图 3.10 所示。

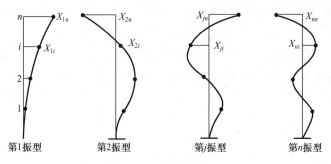

第1振型　　　第2振型　　　第$j$振型　　　第$n$振型

**图 3.10　平面结构的振型**

平面结构第 $j$ 振型，质点 $i$ 的等效水平地震作用标准值 $F_{ji}$ 如下。

$$F_{ji}=\alpha_j\gamma_j X_{ji}G_i \qquad (i=1,2,\cdots,n;\ j=1,2,\cdots,m) \qquad (3-12)$$

$$\gamma_j=\frac{\sum_{i=1}^{n}X_{ji}G_i}{\sum_{i=1}^{n}X_{ji}^2 G_i} \qquad (3-13)$$

式中：$\alpha_j$——相应于 $j$ 振型自振周期 $T_j$ 的地震影响系数；

$X_{ji}$——第 $j$ 振型质点 $i$ 的水平相对位移；

$G_i$——第 $i$ 质点重力荷载代表值，与底部剪力法中 $G_E$ 计算相同；

$\gamma_j$——第 $j$ 振型的振型参与系数；

$n$——结构计算总质点数，小塔楼宜每层作为一个质点参与计算；

$m$——结构计算振型数，规则结构可取 3，当结构较高、刚度沿竖向不均匀时可取 5～6。

每个振型的等效地震作用与图 3.10 给出的振幅方向相同，每个振型都可由等效地震作用计算得到结构的位移和各构件的弯矩、剪力和轴力。因为采用了反应谱，由各振型的地震影响系数 $\alpha_j$ 得到的等效地震作用是振动过程中的最大值，其产生的内力和位移也是最大值。实际上各振型的内力和位移达到最大值的时间一般并不相同，因此，不能简单地将各振型的内力和位移直接相加，而是要通过概率统计将各个振型的内力和位移组合起来，这就是振型组合。因为总是前几个振型起主要作用，在工程设计时，只需要用有限个振型计算内力和位移即可。如果有限个振型参与的等效重力（或质量）达到总重力（或总质量）的 90%，就说明足够精确。

对于平面结构，相邻振型的周期比小于 0.85 时，水平地震作用效应（弯矩、剪力、轴力和变形）可用取各振型反应的平方和的方根作为总反应的振型组合方法确定，这种方法简称 SRSS 法。具体计算公式如下。

$$S_{Ek} = \sqrt{\sum_{j=1}^{m} S_j^2} \qquad (3-14)$$

式中：$m$——参与组合的振型数；

$\quad\;\; S_j$——$j$ 振型水平地震标准值的效应；

$\quad\;\; S_{Ek}$——水平地震作用标准值的效应。

采用振型组合方法时，突出屋面的小塔楼按其楼层质点参与振型计算，鞭梢效应可在高振型中体现。

按空间结构计算时，每个楼层有两个平移、一个转动，即 $x$、$y$、$\theta$ 共 3 个自由度，$n$ 个楼层有 $3n$ 个自由度、$3n$ 个频率和 $3n$ 个振型，每个振型中各质点振幅有 3 个分量，当其两个分量不为零时，振型耦联。采用空间结构计算模型时，$x$、$y$ 两个水平方向地震仍然分别独立作用，但由于结构具有空间振型，如果振型耦联，每个方向地震作用会同时得到 $x$、$y$ 方向作用及扭转效应。振型参与系数应考虑各空间振型，对于空间结构，还要考虑空间各振型的相互影响，采用完全二次方程法（简称 CQC 法）计算，可参考相关书籍。SRSS 法是 CQC 法的特例，只适用于平面结构。

（2）水平地震层剪力最小值法。

《抗震规范》还规定，无论采用哪种反应谱方法计算等效地震力，结构任一楼层的水平地震剪力 $V_{Ek,i}$（$i$ 层剪力标准值）应满足下式要求。

$$V_{Ek,i} > \lambda \sum_{j=i}^{n} G_j \qquad (3-15)$$

式中：$G_j$——第 $j$ 层重力荷载代表值。

$\quad\;\; \lambda$——剪力系数，不应小于表 3-11 规定的楼层最小地震剪力系数。对竖向不规则结构的薄弱层，应乘以 1.15 的增大系数。

表 3-11　楼层最小地震剪力系数 λ

| 类　　别 | 抗震设防烈度 | | | |
| --- | --- | --- | --- | --- |
| | 6 度 | 7 度 | 8 度 | 9 度 |
| 扭转效应明显或基本周期小于 3.5s 的结构 | 0.008 | 0.016（0.024） | 0.032（0.048） | 0.064 |
| 基本周期大于 5s 的结构 | 0.006 | 0.012（0.018） | 0.024（0.032） | 0.040 |

注：① 基本周期为 3.5～5s 的结构，按插入法取值。

　　② 括号内数值分别用于设计基本地震加速度为 0.15$g$ 和 0.30$g$ 的地区。

3. 弹性时程分析法简介

《高规》规定，7～9 度抗震设防的高层建筑，下列情况应采用弹性时程分析法进行多遇地震下的补充计算：① 甲类高层建筑结构；② 7 度和 8 度 Ⅰ、Ⅱ 类场地且高度超过100m，8 度 Ⅲ、Ⅳ 类场地且高度超过 80m 及 9 度高度超过 60m 的房屋建筑；③ 刚度与质量沿竖向分布特别不均匀的高层建筑；④ 复杂高层建筑结构。

弹性时程分析法的计算并不困难，在各种商用计算程序中都可以实现，困难在于选用合适的地面运动，这是因为地震是随机的，很难预估结构未来可能遭受什么样的地面运动。因此，一般要选取数条地震波进行多次计算。《抗震规范》和《高规》都要求应选用不少于两组实际强震记录和一组人工模拟的地震加速度时程曲线（符合建筑场地类别和设计地震分组特点，它们的反应谱应与设计采用的反应谱在统计意义上相符），并采用小震的地震波峰值加速度。

## 3.4.6 结构自振周期计算

结构自振周期的计算方法可分为理论方法、半理论半经验公式和经验公式三类。

### 1. 理论方法

理论方法即采用刚度法或柔度法，用求解特征方程的方法得到结构的基本周期、振型振幅分布和其他各阶高振型周期、振型振幅分布，也被称为结构动力性能计算。在采用振型分解反应谱法计算地震作用时，必须采用理论方法计算，一般都通过程序实现。理论方法适用于各类结构。

$n$ 个自由度体系有 $n$ 个频率，直接计算结果是圆频率 $\omega$，单位是 rad/s，各阶频率的排列次序为 $\omega_1 < \omega_2 < \omega_3 \cdots$；通过换算可得工程频率 $f = \omega/2\pi$，单位为 Hz(Hz 即 1/s)，在设计反应谱上常用的是周期 $T(s)$，$T = 1/f = 2\pi/\omega$，$T_1 > T_2 > T_3 \cdots$。实际上，工程设计中只需要前面若干个周期及振型。

理论方法得到的周期比结构的实际周期长，原因是计算中没有考虑填充墙等非结构构件对刚度的增大作用，实际结构的质量分布、材料性能、施工质量等也不像计算模型那么理想。若直接用理论周期值计算地震作用，则地震作用可能偏小，因此必须对周期值（包括高振型周期值）做修正。修正（缩短）系数 $\alpha_0$ 为：框架结构取 $0.6 \sim 0.7$，框架-剪力墙结构取 $0.7 \sim 0.8$（非承重填充墙较少时，为 $0.8 \sim 0.9$），剪力墙结构取 $1.0$。

### 2. 半理论半经验公式

半理论半经验公式是从理论公式加以简化而来的，并应用了一些经验系数。所得公式计算方便、快捷，但只能得到基本自振周期，也不能给出振型，通常只在采用底部剪力法时应用。常用的顶点位移法和能量法如下。

（1）顶点位移法。

这种方法适用于质量、刚度沿高度分布比较均匀的框架结构、剪力墙结构、框架-剪力墙结构。按等截面悬臂梁做理论计算，简化后得到计算基本周期的公式。

$$T_1 = 1.7\alpha_0 \sqrt{\Delta_\mathrm{T}} \tag{3-16}$$

式中：$\Delta_\mathrm{T}$——结构顶点假想位移，即把各楼层重力荷载 $G_i$ 作为 $i$ 层楼面的假想水平荷载，视结构为弹性，计算得到的顶点侧移，其单位必须为 m；

$\alpha_0$——结构基本周期修正系数，与理论方法的取值相同。

（2）能量法。

以剪切变形为主的框架结构，可以用能量法（也称瑞利法）计算基本周期。

$$T_1 = 2\pi\alpha_0 \sqrt{\dfrac{\sum\limits_{i=1}^{N} G_i \Delta_i^2}{g \sum\limits_{i=1}^{N} G_i \Delta_i}} \tag{3-17}$$

式中：$G_i$——$i$ 层重力荷载；

$\Delta_i$——假想侧移，是把各楼层重力荷载 $G_i$ 作为相应 $i$ 层楼面的假想水平荷载，用弹性方法计算得到的结构 $i$ 层楼面的侧移，假想侧移可以用反弯点法或 $D$ 值法计算；

$N$——楼层数；

$\alpha_0$——基本周期修正系数，取值同理论方法。

**3. 经验公式**

通过对一定数量的、同一类型的已建成结构进行动力特性实测，可以回归得到结构自振周期的经验公式。但这种方法也有局限性和误差：一方面，一个经验公式只适用于某类特定结构，对于结构变化，经验公式就不适用；另一方面，实测时，结构的变形很小，实测的结构周期短，它不能反映地震作用下结构的实际变形和周期，因此在应用经验公式中都将实测周期的统计回归值乘以 1.1～1.5 的加长系数。

经验公式表达简单，使用方便，但比较粗糙，而且也只有基本周期，因此常用于初步设计，可以很容易地估算出底部地震剪力；经验公式也可以用于对理论计算值的判断与评价，若理论值与经验公式结果相差太多，有可能是计算错误，也有可能是所设计的结构不合理，结构太柔或太刚。

钢筋混凝土剪力墙结构，高度为 25～50m、剪力墙间距为 6m 左右。

$$\begin{cases} T_{1横} = 0.06N \\ T_{1纵} = 0.05N \end{cases} \tag{3-18}$$

钢筋混凝土框架-剪力墙结构

$$T_1 = (0.06 \sim 0.09)N \tag{3-19}$$

钢筋混凝土框架结构

$$T_1 = (0.08 \sim 0.1)N \tag{3-20}$$

钢结构

$$T_1 = 0.1N \tag{3-21}$$

式中：$N$——建筑物层数。

框架-剪力墙结构要根据剪力墙的多少确定系数，框架结构要根据填充墙的材料和多少确定系数。

**【例 3.2】** 某工程为 8 层框架结构，梁柱现浇、楼板预制，抗震设防烈度为 7 度，Ⅱ类场地土，地震分组为第二组，尺寸如图 3.11 所示。现已计算出结构自振周期 $T_1 = 0.58s$；集中在屋盖和楼盖的恒荷载为顶层 5400kN，2～7 层 5000kN，底层 6000kN；活荷载为顶层 600kN，1～7 层 1000kN，按底部剪力法计算各楼层地震作用标准值与剪力。

**解：**（1）计算楼层重力荷载标准值。

顶层：$G_8 = 5400 + 0 \times 600 = 5400$(kN)

2～7 层：$G_2 = G_3 = \cdots = G_7 = 5000 + 50\% \times 1000 = 5500$(kN)

1 层：$G_1 = 6000 + 50\% \times 1000 = 6500$(kN)

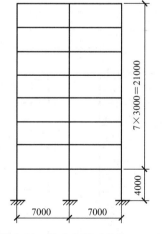

**图 3.11　例 3.2 图（单位：mm）**

总重力荷载代表值：$G_E = \sum G_i = 5400 + 5500 \times 6 + 6500 = 44900$(kN)

（2）计算总地震作用标准值。

根据地震分组和场地类别查表 3-8 得到 $T_g = 0.40\text{s}$；由 7 度抗震设防查表 3-7 得 $\alpha_{\max} = 0.08$。

钢筋混凝土结构的阻尼比 $\zeta = 0.05$，$\eta_2 = 1$，衰减指数 $\gamma = 0.9$，$T_g < T_1 = 0.58\text{s} < 5T_g$。

$$\alpha_1 = \left(\frac{T_g}{T_1}\right)^{r} \eta_2 \alpha_{\max} = \left(\frac{0.40}{0.58}\right)^{0.9} \times 1 \times 0.08 \approx 0.0573$$

结构等效总重力荷载代表值为

$$G_{eq} = 0.85 G_E = 0.85 \times 44900 = 38165(\text{kN})$$

总地震作用标准值为

$$F_{Ek} = \alpha_1 G_{eq} = 0.0573 \times 38165 \approx 2186.85(\text{kN})$$

（3）计算各楼层地震作用标准值及剪力。

由于 $T_1 = 0.58\text{s} > 1.4T_g = 1.4 \times 0.4 = 0.56$，因此应考虑顶部附加水平地震作用，查表 3-10 得

$$\delta_n = 0.08T_1 + 0.01 = 0.08 \times 0.58 + 0.01 = 0.0564$$

$$\Delta F_n = \delta_n F_{Ek} = 0.0564 \times 2186.85 \approx 123.34(\text{kN})$$

计算 $F_i = \dfrac{G_i H_i}{\sum\limits_{j=1}^{n} G_j H_j} F_{Ek}(1 - \delta_n)$ 各参数列于表 3-12 中。

计算结果如表 3-12 和图 3.12 所示。

表 3-12　各层水平地震作用计算结果

| 层 | $H_i/\text{m}$ | $G_i/\text{kN}$ | $G_i H_i$ | $\sum G_i H_i$ | $F_i/\text{kN}$ | $V_i/\text{kN}$ |
|---|---|---|---|---|---|---|
| 8 | 25 | 5400 | 135000 | 639500 | 435.61 | 558.95 |
| 7 | 22 | 5500 | 121000 | 639500 | 390.44 | 949.39 |
| 6 | 19 | 5500 | 104500 | 639500 | 337.20 | 1286.59 |
| 5 | 16 | 5500 | 88000 | 639500 | 283.95 | 1570.54 |
| 4 | 13 | 5500 | 71500 | 639500 | 230.71 | 1801.25 |
| 3 | 10 | 5500 | 55000 | 639500 | 177.47 | 1978.72 |
| 2 | 7 | 5500 | 38500 | 639500 | 124.23 | 2102.95 |
| 1 | 4 | 6500 | 26000 | 639500 | 83.90 | 2186.85 |

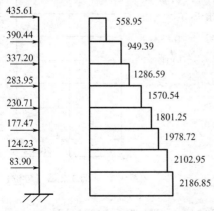

图 3.12　各楼层地震作用标准值及剪力（单位：kN）

【例 3.3】　图 3.13 所示为三层钢筋混凝土框架结构，各部分尺寸如图 3.13（a）所示。各楼层重力荷载代表值为 $G_1 = 1200\text{kN}$、$G_2 = 1000\text{kN}$、$G_3 = 650\text{kN}$，如图 3.13（b）所示，场地土为 Ⅱ 类，抗震设防烈度为 8 度，地震分组为第二组。现算得前 3 个振型的自振周期为 $T_1 = 0.68\text{s}$、$T_2 = 0.24\text{s}$、$T_3 = 0.16\text{s}$，振型分别如图 3.13（c）～（e）所示。试用振型分解反应谱法求该框架结构的层间地震剪力标准值。

解：（1）计算各质点的水平地震作用。

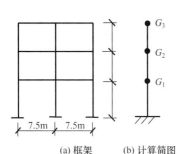 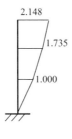 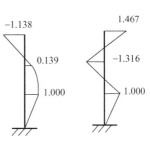

(a) 框架　(b) 计算简图　(c) 第一振型　(d) 第二振型　(e) 第三振型

图 3.13　例 3.3 图

各振型的地震影响系数如下。

根据场地类型、抗震设防烈度、地震分组，查表 3 - 7、表 3 - 8 得 $\alpha_{max}=0.16$、$T_g=0.40s$。

钢筋混凝土结构的阻尼比 $\zeta=0.05$，衰减指数 $\gamma=0.9$、$T_g<T_1=0.68s<5T_g$。

根据各振型的自振周期 $T_1$、$T_2$、$T_3$，可得到 3 种振型下的地震影响系数。

$$\alpha_1=\left(\frac{T_g}{T_1}\right)^r\eta_2\alpha_{max}=\left(\frac{0.40}{0.68}\right)^{0.9}\times1\times0.16\approx0.10$$

$$\alpha_2=\alpha_3=\alpha_{max}=0.16$$

各振型参与系数为

$$\gamma_1=\frac{\sum\limits_{i=1}^{n}X_{ji}G_i}{\sum\limits_{i=1}^{n}X_{ji}^2G_i}=\frac{1.000\times1200+1.735\times1000+2.148\times650}{1.000^2\times1200+1.735^2\times1000+2.148^2\times650}\approx0.601$$

同理可得 $\gamma_2=0.291$、$\gamma_3=0.193$。

各质点的水平地震作用 $F_{ji}$，按公式 $F_{ji}=\alpha_j\gamma_jX_{ji}G_i$ 计算得

$F_{11}=\alpha_1\gamma_1X_{11}G_1=0.10\times0.601\times1.000\times1200=72.12$（kN）

$F_{12}=\alpha_1\gamma_1X_{12}G_2=0.10\times0.601\times1.735\times1000\approx104.27$（kN）

$F_{13}=\alpha_1\gamma_1X_{13}G_3=0.10\times0.601\times2.148\times650\approx83.91$（kN）

$F_{21}=\alpha_2\gamma_2X_{21}G_1=0.16\times0.291\times1.000\times1200\approx55.87$（kN）

$F_{22}=\alpha_2\gamma_2X_{22}G_2=0.16\times0.291\times0.139\times1000\approx6.47$（kN）

$F_{23}=\alpha_2\gamma_2X_{23}G_3=0.16\times0.291\times(-1.138)\times650\approx-34.44$（kN）

$F_{31}=\alpha_3\gamma_3X_{31}G_1=0.16\times0.193\times1.000\times1200\approx37.06$（kN）

$F_{32}=\alpha_3\gamma_3X_{32}G_2=0.16\times0.193\times(-1.316)\times1000\approx-40.64$（kN）

$F_{33}=\alpha_3\gamma_3X_{33}G_3=0.16\times0.193\times1.467\times650\approx29.45$（kN）

（2）计算地震剪力。

相应于前 3 个振型的剪力分布图如图 3.15(a)～(c) 所示。

楼层地震剪力按公式 $S_{Ek}=\sqrt{\sum\limits_{j=1}^{m}S_j^2}$ 计算。

顶层：$S_3=\sqrt{\sum\limits_{j=1}^{3}S_{j3}^2}=\sqrt{83.91^2+(-34.44)^2+29.45^2}\approx95.36$（kN）

第二层：$S_2=\sqrt{\sum\limits_{j=1}^{3}S_{j2}^2}=\sqrt{188.18^2+(-27.97)^2+(-11.19)^2}\approx190.58$（kN）

第一层:$S_1 = \sqrt{\sum_{j=1}^{3} S_{j1}^2} = \sqrt{260.3^2 + 27.90^2 + 25.87^2} \approx 260.37(\text{kN})$

根据计算结果,绘制楼层剪力图,如图 3.14(d) 所示。

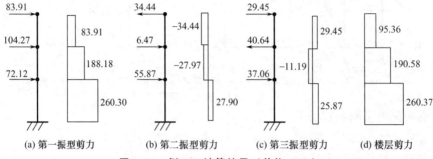

(a) 第一振型剪力     (b) 第二振型剪力     (c) 第三振型剪力     (d) 楼层剪力

**图 3.14　例 3.3 计算结果（单位：kN）**

### 3.4.7　竖向地震作用计算

抗震设防烈度为 9 度的高层建筑,应考虑竖向地震作用,竖向地震作用引起竖向轴力。竖向地震作用可以用下述方法计算。

结构总竖向地震作用标准值

$$F_{\text{Evk}} = \alpha_{\text{v,max}} G_{\text{eq}} \tag{3-22}$$

第 $i$ 层竖向地震作用

$$F_{\text{v}i} = \frac{G_i H_i}{\sum_{j=1}^{n} G_j H_j} F_{\text{Evk}} \tag{3-23}$$

第 $i$ 层竖向总轴力

$$N_{\text{v}i} = \sum_{j=i}^{n} F_{\text{v}j} \tag{3-24}$$

式中:$\alpha_{\text{v,max}}$——竖向地震影响系数最大值,取水平地震影响系数最大值的 0.65 倍;

$\quad\quad G_{\text{eq}}$——结构等效总重力荷载,取 $G_{\text{eq}} = 0.75 G_{\text{E}}$,$G_{\text{E}}$ 为结构总重力荷载代表值。

求得第 $i$ 层竖向总轴力后,按各墙、柱所承受的重力荷载代表值大小,将 $N_{\text{v}i}$ 分配到各墙、柱上。竖向地震引起的轴力可能为拉力,也可能为压力,组合时按不利值取用。

## 3.5　荷载效应组合

### 3.5.1　荷载效应组合的目的和原则

结构设计时,要考虑可能发生的各种荷载效应的最大值及多种荷载同时作用在结构上产生的综合效应，荷载效应是指在某种荷载作用下结构的内力（即弯矩、剪力、轴力）和位移。各种荷载性质不同，发生的概率和对结构的作用也不同，所有荷载或作用同时达到设计基准期内的最大值的概率很小，而且对结构的某个控制截面而言，并非全部可变荷载同时作用时荷载效应最大。

与一般结构相同，设计高层建筑时，要分别计算各种荷载作用下的内力和位移，然后从不同工况的荷载组合中找到最不利情况进行结构设计，以保证结构的安全和正常使用。

荷载效应组合是按照不利及同时作用的可能性两个原则进行挑选与叠加的，一般先将各种不同荷载分别作用在结构上，逐一计算每种荷载下结构的内力和位移，然后用分项系数和组合系数加以组合。下面分非抗震设计和抗震设计两类情况进行讲述。

## 3.5.2　非抗震设计时的荷载效应组合

$$S = \gamma_G S_{Gk} + \gamma_L \gamma_Q \psi_Q S_{Qk} + \psi_w \gamma_w S_{wk} \qquad (3-25)$$

式中：　　　　　$S$——荷载效应组合的设计值；

$S_{Gk}$、$S_{Qk}$、$S_{wk}$——恒荷载、活荷载和风荷载标准值计算的荷载效应；

$\gamma_G$、$\gamma_Q$、$\gamma_w$——恒荷载、活荷载和风荷载作用的分项系数，分别取 1.3、1.5、1.5；

$\gamma_L$——考虑结构设计使用年限的荷载调整系数，设计使用年限为 50 年、100 年时分别取 1.0、1.1；

$\psi_Q$、$\psi_w$——分别为活荷载和风荷载的组合值系数。

**1. 荷载效应的组合值系数**

非抗震设计时的荷载效应组合值系数按表 3-13 取用。

表 3-13　非抗震设计时的荷载效应组合值系数

| 活荷载控制作用情况 | $\psi_Q$ | $\psi_w$ |
| --- | --- | --- |
| 风荷载为主 | 0.7（0.9） | 1.0 |
| 楼面活荷载为主 | 1.0 | 0.6 |

注：括号内数值用于书库、档案库、储藏室、通风机房和电梯机房等。

**2. 高层建筑的非抗震设计荷载组合工况**

根据式（3-25）细化如下。

（1）当风荷载作为主要可变荷载，楼面活荷载作为次要可变荷载时。

组合工况为：1.3×恒荷载效应＋1.5×0.7（0.9）×活荷载效应＋1.5×1.0×风荷载效应。

（2）当楼面活荷载作为主要可变荷载，风荷载作为次要可变荷载时。

组合工况为：1.3×恒荷载效应＋1.5×1.0×活荷载效应＋1.5×0.6×风荷载效应。

## 3.5.3 抗震设计时的荷载效应组合

$$S_E = \gamma_G S_{GE} + \gamma_{Eh} S_{Ehk} + \gamma_{Ev} S_{Evk} + \psi_w \gamma_w S_{wk} \tag{3-26}$$

式中：$S_E$——有地震作用荷载效应组合的设计值；

$S_{GE}$、$S_{Ehk}$、$S_{Evk}$、$S_{wk}$——分别为重力荷载代表值、水平地震作用标准值、竖向地震作用标准值、风荷载标准值的荷载效应；

$\gamma_G$、$\gamma_{Eh}$、$\gamma_{Ev}$、$\gamma_w$——分别为上述各种荷载作用的分项系数；

$\psi_w$——风荷载的组合系数，与地震作用组合时取 0.2。

根据式(3-26)的一般表达式，对于高层建筑，抗震设计时的荷载效应组合如下。

(1) 对于所有高层建筑。

　　　1.3×重力荷载效应＋1.4×水平地震作用效应

(2) 对于 60m 以上高层建筑增加此项。

　　　1.3×重力荷载效应＋1.4×水平地震作用效应＋1.5×0.2×风荷载效应

(3) 对于 9 度设防高层建筑，以及水平长悬臂和大跨度 7 度 (0.15g)、8 度、9 度抗震增加两项。

　　　1.3×重力荷载效应＋1.4×竖向地震作用效应

　　　1.3×重力荷载效应＋1.4×水平地震作用效应＋0.6×竖向地震作用效应

(4) 对于 9 度设防高层建筑增加此项。

　　　1.3×重力荷载效应＋1.4×竖向地震作用效应

(5) 对于 9 度设防且为 60m 以上高层建筑，以及水平长悬臂和大跨度 7 度 (0.15g)、8 度、9 度抗震增加此项。

　　　1.3×重力荷载效应＋1.4×水平地震作用效应＋0.6×竖向地震作用效应＋
　　　　　　　1.5×0.2×风荷载效应

(6) 对于水平长悬臂和大跨度 7 度 (0.15g)、8 度、9 度抗震增加此项。

　　　1.3×重力荷载效应＋0.6×水平地震作用效应＋1.4×竖向地震作用效应＋
　　　　　　　1.5×0.2×风荷载效应

综上所述，抗震设计时荷载分项系数及荷载效应组合系数见表 3-14。

表 3-14　抗震设计时荷载分项系数及荷载效应组合系数

| 编号 | 组合情况 | $\gamma_G$ | $\gamma_{Eh}$ | $\gamma_{Ev}$ | $\gamma_w$ | $\psi_w$ | 说明 |
|---|---|---|---|---|---|---|---|
| 1 | 重力荷载效应＋水平地震作用效应 | 1.3 | 1.4 | — | — | — | 均应考虑 |
| 2 | 重力荷载效应＋水平地震作用效应＋风荷载效应 | 1.3 | 1.4 | — | 1.5 | 0.2 | 60m 以上高层建筑考虑 |
| 3 | 重力荷载效应＋竖向地震作用效应 | 1.3 | — | 1.4 | — | — | 9 度抗震设计时考虑；水平长悬臂和大跨度 7 度 (0.15g)、8 度、9 度抗震考虑 |
| 4 | 重力荷载效应＋水平地震作用效应＋竖向地震作用效应 | 1.3 | 1.4 | 0.6 | — | — | |

续表

| 编号 | 组合情况 | $\gamma_G$ | $\gamma_{Eh}$ | $\gamma_{Ev}$ | 风荷载 | | 说　明 |
| --- | --- | --- | --- | --- | --- | --- | --- |
| | | | | | $\gamma_W$ | $\psi_W$ | |
| 5 | 重力荷载效应＋水平地震作用效应＋竖向地震作用效应＋风荷载效应 | 1.3 | 1.4 | 0.6 | 1.5 | 0.2 | 60m 以上高层建筑，9 度抗震设计时考虑；水平长悬臂和大跨度 7 度（0.15g）、8 度、9 度抗震考虑 |
| | | 1.3 | 0.6 | 1.4 | 1.5 | 0.2 | 水平长悬臂和大跨度 7 度（0.15g）、8 度、9 度抗震考虑 |

## 本章小结

　　本章主要介绍了高层建筑的荷载类型、荷载的计算方法及荷载效应组合。

　　高层建筑主要承受竖向荷载、风荷载和地震作用等。竖向荷载包含永久荷载（恒荷载）和可变荷载（活荷载），地震作用包含水平地震作用和竖向地震作用，高层建筑的竖向荷载远大于多层建筑，在结构内可引起相当大的内力。同时由于高层建筑的特点，风荷载和水平地震作用的影响显著增加，因此风荷载和水平地震作用的计算是本章的重点。各种荷载效应组合计算的目的是从不同工况的荷载组合中找到最不利情况，以保证安全、适用，分非抗震设计荷载效应组合和抗震设计荷载效应组合两类情况考虑。

## 习　　题

1. 思考题

（1）什么叫场地特征周期？

（2）地震作用与风荷载各有什么特点？

（3）地震作用大小与场地有什么关系？请分析其影响因素及影响原因。如果两幢相同建筑，基本自振周期是 3s，建造地点都属于第一组，分别建在 I 类场地和 IV 类场地上，它们的地震作用相差多少？如果它们的建筑地点分别为第一组和第三组，都建在 IV 类场地上，地震作用又相差多少？

（4）计算水平地震作用有哪些方法？适用于什么样的建筑结构？

（5）计算地震作用时，重力荷载怎样计算？各可变荷载的组合值系数为多少？

（6）用底部剪力法计算水平地震作用及其效应的方法和步骤如何？为什么在顶部有附加水平地震作用？

(7) 什么是荷载效应组合？效应指什么？

(8) 荷载组合要考虑哪些工况？有地震作用组合与无地震作用组合的区别是什么？抗震设计的结构为什么也要进行无地震作用组合？

2. 计算题

(1) 图 3.15 为某框架-剪力墙结构的平面图，共 18 层，总高度为 58m，地面粗糙度为 B 类，基本风压 $w_0 = 0.385 \text{kN/m}^2$，风振系数 $\beta_z = 1.41$，风作用方向为图中箭头所示方向。在现行《荷载规范》上找出你所在地区的基本风压值，按 50 年重现期计算。求屋顶处 $x$ 轴正方向的风荷载。

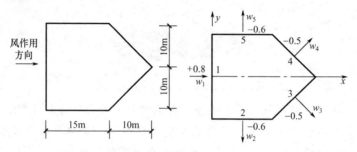

**图 3.15 计算题 (1) 图**

(2) 某一建于 7 度抗震设防区的 12 层钢筋混凝土框架结构，抗震设防类别为丙类，设计地震分组为第一组，场地类别为 Ⅱ 类，结构自振周期 $T = 1.0\text{s}$，计算多遇地震和罕遇地震作用时，该结构的水平地震影响系数 $\alpha$。

# 第4章

# 高层建筑结构计算分析与设计要求

 教学目标

本章主要讲述高层建筑结构（包括承载力、侧移限制、舒适度、稳定和抗倾覆等方面）的总体设计要求，并对高层建筑结构分析与计算方法的发展做了相应的叙述。学生通过本章的学习，应达到以下目标。

（1）掌握高层建筑的设计要求。

（2）掌握高层建筑结构的分析方法。

（3）掌握承载力、刚度、舒适度、稳定、抗倾覆及延性的概念。

（4）掌握以承载力、刚度、延性为主导因素的高层建筑结构设计方法。

## 教学要求

| 知识要点 | 能力要求 | 相关知识 |
|---|---|---|
| 高层建筑结构的计算分析 | （1）了解高层建筑结构计算分析方法；<br>（2）掌握高层建筑结构计算模型简化和计算要求 | （1）计算分析方法；<br>（2）计算模型简化 |
| 高层建筑结构的设计要求 | （1）掌握高层建筑结构承载力计算方法；<br>（2）掌握高层建筑结构侧移限值确定方法；<br>（3）理解高层建筑结构的舒适性要求；<br>（4）掌握高层建筑结构的稳定和抗倾覆验算 | （1）承载力验算、承载力抗震调整系数；<br>（2）弹性层间位移角限值、弹塑性层间位移角限值；<br>（3）高层建筑舒适性要求；<br>（4）高层建筑结构稳定性验算、重力二阶效应、高层建筑抗倾覆验算 |
| 高层建筑结构的抗震设计要求 | （1）掌握A、B级高度现浇钢筋混凝土房屋的抗震等级确定方法；<br>（2）掌握混凝土结构轴压比的概念与限值要求；<br>（3）掌握高层建筑结构的延性需求与度量方法 | （1）抗震等级确定；<br>（2）轴压比验算与限值 |
| 结构分析与设计软件 | （1）了解常用结构有限元分析软件；<br>（2）了解常用高层建筑结构设计软件 | （1）有限元分析软件；<br>（2）结构设计软件 |

**引例**

对于高层建筑结构，设计没有唯一解，只有对自己设计的结构总体系的承载力、刚度、延性，以及总体系与主要分体系、分体系与构件之间的相互作用关系了解透彻，才能设计出一个既安全又经济，且适合现代建筑各种功能要求的结构。这就要求结构工程师在准确简化计算模型的同时深刻理解规范中对承载力、刚度和延性的要求，否则盲目遵从设计软件和规范可能设计出不理想的成果，留下遗憾。

例如，结构设计人员按照规范进行高层建筑结构设计时经常会因为"轴压比限值"而伤透脑筋。设计人员运用软件设计钢筋混凝土框架及框架-剪力墙等结构时，往往按照规范规定的轴压比限值来确定框架柱的截面尺寸，而框架柱的纵筋又由规范规定的构造配筋率来决定。这种设计结果从框架柱截面设计的理念上来评价是不合理的，也是不应该的。同时，这种设计结果不但有碍建筑物的空间形式与使用功能，而且会随着框架柱截面的盲目加大，其剪跨比呈现递减的趋势，使得本意是确保截面延性功能的设计，最终却降低了结构的延性。虽然规范中轴压比限值可随箍筋的构造而有所提高，但仍需明确规范规定轴压比限值的真正定义是什么？规范控制轴压比限值的设计目的又是什么？真正影响钢筋混凝土框架截面延性功能大小的主要因素究竟有哪些？

本章将针对高层建筑结构探讨其计算分析方法和设计要求。

# 4.1 高层建筑结构的计算分析

随着高层建筑的快速发展，建筑结构层数越来越多，高度越来越大，平面布置和立面体型越来越复杂，从而使结构计算分析的重要性越来越明显，用计算机进行计算分析已成为高层建筑结构设计不可或缺的手段。计算机技术和结构分析软件的普及，一方面使结构计算分析的精度提高，另一方面也为比较准确地了解结构的工作性能提供了强有力的技术手段。因此，合理地选择计算分析方法，确定计算模型和相关参数，正确使用计算机分析软件，检验和判断计算结果的可靠性等对高层建筑结构至关重要。

## 4.1.1 结构计算分析方法

结构计算分析方法与结构材料性能、结构受力状态、结构分析精度要求等有关。高层建筑结构应根据不同材料的结构、不同的受力形式和受力阶段，采用相应的计算方法。结构计算分析方法一般包括线弹性分析方法、考虑塑性内力重分布分析方法、塑性极限分析方法、非线性分析方法等；对体型和结构布置复杂的高层建筑结构，模型试验分析方法也是一种重要的结构计算分析方法。

（1）线弹性分析方法。

线弹性分析方法是最基本的结构计算分析方法，也是最成熟的方法。该方法适用于混凝土结构的承载能力极限状态及正常使用极限状态的作用效应分析。对于杆系结构，宜按空间体系进行结构整体分析，并考虑杆件的弯曲、轴向、剪切和扭转变形对结构内力的影响，宜采用解析法、有限元法或差分法等分析方法；对于非杆系的二维或三维结构，可采用弹性理论分析、有限元分析或试验方法确定其弹性应力分布，根据主应力图形的面积确定所需的配筋量和布置，并按多轴应力状态验算混凝土的强度；对于各种双向板，当按承载能力极限状态及正常使用极限状态验算时，均可采用线弹性分析方法进行作用效用分析。

需要注意的是，结构按承载能力极限状态计算时，其荷载和材料性能指标可取为设计值；按正常使用极限状态验算时，其荷载和材料性能指标可取为标准值。

目前，一般情况下高层建筑结构的内力和位移仍采用线弹性分析方法，对复杂的不规则结构或重要的结构，再验算其在罕遇地震作用下薄弱层的弹塑性变形；框架梁及连梁等构件则考虑局部塑性引起的内力重分布，对内力予以适当调整。

（2）考虑塑性内力重分布分析方法。

该法适用于房屋建筑中的钢筋混凝土连续梁和连续单向板，其内力值可由弯矩调幅法确定。框架结构、框架-剪力墙结构及双向板等，经过弹性分析求得内力后，也可对支座或节点弯矩进行调幅，并确定相应的跨中弯矩。如在竖向荷载作用下，对框架梁端负弯矩乘以调幅系数，装配整体式框架可取 0.7～0.8，现浇式框架可取 0.8～0.9；抗震设计时的框架-剪力墙结构或剪力墙结构中的连梁刚度可予以折减，折减系数不宜小于 0.5。按考虑塑性内力重分布分析方法设计的结构和构件，尚应满足正常使用极限状态验算并应有专门的构造措施。直接承受动力载荷的构件，以及要求不出现裂缝或处于侵蚀环境等情况的结构，不应采用考虑塑性内力重分布分析方法。

（3）塑性极限分析方法。

该法适用于承受均布荷载的周边支承的双向矩形板和承受均布荷载的板柱体系。对于承受均布荷载的周边支承的双向矩形板，可采用塑性铰线法或条带法等塑性极限分析方法进行承载能力极限状态设计，同时应满足正常使用极限状态要求；对于承受均布荷载的板柱体系，可根据结构布置形式的不同，采用弯矩系数法或等代框架法计算承载能力极限状态的弯矩值。

（4）非线性分析方法。

该法适用于对二维、三维结构及重要的、受力特殊的大型杆系结构进行整体或局部的受力全过程分析。非线性分析应遵循如下原则。

① 结构的形状、尺寸、边界条件，以及所用材料的强度等级和主要配筋量等应预先设定。

② 材料的性能指标宜取平均值。

③ 材料的非线性本构关系宜通过试验测定，也可采用经标定的系数值或已验证的模式。

【非线性分析方法】

④ 宜计入结构的几何非线性对作用效应的不利影响。

⑤ 承载能力极限状态计算时应取作用效应的基本组合，并应根据结构构件的受力特点和破坏形态做相应的修正；正常使用极限状态验算时，可取作用效应的标准组合和准永久组合。

（5）模型试验分析方法。

该法适用于体型复杂、受力特殊的结构或构件。

## 4.1.2 结构计算模型

【可视化BIM
计算模型】

【高层建筑计算
简化模型】

高层建筑结构计算模型应根据结构实际情况确定,所选取的分析模型应能较准确地反映结构中各构件的实际受力状况。

高层建筑结构是复杂的三维空间受力体系,计算分析时应根据结构实际情况,选取能较准确地反映结构中各构件的实际受力状况的力学模型。高层建筑结构分析可选择平面或空间协同工作模型、空间杆系、空间杆-薄壁杆系、空间杆-墙板元及其他组合有限元等计算模型。

对于平面和立面布置简单规则的框架结构、框架-剪力墙结构可采用平面或空间协同计算模型;对剪力墙结构、筒体结构,以及复杂布置的框架结构、框架-剪力墙结构应采用空间分析模型。针对这些力学模型,目前我国均有相应的结构分析软件可供选用。

对体型复杂、结构布置复杂的高层建筑结构,如结构平面不规则、竖向不规则等,受力情况较为复杂,应采用至少两个不同力学模型的结构分析软件进行整体计算分析,以相互比较和校核,确保力学分析的可靠性。

A级高度(符合《高规》表3.3.1-1最大适用高度)的高层建筑结构中带加强层或转换层的高层建筑结构、错层结构、连体和立面开洞结构、多塔楼结构等均属复杂高层建筑结构,其竖向刚度变化大、受力复杂、易形成薄弱部位;而B级高度(结构高度大于A级最大适用高度,但不大于《高规》表3.3.1-2的最大高度)的高层建筑结构工程经验不多,其整体计算分析应从严要求。因此,竖向不规则的高层建筑结构、复杂高层建筑结构和B级高度的高层建筑结构的计算分析,应符合下列要求。

(1)应采用至少两个不同力学模型的三维空间分析软件进行整体内力和位移计算。

(2)抗震计算时,宜考虑平扭耦联计算结构的扭转效应,振型数不应小于15,对多塔楼结构的振型数不应小于塔楼数的9倍,且计算振型数应使振型参与质量不小于总质量的90%。

(3)应采用弹性时程分析法进行补充计算。

(4)宜采用弹塑性静力或动力分析方法验算薄弱层弹塑性变形。

对结构分析软件的计算结果,应从力学概念和工程经验等方面进行分析判断,确认其合理性和有效性。工程经验上的判断一般包括:结构整体位移、结构楼层剪力、振型形态和位移形态、结构自振周期和超筋超限情况等。

## 4.1.3 结构计算要求

【结构设计软件中
的参数调整值】

在结构的简化计算中,由于进行了一些简化和假设,计算结果与实际情况会有一定的差异,为减少这种差异,在计算过程中,必须对计算参数进行一些处理,具体如下。

(1)在内力与位移计算中,抗震设计的框架-剪力墙结构或剪力墙结构的连梁刚度可予以折减,折减系数不宜小于0.5。

(2)现浇楼面和装配整体式楼面中,梁的刚度可考虑翼缘的作用予以增大。楼面梁刚度增大系数可根据翼缘情况取 1.3～2.0。对于无现浇面层的装配式结构，可不考虑楼面翼缘的作用。

（3）在竖向荷载作用下，可考虑框架梁塑性变形内力重分布，对梁端负弯矩乘以调幅系数进行调幅，并应符合下列规定。

① 装配整体式框架梁端负弯矩调幅系数可取为 0.7～0.8；现浇框架梁端负弯矩调幅系数可取为 0.8～0.9。

② 框架梁端负弯矩调幅后，梁跨中弯矩应按平衡条件相应增大。

③ 应先对竖向荷载作用下框架梁的弯矩进行调幅，再与水平作用产生的框架梁弯矩进行组合。

④ 截面设计时，框架梁跨中截面正弯矩设计值不应小于竖向荷载作用下按简支梁计算的跨中弯矩设计值的 50％。

（4）高层建筑结构楼面梁受扭计算中应考虑楼盖对梁的约束作用。当计算中未考虑楼盖对梁扭转的约束作用时，可对梁的计算扭矩乘以折减系数予以折减。梁扭矩折减系数应根据梁周围楼盖的情况确定。

## 4.1.4 结构分析和设计软件

高层建筑由于要满足各种功能需要，其结构体系越来越复杂，结构计算也越来越困难。目前，高层建筑结构计算都是采用计算机来完成的，计算机已成为高层建筑结构设计中不可缺少的工具。

高层建筑结构计算方法是随着数学、力学和结构体系的发展而发展的，最先采用的是有限元法，后来逐步采用有限条法、边界元法、加权残数法、样条函数法和连续化法。但是，在高层建筑结构计算中，有限元法仍然是基础，应用最多，各种实用软件也很成熟。有限元法的突出优点是概念清楚、公式标准化、程序设计方便、适应能力强、计算结果可靠，并能满足工程设计要求。但它的缺点是在进行三维空间分析时，占用计算机内存多、计算时间长。20 世纪 70 年代后，人们开始把其他数值计算方法应用于高层建筑结构计算。这些方法具有强大的生命力，它们信息量少、程序设计简单、占用内存小。

目前，不少工程力学专家和软件专家都致力于研究新的数学力学模型，把有限元和其他数值计算方法广泛地结合起来，发挥各自的优点，开发更大型的程序系统。我国现已研究开发出空间三维组合结构有限元程序系统（把剪力墙、筒壁、楼板设计为板单元与杆单元组成空间结构）、空间三维薄壁杆系程序（按弗拉索夫理论，把剪力墙模拟为开口薄壁杆元，考虑两端翘曲影响，空间节点增为 7 个自由度）、高层建筑结构连续化计算程序和其他半离散-半解析计算程序。此外，还从国外引进了各种空间三维计算程序。在这里，我们根据国内工程建设的实践和应用情况，以及程序本身的特点，重点介绍几种用于复杂体型和超高层建筑的实用空间三维结构计算软件。

1. 结构分析通用软件

结构分析通用软件是指可用于建筑、机械、航天等各部门的结构分析软件。其特点是单元种类多、适应能力强、功能齐全。结构分析通用软件原则上可以用来对高层建筑结构进行静力和动力分析，但由于其前后处理功能弱，没有考虑高层建筑结构的专业特点，目前仅在结构分析时使用。

结构分析通用软件很多，下面介绍几种应用较普遍的软件。

（1）美国麻省理工学院研制的大型结构非线性静力、动力分析程序 ADINA。

ADINA 是在美国麻省理工学院 K. J. Bathe 教授指导下，总结 SAP 和 NONSAP 的编制经验，并结合有限元和计算方法的发展而研制的大型结构分析程序。该程序共有 12 种单元，可用于高层建筑结构的计算，能解决线性静力、动力问题，非线性静力、动力问题，线性稳态、瞬态温度场问题，非线性稳态、瞬态温度场问题，流体与结构相互作用问题等，并已成功地移植到微机上，是世界著名程序之一。

（2）美国 CSI 公司研制的结构分析通用程序 SAP2000。

SAP2000 是由 E. I. Wilson 教授等研制的独立的基于有限元的结构分析和设计程序。它提供了功能强大的交互式用户界面，带有很多工具，可以帮助用户快速而精确地创建模型，同时具有分析复杂工程所需的分析技术。SAP2000 是面向对象的，即用单元创建模型来体现实际情况，如一个与很多单元连接的梁可用一个对象建立。和现实世界一样，与其他单元相连接所需的细分由程序内部处理。分析和设计的结果是对整个对象产生报告，而不是对构成对象的子单元产生报告，信息提供更容易解释，并且和实际结构更一致。SAP2000 可以模拟大量的结构形式，包括建筑、桥梁、水坝、油罐、地下结构等。在 SAP2000 中，我们可以对这些结构进行静力、动力计算，特别是地震作用下的计算，其分析结果将被组合起来用于设计。静力荷载除了在节点上指定的力和位移外，还有重力、压力、温度和预应力荷载。动力荷载可以用地面运动加速度反应谱的形式给出，也可以用时变荷载的形式和地面运动加速度的形式给出。对于桥梁动力荷载可用作车辆荷载。SAP2000 有丰富的单元库，还有绘图模块及各种辅助模块（交互建模器、设计后处理、热传导分析模块、桥梁分析模块等）。该程序具有国际领先水平，并且还在不断开发中。

（3）美国 ANSYS 公司研制的大型通用有限元软件 ANSYS。

ANSYS 是融结构、热、流体、电磁、声学于一体，以有限元分析为基础的大型通用 CEA（Cost Effectiveness Analysis，费用效果分析）软件，可广泛应用于核工业、能源、机械制造、石油化工、轻工、造船、航空航天、汽车交通、国防军工、电子、土木工程、水利、铁道、地矿、生物医学、日用家电等一般工业及科学研究。该软件能够不断地吸收新的计算方法和计算技术，领导世界有限元技术的发展，并为全球工业界所接受。同时，它也是世界上第一个通过 ISO 9000 认可的有限元分析软件。ANSYS 具有以下三方面的特点：① 强大而广泛的分析功能，可普遍应用于结构、热、流体、电磁、声学等多物理场及多场相互耦合的线性、非线性问题中；② 一体化的处理技术，主要包括几何模型的建立、自动网格划分、求解、后处理、优化设计等许多功能及实用工具；③ 丰富的产品系列和完善的开放体系，ANSYS/Design Space 产品系列为设计工程师提供了智能化的快速设计校验及优化工具，针对某些领域，该软件还提供了专用软件包，包括土木工程专用软件包、疲劳及耐久性专用软件包、板成型专用软件包。

（4）美国 SIMULIA 公司研制的大型非线性结构分析软件 ABAQUS。

ABAQUS 的模块有 2 个：ABAQUS/Standard 和 ABAQUS/Explicit。针对某些特殊问题，ABAQUS/Standard 拥有 4 个额外的专用模块来加以解决，即 ABAQUS/Aqua、ABAQUS/

Design、ABAQUS/AMS 和 ABAQUS/Foundation。针对模型的前后处理，ABAQUS 提供了一个全面支持求解器的图形用户界面，即人机交互前后处理模块——ABAQUS/CAE，在该模块中可以针对 ABAQUS/Standard 或 ABAQUS/Explicit 问题进行建模、提交任务、监控运算过程和进行结果的后处理。ABAQUS/Viewer 是 ABAQUS/CAE 的子模块，它只包含了结果后处理功能。另外，ABAQUS 还为 MOLDFLOW、MSC. ADAMS 和其他第三方 CAD 软件之间提供相应的接口。ABAQUS 提供了十分丰富的单元，具体包括实体单元、壳单元、薄膜单元、梁单元、杆单元、刚体元、连接元、无限元等。同时，ABAQUS 还包括针对特殊问题构建的特种单元，如针对钢筋混凝土结构的加筋单元，这些特殊单元对解决特定领域的特定问题十分便捷、有效。

2. 结构设计软件

结构分析通用软件虽然可以用来对高层建筑进行静力和动力分析，但是正因为它通用性强，反而不如专用程序针对性强。结构工程师往往更多地使用高层建筑结构的专用设计程序。

(1) 美国加利福尼亚州伯克利大学研制的三维高层建筑结构专用程序 ETABS。

ETABS 是由 CSI 公司开发研制的高层建筑结构空间分析与设计专用程序，在静荷载和地震荷载作用下能进行结构的弹性分析，它是迄今为止最强大的结构设计软件，以无法超越的性能和效率，在全球范围内树立了建筑结构设计软件的标尺。该程序将框架和剪力墙作为子结构来处理，采用刚性楼板假定。对结构中的柱子考虑了弯曲、轴向和剪切变形，梁考虑了弯曲和剪切变形，剪力墙用带刚域杆件和墙板单元计算。

ETABS 可以对结构进行静力和动力分析；可对总体建筑结构响应量（包括楼层变位、层间位移、剪切力、扭矩、倾覆力矩）进行分析；能计算结构的振型和频率，并按反应谱振型组合方法和时程分析法计算结构的地震反应；在静力和动力分析中，考虑了 P-Δ 效应；在地震反应谱分析中采用了改进的反应谱振型组合方法（CQC 法）；可自动生成符合 UBC（美国统一建筑规范）和 ATC（美国加州结构工程师协会下设的应用技术委员会）规范的静力横向地震力；能计算每个单元的应力比；可进行为计算振型所需要的有效质量的计算；能考虑地基与建筑群的相互作用；在程序执行前，有校核输入数据的功能。此程序已有微机版本（Super-ETABS），其在超高层建筑结构的分析计算中已得到广泛应用。

目前的 ETABS 程序集成了大部分国家和地区的现行结构设计规范，包括美国、加拿大、欧洲和中国规范等，可完成绝大部分国家和地区的结构工程设计工作。中国建筑标准设计研究院与美国 CSI 公司合作，推出了完全符合我国规范的 ETABS 中文版软件。该软件已纳入我国现行的一些规范和规程，在我国已经广泛应用。

(2) 中国建筑科学研究院 PKPM CAD 工程部研制的程序 SATWE 和 PMSAP。

SATWE 采用空间杆单元模拟梁、柱及支撑等杆件，用墙元模拟剪力墙。这种墙元对剪力墙的洞口（仅考虑矩形洞）的大小及空间位置无限制，具有较好的适用性。SATWE 适用于高层和多层钢筋混凝土框架结构、框架-剪力墙结构、剪力墙结构，以及高层钢结构或钢-混凝土混合结构。SATWE 考虑了多高层建筑中多塔、错层、转换层及楼板局部开大洞等特殊结构形式，可完成建筑结构在恒荷载、活荷载、风荷载、地震作用下的内力分析、动力时程分析及荷载效应组合计算，可进行活荷载不利布置计算、底框结构空间计算，并可将上部结构和地下室作为一个整体进行分析，对钢筋混凝土结构可完成截面配筋计算，对钢构件可做截面验算。

PMSAP 直接针对多高层建筑中所出现的各种复杂情形，核心是通用有限元程序，可适应任意结构形式。对多塔、错层、转换层、楼板局部开洞，以及体育场馆、大跨结构等复杂结构形式做了着重考虑。PMSAP 的剪力墙单元，以广义协调技术为基础，其方案与 SATWE 截然不同。该墙元为基于四边形壳元的子结构式超单元，通过广义协调技术来满足墙与墙之间的协调性，可任意开洞，并可按照用户指定的尺寸加密内部网格。该方案使得墙元的空间协调性和网格的状态同时得到保证，因而具有很高的计算精度和对复杂工程的适应性。PMSAP 对竖向地震提供振型分解反应谱分析，可考虑三向地震波的弹性时程分析。PMSAP 配备了快速的广义特征值算法（Mritz 法），效率数倍于子空间迭代法。同时 PMSAP 的计算结果可传给施工图软件、基础软件、钢结构软件和非线性分析软件。

（3）盈建科结构设计软件 YJK。

YJK 是多高层建筑结构空间有限元计算分析与设计软件，适用于框架结构、框架-剪力墙结构、剪力墙结构、筒体结构、混合结构和钢结构等多种结构形式。它采用空间杆单元模拟梁、柱及支撑等杆系构件，用在壳单元基础上凝聚而成的墙单元模拟剪力墙，对于楼板提供刚性板和各种类型的弹性板（弹性膜、弹性板 3、弹性板 6）计算模型。依据结构 2010 系列新规范编制，在连续完成恒荷载、活荷载、风荷载、地震作用，以及吊车、人防、温度等效应计算的基础上，自动完成荷载效应组合、考虑抗震要求的调整、构件设计及验算等。

YJK 与 SATWE 都采用三维的杆单元计算梁、柱，采用壳单元计算剪力墙和楼板（楼板或使用膜单元），从这点来说两者相同。但是 YJK 正是根据 SATWE 不能满足目前工程需要的大量要求出发，采用了比 SATWE 更加先进的力学有限元计算分析技术。力学有限元是一个与工程设计不同的技术领域，YJK 使用了当今该领域大量的先进技术，从而适用目前越来越复杂的工程计算。

YJK 提供了与当前各种流行的结构计算软件匹配的接口，包括 PKPM、ETABS、MIDAS（都是双向接口），还提供了与 ABAQUS 匹配的接口。这种接口极大地方便了用户在各软件之间进行对比，发挥各软件优势，取得互相补充的效果。因此使用 YJK 不仅可以得出它本身的计算结果，还可以得到其他各软件的计算结果。

（4）广厦建筑结构 CAD。

广厦建筑结构 CAD 是一个面向工业和民用建筑的多高层结构 CAD 软件，可完成砌体结构、钢筋混凝土结构、钢结构及它们的混合结构从建模、计算到施工图自动生成及处理的一体化设计工作，结构材料可以是砖、钢筋混凝土和钢，结构计算部分包括空间薄壁杆系计算程序 SS、空间墙元杆系计算程序 SSW 和建筑结构通用分析与设计软件 GSSAP，计算主要采用 GSSAP，GSSAP 使设计人员的结构计算与国际接轨，进入全弹性准确解的通用 SAP。

（5）清华大学建筑设计研究院研制的多高层空间结构实用设计系统 TUS/ADBW。

TUS/ADBW 为多高层空间结构实用设计系统，以新型剪力墙单元（即板-梁墙单元模型）为结构分析的理论基础，适用于多高层钢筋混凝土结构、高层钢结构（包括框架结构、剪力墙结构、框架-剪力墙结构、框筒结构及筒中筒结构）。可对多种复杂结构体系进行空间静力、动力计算，并提供交互图形结构数据处理系统，可快速直观地生成和修改结构几何属性及荷载数据，进而生成三维结构图形、计算结果图形和彩色分析图形。

（6）同济大学研制的多高层钢结构设计系统 MTS。

MTS 是近几年开发出来的多高层钢结构设计系统，它的适用范围已扩展为多高层钢框架结构、支撑钢框架结构、钢-混凝土混合结构（钢框架-混凝土剪力墙结构）、钢管混凝土结构、钢骨混凝土结构、混凝土框架结构、框架-剪力墙结构的静力、动力和抗震分析计算。MTS 的优势是可进行多塔、错层、复杂框架-剪力墙结构基于墙元的精确分析，并提供基于空间模型的弹性时程分析、钢管混凝土柱的验算与优化、钢构件防火涂料厚度设计、钢构件截面自动调整与优化，以及组合楼板、组合梁的楼面体系设计，能够有效降低用钢量。

# 4.2　高层建筑结构的设计要求

【天津117】

在高层建筑结构的设计中应注重概念设计，重视结构的选型和平立面布置的规则性，择优选用抗震和抗风性能好且经济合理的结构体系，加强构造措施。在抗震设计中应保证结构的整体抗震性能，使整个结构具有必要的承载能力、刚度和延性。

## 4.2.1　承载力计算

高层建筑结构设计应保证结构在同时受各种外荷载作用的情况下，各个构件及其连接均有足够的承载力。我国《建筑结构可靠性设计统一标准》（GB 50068—2018）规定，构件截面承载力按极限状态设计，也就是要求使用采用荷载效应组合得到的构件最不利内力进行构件截面承载力验算。结构构件截面承载力验算的一般表达式如下。

持久、短暂设计状况

$$\gamma_0 S_d \leqslant R_d \tag{4-1}$$

地震设计状况

$$S_E \leqslant R_E / \gamma_{RE} \tag{4-2}$$

式中：$\gamma_0$——结构重要性系数，按《建筑结构可靠性设计统一标准》表 8.2.8 确定；

$R_d$——无地震作用组合时的结构抗力，即构件承载力设计值，如抗弯承载力、抗剪承载力等；

$R_E$——考虑地震作用组合时的结构构件承载力设计值；

$\gamma_{RE}$——承载力抗震调整系数；

$S_d$——不考虑地震作用时，由荷载效应组合得到的构件内力设计值；

$S_E$——考虑地震作用时，由荷载效应组合得到的构件内力设计值。

地震作用对结构是随机反复作用的，由试验可知，在反复荷载作用下承载力会降低，抗震时的受剪承载力小于无地震时的受剪承载力。但是考虑到地震是一种偶然作用，作用时间短，材料性能也与在静力作用下不同，因此可靠度可略微降低。我国《抗震规范》又采用了对构件的抗震承载力进行调整的方法，将承载力略微提高。式（4-2）中系数 $\gamma_{RE}$ 就是承载力抗震调整系数，规范给出的构件承载力抗震调整系数（表 4-1）都小于 1.0，也就是说，该系数可提高构件承载力，是一种安全度的调整。如受弯构件延性和耗能能力好，承载力可调整得多一些，$\gamma_{RE}$值较小；但若钢筋混凝土构件受剪和偏拉时延性差，则$\gamma_{RE}$较高，为 0.85；钢结构连接可靠度要求高，$\gamma_{RE}$值也高。

表 4-1  构件承载力抗震调整系数

| 材　　料 | 结　构　构　件 | $\gamma_{RE}$ |
|---|---|---|
| 钢筋混凝土 | 梁 | 0.75 |
| | 轴压比小于 0.15 的柱 | 0.75 |
| | 轴压比不小于 0.15 的柱 | 0.80 |
| | 剪力墙 | 0.85 |
| | 各类受剪、偏拉构件 | 0.85 |
| 钢 | 梁、柱 | 0.75 |
| | 支撑 | 0.80 |
| | 梁节点、螺栓 | 0.85 |
| | 连接焊缝 | 0.90 |

## 4.2.2　侧移限制

1. 弹性变形限值

在风荷载及多遇地震作用下，高层建筑结构应具有足够大的刚度，避免产生过大的位移而影响结构的稳定性和使用功能，为此，应进行结构的弹性变形验算。在风荷载及多遇地震标准值作用下，楼层内最大弹性层间位移应符合下式要求。

$$\Delta u_e \leqslant [\theta_e] h \tag{4-3}$$

式中：$\Delta u_e$——风荷载或多遇地震作用标准值产生的楼层内最大弹性层间位移，以楼层竖向构件最大的水平位移差计算，不扣除整体弯曲变形，计入扭转变形，各作用分项系数均采用 1.0；抗震计算时，可不考虑偶然偏心的影响。

$[\theta_e]$——弹性层间位移角限值，按表 4-2 选用。

$h$——计算楼层高度。

表 4-2  弹性层间位移角限值

| 结　构　类　型 | 限　　值 |
|---|---|
| 框架结构 | 1/550 |
| 框架-剪力墙结构、框架-核心筒结构、板柱-剪力墙结构 | 1/800 |
| 剪力墙结构、筒中筒结构 | 1/1000 |
| 除框架结构外的转换层 | 1/1000 |
| 多高层钢结构 | 1/250 |

2. 弹塑性变形限值

在罕遇地震作用下，为避免发生倒塌，要求建筑物有足够的刚度，使弹塑性变形在限定范围内，高层建筑结构弹塑性层间位移应符合下式要求。

$$\Delta u_p \leqslant [\theta_p] h \tag{4-4}$$

式中：$\Delta u_p$——罕遇地震作用下的弹塑性层间位移。

$[\theta_p]$——弹塑性层间位移角限值，可按表 4-3 采用；对框架结构，当轴压比小于 0.40 时，可提高 10%；当柱全高的箍筋构造比规定的最小体积配箍率大 30% 时，可提高 20%，但累计不超过 25%。

$h$——计算楼层层高。

表 4-3　弹塑性层间位移角限值

| 结　构　类　型 | $[\theta_p]$ |
|---|---|
| 框架结构 | 1/50 |
| 框架-剪力墙结构、板柱-剪力墙结构、框架-核心筒结构 | 1/100 |
| 剪力墙结构、筒中筒结构 | 1/120 |
| 除框架结构外的转换层 | 1/120 |
| 多高层钢结构 | 1/50 |

同时，对下列高层建筑结构应进行罕遇地震作用下薄弱层的弹塑性变形验算。

(1) 7~9 度设防楼层屈服强度系数 $\xi_y < 0.5$ 的钢筋混凝土框架结构。

(2) 高度大于 150m 的结构。

(3) 甲类建筑和 9 度时乙类建筑中的钢筋混凝土结构和钢结构。

(4) 采用隔震和消能减震设计的结构。

在罕遇地震作用下，大多数结构已进入弹塑性状态，变形加大，结构弹塑性层间位移的限制是为了防止结构倒塌或严重破坏，结构顶点位移不必限制。

罕遇地震作用仍按反应谱方法计算，用底部剪力法或振型分解反应谱法求出楼层层间剪力 $V_i$，再根据构件实际配筋和材料强度标准值计算出楼层受剪承载力 $V_y$，将 $V_y/V_i$ 定义为楼层屈服强度系数 $\xi_y$，具体说明见《抗震规范》。

## 4.2.3　舒适度要求

高层建筑在风荷载作用下产生水平振动，过大的振动加速度会使楼内的使用者感觉不舒服，甚至不能忍受，影响工作和生活。国外研究人员对人的舒适程度与振动加速度之间的关系进行了研究，两者的关系见表 4-4。对照国外的研究成果和有关标准，且为了与我国现行行业标准《高层民用建筑钢结构技术规程》相协调，《高规》要求高度超过 150m 的高层建筑钢筋混凝土结构、高层建筑钢结构和高层建筑混合结构在 10 年一遇的风荷载标准值作用下，结构顶点的顺风向和横风向振动加速度计算值不应超过表 4-5 和表 4-6 的限值。结构顶点的顺风向和横风向振动最大加速度的计算方法各国不同，存在差异，可按我国《高层民用建筑钢结构技术规程》的有关规定计算，也可通过风洞试验结果判断确定。计算时，钢筋混凝土结构的阻尼比取 0.02，钢-混凝土组合结构的阻尼比取 0.01～0.02，钢结构取 0.01。

表 4-4　舒适度与振动加速度的关系

| 不舒适的程度 | 建筑物的加速度 | 不舒适的程度 | 建筑物的加速度 |
|---|---|---|---|
| 无感觉 | $<0.005g$ | 十分扰人 | $0.05g\sim0.15g$ |
| 有感觉 | $0.005g\sim0.015g$ | 不能忍受 | $>0.15g$ |
| 扰人 | $0.015g\sim0.05g$ | | |

表 4-5　高层建筑钢筋混凝土结构和混合结构顶点的顺风向和横风向振动的加速度限值 $a_{max}$

| 使用功能 | $a_{max}/(\text{m/s}^2)$ |
|---|---|
| 住宅、公寓 | 0.15 |
| 办公、旅馆 | 0.25 |

表 4-6　高层建筑钢结构顶点的顺风向和横风向振动的加速度限值 $a_{max}$

| 使用功能 | $a_{max}/(\text{m/s}^2)$ |
|---|---|
| 公寓建筑 | 0.20 |
| 公共建筑 | 0.28 |

人在大跨度楼盖上走动、跳跃等引起楼盖结构竖向振动，有可能使周围人群感觉不舒适。为保证楼盖竖向有适宜的舒适度，对其竖向振动的频率、竖向振动的加速度有一定的限制。对于钢筋混凝土楼盖结构、钢-混凝土组合楼盖结构（不包括轻钢楼盖结构），其竖向振动频率不宜小于 3Hz，其竖向振动的加速度限值列于表 4-7 中。楼盖结构竖向振动加速度可采用时程分析法的计算，也可采用近似方法计算。

表 4-7　钢筋混凝土楼盖结构、钢-混凝土组合楼盖结构（不包括轻钢楼盖结构）竖向振动的加速度限值

| 人员活动环境 | 峰值加速度限值/(m/s²) | |
|---|---|---|
| | 竖向自振频率≤2Hz | 竖向自振频率≥4Hz |
| 住宅、办公 | 0.07 | 0.05 |
| 商场、室内连廊 | 0.22 | 0.15 |

注：楼盖结构竖向自振频率为 2～4Hz 时，峰值加速度限值取线性插值。

### 4.2.4　稳定和抗倾覆

1. 结构整体稳定验算

结构整体稳定性是高层建筑结构设计的基本要求。高层建筑混凝土结构仅在竖向重力荷载作用下，即无侧移时才不会发生整体失稳；有侧移时，水平荷载会产生 $P\text{-}\Delta$ 效应（重力二阶效应），$P\text{-}\Delta$ 效应太大时会导致结构发生整体失稳破坏。

2. 高层钢筋混凝土结构的稳定验算

高层钢筋混凝土结构的稳定性验算主要是控制其在风荷载或水平地震作用下，重力荷

载产生的 $P$-$\Delta$ 效应不会过大，以免引起结构的失稳、倒塌。剪力墙结构、框架-剪力墙结构和筒体结构的整体稳定性应符合下式要求。

$$EJ_d \geqslant 1.4H^2\sum_{i=1}^{n}G_i \qquad (4-5)$$

框架结构的整体稳定性应符合下列要求。

$$D_i \geqslant 10\sum_{j=i}^{n}G_j/h_i \qquad (i=1,2,\cdots,n) \qquad (4-6)$$

将式(4-5)、式(4-6)不等号右侧的符号移至左侧，右侧分别只剩数字 1.4 和 10，左侧的表达式称为结构的刚重比。钢筋混凝土房屋建筑结构满足式(4-5)或式(4-6)时，$P$-$\Delta$ 效应的内力、位移增量可控制在 20% 以内，结构的稳定具有适宜的安全储备；若不满足式(4-5)或式(4-6)，则 $P$-$\Delta$ 效应呈非线性关系急剧增长，可能引起结构的整体失稳，这种情况下应调整并增大结构的侧向刚度。

当剪力墙结构、框架-剪力墙结构、筒体结构符合式(4-7)所示条件，或者框架结构符合式(4-8)所示条件时，认为结构满足稳定性要求，可不考虑 $P$-$\Delta$ 效应的影响。

$$EJ_d \geqslant 2.7H^2\sum_{i=1}^{n}G_i \qquad (i=1,2,\cdots,n) \qquad (4-7)$$

$$D_i \geqslant 20\sum_{j=1}^{n}G_j/h_i \qquad (i=1,2,\cdots,n) \qquad (4-8)$$

当剪力墙结构、框架-剪力墙结构、筒体结构符合式(4-9)所示条件或框架结构符合式(4-10)所示条件时，可以认为结构满足稳定性要求，但应考虑 $P$-$\Delta$ 效应对水平力作用下结构内力和位移的不利影响。高层建筑结构 $P$-$\Delta$ 效应可采用有限元方法计算，也可以采用对未考虑 $P$-$\Delta$ 效应的计算结果乘以增大系数的方法近似考虑。

$$2.7H^2\sum_{i=1}^{n}G_i > EJ_d > 1.4H^2\sum_{i=1}^{n}G_i \qquad (4-9)$$

$$20\sum_{j=i}^{n}G_j/h_i > D_i > 10\sum_{j=i}^{n}G_j/h_i \qquad (4-10)$$

式中：$EJ_d$——结构一个主轴方向的弹性等效抗侧刚度；

$\quad\quad D_i$——第 $i$ 楼层的弹性等效抗侧刚度；

$\quad\quad H$——房屋高度；

$\quad\quad h_i$——第 $i$ 楼层层高；

$\quad G_i$、$G_j$——第 $i$、$j$ 层重力荷载设计值。

**3. 高层钢结构的稳定验算**

对于高层钢结构，各楼层柱的平均长细比和平均轴压比应满足一定要求，不需进行整体稳定验算的条件是不考虑 $P$-$\Delta$ 效应的弹性层间位移小于某个限值。对钢支撑、剪力墙和筒体的钢结构构件，当 $\Delta u/h \leqslant 1/1000$ 时，可不考虑 $P$-$\Delta$ 效应。对无支撑的纯框架和 $\Delta u/h > 1/1000$ 的有支撑钢结构应考虑 $P$-$\Delta$ 效应来计算结构的内力和位移。实际上，一般情况下，高层钢结构均需考虑 $P$-$\Delta$ 效应。

**4. 高层建筑抗倾覆**

正常设计的高层建筑一般不会产生倾覆。控制倾覆的措施有：当 $H/B > 4$ 时，在地震作用下，基底不允许出现零应力区；当 $H/B \leqslant 4$ 时，在地震作用下，零应力区面积不应超过基底面积的 $15\%$。

# 4.3 高层建筑结构的抗震设计要求

本节主要介绍高层建筑结构抗震设计的一般规定。

**1. 抗震等级**

抗震设计的钢筋混凝土高层建筑结构，根据抗震设防烈度、结构类型、房屋高度区分为不同的抗震等级，并采用相应的计算和构造措施。抗震等级的高低，体现了对结构抗震性能要求的严格程度。抗震等级是根据国内外高层建筑震害情况、有关科研成果、工程设计经验来划分的。特殊要求时则提升至特一级，其计算和构造措施比一级更严格。

在结构受力性质与变形方面，框架-核心筒结构与框架-剪力墙结构基本上是一致的，尽管框架-核心筒结构由于由剪力墙组成筒体而大大提高了抗侧力能力，但周边稀柱框架较弱，设计上的处理与框架-剪力墙结构仍基本相同。对其抗震等级的要求不应降低，个别情况要求更高。框架-剪力墙结构中，由于剪力墙部分的刚度远大于框架部分的刚度，因此对框架部分的抗震能力要求可以比纯框架结构适当降低。当剪力墙部分的刚度相对较小时，框架部分的设计仍应按普通框架考虑，不应降低要求。

基于上述考虑，A 级高度的高层建筑结构应按表 4-8 确定其抗震等级。甲类建筑 9 度抗震设防时，应采取比 9 度抗震设防更有效的措施；乙类建筑 9 度抗震设防时，抗震等级提升至特一级。B 级高度的高层建筑结构，其抗震等级有更严格的要求，应按表 4-9 采用。钢-混凝土混合结构的抗震等级按照表 4-10 确定。表 4-8 和表 4-9 中建筑设防类别对应的是丙类建筑，场地类别为 I 类场地。对于抗震设防类别为甲、乙、丁类，场地类别为 I、II、IV 类的抗震等级不能直接应用表 4-8 和表 4-9，应对抗震设防烈度进行调整，调整方法如表 4-11 和表 4-12 所示。

表 4-8 A 级高度的高层建筑结构抗震等级

| 结 构 类 型 | | 抗震设防烈度 | | | | | | |
|---|---|---|---|---|---|---|---|---|
| | | 6 度 | | 7 度 | | 8 度 | | 9 度 |
| 框架 | | 三 | | 二 | | 一 | | ≤25 |
| | | | | | | | | 一 |
| 框架-剪力墙 | 高度/m | ≤60 | >60 | ≤60 | >60 | ≤60 | >60 | ≤50 |
| | 框架 | 四 | 三 | 三 | 二 | 二 | 一 | 一 |
| | 剪力墙 | 三 | | 二 | | 一 | | 一 |
| 剪力墙 | 高度/m | ≤80 | >80 | ≤80 | >80 | ≤80 | >80 | ≤60 |
| | 剪力墙 | 四 | 三 | 三 | 二 | 二 | 一 | 一 |

续表

| 结构类型 | | | 6度 | | 7度 | | 8度 | | 9度 |
|---|---|---|---|---|---|---|---|---|---|
| | | | 抗震设防烈度 | | | | | | |
| 框支剪力墙 | 非底部加强部位剪力墙 | | 四 | 三 | 三 | 二 | 二 | | |
| | 底部加强部位剪力墙 | | 三 | 三 | 二 | 一 | — | — | |
| | 框支框架 | | 二 | | | | 二 | 一 | |
| 简体 | 框架-核心筒 | 框架 | 三 | | 二 | | 一 | | 一 |
| | | 核心筒 | 二 | | 二 | | 一 | | 一 |
| | 筒中筒 | 内筒 | 三 | | 二 | | 一 | | 一 |
| | | 外筒 | 三 | | 二 | | 一 | | 一 |
| 板柱-剪力墙 | 高度 | | ≤35 | >35 | ≤35 | >35 | ≤35 | >35 | |
| | 框架、板柱及柱上板带 | | 三 | 三 | 二 | 二 | 一 | — | |
| | 剪力墙 | | 二 | 二 | 二 | 二 | 一 | — | |

注：① 接近或等于高度分界时，应结合房屋不规则程度及场地、地基条件适当确定抗震等级。

② 底部带转换层的筒体结构，其转换框架的抗震等级应按表中框支剪力墙结构的规定采用。

③ 当框架-核心筒结构的高度不超过60m时，其抗震等级应允许按框架-剪力墙结构采用。

表4-9　B级高度的高层建筑结构抗震等级

| 结构类型 | | 6度 | 7度 | 8度 |
|---|---|---|---|---|
| | | 抗震设防烈度 | | |
| 框架-剪力墙 | 框架 | 二 | 一 | 一 |
| | 剪力墙 | 二 | 一 | 特一 |
| 剪力墙 | 剪力墙 | 二 | 一 | 特一 |
| 框支剪力墙 | 非底部加强部位剪力墙 | 二 | 一 | 特一 |
| | 底部加强部位剪力墙 | 一 | 一 | 特一 |
| | 框支框架 | 一 | 特一 | 特一 |
| 框架-核心筒 | 框架 | 二 | 一 | 一 |
| | 筒体 | 二 | 一 | 特一 |
| 筒中筒 | 外筒 | 二 | 一 | 特一 |
| | 内筒 | 二 | 一 | 特一 |

注：底部带转换层的筒体结构，其转换框架和底部加强部位筒体的抗震等级应按表中框支剪力墙结构的规定采用。

表4-10　钢-混凝土混合结构抗震等级

| 结构类型 | | 6度 | | 7度 | | 8度 | | 9度 |
|---|---|---|---|---|---|---|---|---|
| | | 抗震设防烈度 | | | | | | |
| 房屋高度/m | | ≤150 | >150 | ≤130 | >130 | ≤100 | >100 | ≤70 |
| 钢框架-钢筋混凝土核心筒 | 钢筋混凝土核心筒 | 二 | 一 | 一 | 特一 | 一 | 特一 | 特一 |
| 型钢（钢管混凝土框架）-钢筋混凝土核心筒 | 钢筋混凝土核心筒 | 二 | 二 | 二 | 一 | 一 | 特一 | 特一 |
| | 型钢（钢管）混凝土框架 | 三 | 二 | 二 | 一 | 一 | 一 | 一 |

| 结 构 类 型 | | 抗震设防烈度 | | | | | | |
|---|---|---|---|---|---|---|---|---|
| | | **6 度** | | **7 度** | | **8 度** | | **9 度** |
| 房屋高度/m | | ≤180 | >180 | ≤150 | >150 | ≤120 | >120 | ≤90 |
| 钢外筒-钢筋混凝土核心筒 | 钢筋混凝土核心筒 | 二 | 一 | 一 | 特一 | 一 | 特一 | 特一 |
| 型钢（钢管）混凝土外筒-钢筋混凝土核心筒 | 钢筋混凝土核心筒 | 二 | 二 | 二 | 一 | | 特一 | 特一 |
| | 型钢（钢管）混凝土外筒 | 三 | 二 | 二 | 一 | | 一 | 一 |

表4-11　确定"抗震措施（内力调整）等级"时采用的抗震设防烈度　单位：度

| 设防类别 | 6 | 7 | 7 (0.15g) | 8 | 8 (0.30g) | 9 |
|---|---|---|---|---|---|---|
| 甲 | 7 | | 8 | | 9 | 9+ |
| 乙 | 7 | | 8 | | 9 | 9+ |
| 丙 | 6 | | 7 | | 8 | 9 |
| 丁 | 6 | | 7— | | 8— | 9— |

表4-12　确定"抗震构造措施等级"时采用的抗震设防烈度　单位：度

| 设防类别 | 6 | | 7 | | 7 (0.15g) | | 8 | | 8 (0.30g) | | 9 | |
|---|---|---|---|---|---|---|---|---|---|---|---|---|
| | 场地类别 | | | | | | | | | | | |
| | I | II、III、IV | I | II、III、IV | I | III、IV | I | II、III、IV | I | III、IV | I | II、III、IV |
| 甲 | 6 | 7 | 7 | 8 | 7 | 8 | 8 | 9 | 8 | 9 | 9 | 9+ |
| 乙 | 6 | 7 | 7 | 8 | 7 | 8 | 8 | 9 | 8 | 9 | 9 | 9+ |
| 丙 | 6 | 6 | 6 | 7 | 6 | 7 | 7 | 8 | 7 | 8 | 8 | 9 |

钢筋混凝土房屋抗震等级的确定，尚应符合下列要求。

（1）抗震设计的高层建筑，当地下室顶板作为上部结构的嵌固部位时，地下一层相关范围的抗震等级应与上部结构相同，地下一层以下抗震构造措施的抗震等级可逐层降低一级，但不应低于四级。地下室中超出上部主楼相关范围且无上部结构的部分，其抗震等级可根据具体情况采用三级或四级。

（2）抗震设计时，与主楼连为整体的裙房的抗震等级，除应按裙房本身确定外，相关范围（主楼周边外延3跨且不小于20m）不应低于主楼的抗震等级；主楼结构在裙房顶板对应的相邻上下各一层应适当加强抗震构造措施。裙房与主楼分离时，应按裙房本身确定抗震等级。

### 2. 轴压比

轴压比是柱（墙）的轴压力设计值与柱（墙）的全截面面积和混凝土轴心抗压强度设计值乘积的比值。它反映了柱（墙）的受压情况。

规范对墙肢和柱均有相应限值要求，见《高规》中6.4.2条和7.2.13条。在剪力墙的轴压比计算中，轴力取重力荷载代表设计值，与柱的计算不同，不需要考虑地震组合。规范控制轴压比限值的设计目的是要求钢筋混凝土框架柱截面达到具有较好延性功能的大偏心受压破坏状态，以防止小偏心受压状态的脆性破坏，从而保证框架结构在罕遇地震作用下，即使超出弹性极限仍具有足够大的弹塑性极限变形能力（即延性和耗能能力），实现"大震不倒"的设计目的。

轴压比对钢筋混凝土框架柱的弹塑性极限变形能力确实有很大的影响。同济大学所做试验表明，在固定配筋条件下，随着轴压比的增大，柱试件的弹塑性极限变形能力会出现明显的减小趋势。应该指出的是，轴压比仅仅是影响钢筋混凝土框架柱截面延性功能大小的五个主要因素中的一个因素，该五大因素彼此之间是相互影响和关联的，也就是说，当仅用一个轴压比限值来求钢筋混凝土柱的截面设计延性功能时，轴压比限值的大小必须根据具体工程项目设计中的其他四大因素的不同前提条件而进行一定程度的合理调整。

## 本章小结

（1）高层建筑结构可采用线弹性分析方法、考虑塑性内力重分布分析方法、塑性极限分析方法、非线性分析方法等进行分析，必要时也可采用模型试验分析方法。目前，一般采用线弹性分析方法计算高层建筑结构的内力和位移，作为构件截面承载力计算和弹性变形验算的依据。

（2）高层建筑结构可选取平面或空间协同工作、空间杆系、空间杆-薄壁杆系、空间杆-墙板元及其他组合有限元等计算模型，一般情况下可假定楼盖在平面内的刚度为无限大，对于楼板开大洞或平面布置复杂的结构，可采用楼板分块平面内无限刚性或弹性楼板假定。

（3）高层建筑结构应满足承载力、刚度、舒适度、稳定、抗倾覆及延性等要求，其刚度通过使弹性层间位移小于规定的限值来保证；必要时，为了保证在强震下结构构件不产生严重破坏甚至房屋倒塌，应进行结构弹塑性位移的计算和验算。刚重比是影响高层建筑结构整体稳定的主要因素，因此结构整体稳定验算表现为结构刚重比的验算；延性是结构抗震性能的一个重要指标，为方便设计，对不同的情况，根据结构延性要求的严格程度，引入抗震等级的概念。抗震设计时，应根据不同的抗震等级对结构和构件采取相应的计算和构造措施。

## 习 题

思考题

（1）什么是延性？为什么抗震结构要具有延性？

（2）为什么要划分结构的抗震等级？如何划分结构的抗震等级？抗震等级与延性要求

有什么关系？

（3）什么是 $P$-$\Delta$ 效应？风荷载或多遇地震作用下建筑结构弹性计算时，在什么情况下需要考虑 $P$-$\Delta$ 效应？

（4）限制高层建筑结构层间位移的目的是什么？如何保证？

（5）为什么要限制结构在正常使用下的水平位移？

（6）建筑结构为什么要进行抗倾覆验算？

（7）为什么应对高度超过 150m 的高层建筑结构进行舒适度验算？如何进行验算？

（8）结构计算分析方法有哪些？

（9）高层建筑结构有哪些常用的设计计算模型？

# 第5章
# 高层建筑框架结构设计

 **教学目标**

本章主要介绍了高层钢筋混凝土框架结构的结构布置和手算设计计算方法。学生通过本章的学习，应达到以下目标。

(1) 了解高层钢筋混凝土框架结构的特点，会合理选型及进行结构布置。

(2) 了解框架结构的分析方法，会选取计算单元进行手算。

(3) 掌握竖向荷载作用下框架结构内力的简化计算。

(4) 掌握水平荷载作用下框架结构内力和侧移的简化计算。

(5) 熟悉框架结构的内力调整和内力组合。

(6) 掌握框架梁、框架柱及梁柱节点核心区设计计算。

(7) 理解框架结构的构造要求并会应用。

**教学要求**

| 知识要点 | 能力要求 | 相关知识 |
|---|---|---|
| 框架结构的组成与布置 | (1) 了解框架结构的选型和组成；<br>(2) 掌握框架结构的布置方法 | (1) 框架结构的特点；<br>(2) 框架结构的布置原则 |
| 框架结构的分析方法及计算简图 | (1) 了解框架结构的分析方法；<br>(2) 掌握框架结构的计算简图取法 | (1) 框架结构分析的简化假定；<br>(2) 框架结构的计算简图 |
| 竖向荷载作用下框架结构内力的简化计算 | (1) 掌握分层法求解内力；<br>(2) 掌握弯矩二次分配法 | (1) 分层法；<br>(2) 弯矩二次分配法 |
| 水平荷载作用下框架结构内力和侧移的简化计算 | (1) 了解水平荷载作用下框架结构的受力及变形特点；<br>(2) 掌握反弯点法求解框架内力；<br>(3) 掌握 $D$ 值法求解框架内力；<br>(4) 了解水平荷载作用下框架侧移的近似计算及控制 | (1) 反弯点法；<br>(2) $D$ 值法 |
| 框架结构内力组合 | (1) 掌握框架结构控制截面及最不利内力；<br>(2) 掌握框架结构内力调整的方法；<br>(3) 掌握框架结构荷载效应组合及其应用 | (1) 框架结构的控制截面；<br>(2) 弯矩调幅法；<br>(3) 抗震设计时的荷载效应组合 |

续表

| 知识要点 | 能力要求 | 相关知识 |
|---|---|---|
| 构件设计 | （1）掌握框架梁设计计算；<br>（2）掌握框架柱设计计算；<br>（3）熟悉梁柱节点核心区的设计 | （1）框架梁设计计算；<br>（2）框架柱设计计算与构造要求；<br>（3）梁柱节点核心区的设计 |
| 框架结构的构造要求 | （1）框架梁的构造要求；<br>（2）框架柱的构造要求；<br>（3）梁柱节点的构造要求 | 框架梁、框架柱、梁柱节点的构造要求 |

**引例**

　　钢筋混凝土框架结构既是多层建筑常用的结构形式，也是高层建筑常用的结构形式，我国采用钢筋混凝土结构的高层建筑较多，北京喜来登长城饭店是20世纪80年代建造的高级涉外宾馆（图5.1），建筑总面积82930m²，主楼23层，地上22层，地下1层，地上总高度83.85m，是现浇钢筋混凝土框架结构。目前高度或层数在一定范围内的写字楼、教学楼、宾馆、住宅等高层建筑广泛采用钢筋混凝土框架结构。

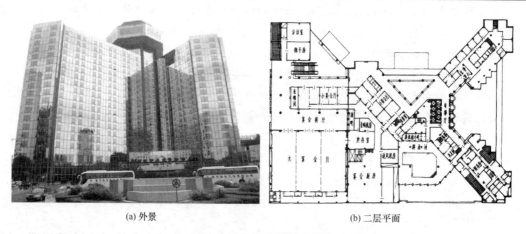

(a) 外景 　　　　　　　　　　(b) 二层平面

图5.1　北京喜来登长城饭店

# 5.1　框架结构的组成与布置

## 5.1.1　框架结构的组成

【一分钟了解框架结构】

　　框架结构是由梁、柱刚性连接形成的结构体系，如图5.2所示。框架结构根据需要可以采用钢框架、钢筋混凝土框架、钢骨混凝土框架及钢-混凝土组合框架，框架柱还可以采用钢管混凝土。本章主要讲述应用最广泛的钢筋混凝土框架。钢筋混凝土框架按施工方法分为现浇整体式框架、装配式框架和装配整体式框架。现浇整体式框架整体性好，但施工周期较长；装配式框架正好相反；装配整体式框架介于二者之间。因为装配式框架和装配整体式框架符合绿色建筑的要求和建筑工业化的发展趋势，应用越来越广。

框架结构特别适合多层及小高层办公楼、教学楼、酒店、公寓、商场及轻工业厂房等建筑。框架结构的建筑平面布置灵活，大小空间均可满足，构件类型少，设计理论成熟，施工较方便；但是普通框架结构在地震作用下侧移较大，层数较多、高度较大的高层建筑宜增加剪力墙或其他抗侧力能力强的构件。采用普通框架结构的建筑层数一般不超过 20 层，其适用高度及高宽比与抗震设防烈度有关，非抗震设计时，适用高度不大于 70m，最大高宽比为 5，其他情形详见《高规》。

【混凝土框架是怎样建成的？】

图 5.2　框架结构

【框架结构】

## 5.1.2　框架结构的布置

框架结构的布置需要确定柱网和选择结构承重方案，既要满足建筑平面要求和生产工艺要求，又要使结构受力合理，施工方便。图 5.3 是框架结构的典型平面布置方式。

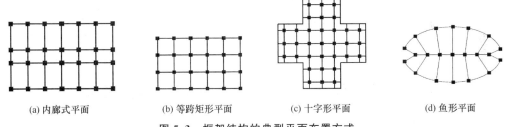

(a) 内廊式平面　　(b) 等跨矩形平面　　(c) 十字形平面　　(d) 鱼形平面

图 5.3　框架结构的典型平面布置方式

### 1. 柱网布置

多层工业厂房的柱网尺寸和层高需满足生产工艺要求。常用的柱网有内廊式、等跨式、对称不等跨式等。其中内廊式柱网跨度一般为 2～4m 或 6～8m，等跨式柱网跨度一般为 6～12m，柱距通常为 6m，层高为 3.6～5.4m。

民用建筑的柱网根据建筑使用功能确定，酒店、办公楼等柱网布置应与建筑分隔墙布置协调，一般将柱设在纵横墙交叉点上，以免占用使用空间。跨度可考虑与房屋进深一致，常用跨度有 4.8m、5.4m、6.0m、6.6m、7.2m、7.5m 等。柱距与开间一致或与开间成倍数，通常取 3.6m、3.9m、4.2m、6.0m、6.6m、7.2m、7.5m 等。

### 2. 框架结构的承重方案

根据框架承重的主要方向分为横向框架承重、纵向框架承重和纵横向框架混合承重三种方案，如图 5.4 所示。横向框架承重方案：主梁沿横向布置，连系梁沿纵向布置，次梁或预制板也沿纵向布置；由于横向主梁高度大，有利于提高房屋的横向刚度，也有利于房屋室内的采光通风。纵向框架承重方案：主梁沿纵向布置，高度较小的连系梁沿横向布置，次梁或预制板也沿横向布置；有利于获得较大的室内净高，但房屋横向刚度较差。纵横向框架混合承重方案：沿纵横向都布置框架承重梁，常采用井式楼盖或双向板肋梁楼盖，当柱网接近正方形或楼面上有较大荷载或较大开洞时，常采用这种方案；该方案具有较好的整体工作性能，对抗震有利。

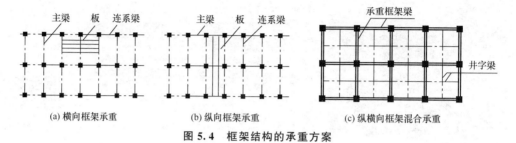

(a) 横向框架承重　　　　(b) 纵向框架承重　　　　(c) 纵横向框架混合承重

**图 5.4　框架结构的承重方案**

3. 柱网布置原则

（1）尽量与建筑的平、立、剖面一致，方便使用和施工。

（2）结构平面布置和竖向布置应尽量规则、均匀、对称，避免刚度突变，结构传力简捷明确。

（3）合理设置伸缩缝、沉降缝和防震缝。

震害表明，单跨框架的抗震能力较弱，《高规》规定抗震设计的框架结构不应采用单跨框架，不应采用部分框架、部分砌体混合承重方式。框架结构中的楼（电）梯间及局部突出屋顶的电梯机房、楼梯间、水箱间等，应采用框架承重，不应采用砌体墙承重。

# 5.2　框架结构的分析方法及计算简图

## 5.2.1　框架结构的分析方法

框架结构的分析方法有按空间结构分析法和按平面结构分析法两种。在计算机没有普及的年代，框架结构常简化成平面结构进行手算分析。目前，框架结构分析已根据结构力学位移法的基本原理编制结构计算软件，可用来计算结构的内力、变形及各截面的配筋。诸多结构计算软件均采用空间结构分析法。

## 5.2.2　框架结构的计算简图

1. 计算单元

框架结构实际上是一个空间受力体系，为便于手算，往往忽略结构纵向和横向之间的空间联系，忽略构件的抗扭作用，将横向框架和纵向框架分别按平面框架进行计算，如图 5.5 所示。如果横向框架的间距、荷载和构件尺寸基本相同，则一般取中间有代表性的一榀横向框架作为计算单元。计算单元的范围以选取的一榀框架为中心，左右各取一半柱距，因此计算单元的宽度即为柱距。纵向框架亦做类似处理。

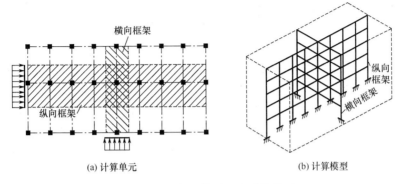

| (a) 计算单元 | (b) 计算模型 |
| --- | --- |

图 5.5　框架的计算单元和计算模型

2. 计算简图

框架结构的计算简图由计算模型、尺寸及作用的荷载组成。其计算简图为梁柱轴线定义的刚节点杆系模型，如图 5.6 所示。个别节点和支座应根据实际约束调整。计算简图中框架的层高确定如下：底层层高应从基础顶面或地下室顶板算至一层梁顶，其他层取层高。框架梁的坡度小于 1/8 时可简化为直梁，跨度差不超过 10% 时可按等跨框架绘制，跨度取均值。

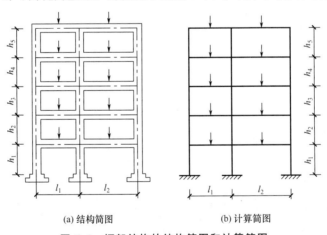

| (a) 结构简图 | (b) 计算简图 |
| --- | --- |

图 5.6　框架结构的结构简图和计算简图

## 5.3　竖向荷载作用下框架结构内力的简化计算

### 5.3.1　分层法

框架结构的近似计算方法很多，竖向荷载（恒荷载和活荷载）作用下求解内力最常用的方法是分层法。在多层框架结构中，梁上作用的竖向荷载除了向下传递外，对其他层构件内力影响不大，可以将框架分解成多个开口的框架进行计算。简化假定为：① 结构无水平位移；② 某层的竖向荷载只对本层梁及与之相连的框架柱产生内力。采用分层法近似计算步骤如下。

（1）将框架分层，各层梁及其相连的柱为一个单元，柱远端假定为固定端。

（2）计算梁柱线刚度，并修正柱的线刚度，除底层以外其他各层柱线刚度乘以 0.9 的折减系数。

在现浇楼盖和装配整体式楼盖中，框架梁宜考虑楼板作为翼缘对梁刚度及承载力的增大作用，现浇楼盖可近似对中框架取 $I=2I_0$，边框架取 $I=1.5I_0$；装配整体式楼盖的中框架取 $I=1.5I_0$，边框架取 $I=1.2I_0$，其中 $I_0$ 为梁按矩形截面计算的惯性矩。对装配式楼盖，则按梁实际截面计算惯性矩 $I$。

（3）计算梁柱杆端弯矩分配系数，底层柱的传递系数取 1/2，其他层柱的传递系数取 1/3。

（4）用无侧移框架的计算方法求解各层刚架梁柱弯矩。

（5）将分层计算得到的同一层柱的柱端弯矩叠加得到柱的弯矩。如需更精确的结果，可将节点的不平衡弯矩再分配一次，但不再传递。

（6）用静力平衡条件计算梁端剪力及梁跨中弯矩，各层柱的轴力可叠加柱上竖向压力（包括节点集中力、柱自重等）和与之相连的梁端剪力得到。

竖向荷载作用下分层法的拆分结构示意如图 5.7 所示。

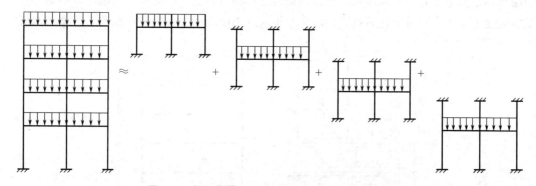

**图 5.7　竖向荷载作用下分层法的拆分结构示意**

## 5.3.2　弯矩二次分配法

弯矩二次分配法是一种计算框架结构在竖向荷载作用下内力的近似方法。多层框架某节点的不平衡弯矩对与其相邻的节点影响较大，对其他节点影响较小，因而可假定某一节点的不平衡弯矩只对与该节点相连的各杆件的远端有影响，而对其余杆件的影响忽略不计，这样可将弯矩分配简化成弯矩二次分配和一次传递，具体步骤如下。

（1）根据各杆件的转动刚度计算各节点的杆端弯矩分配系数，并计算竖向荷载作用下各跨梁的固端弯矩。

（2）计算框架各节点的不平衡弯矩，并对所有节点的不平衡弯矩同时进行第一次分配（其间不进行弯矩传递）。

（3）将所有杆端的分配弯矩同时向其远端传递（对于刚接框架，传递系数均取 1/2）。

（4）将各节点因传递弯矩而产生的新的不平衡弯矩进行第二次分配，使各节点处于平衡状态。至此，整个弯矩分配和传递过程即告结束。

（5）将各杆端的固端弯矩、分配弯矩和传递弯矩叠加，即得各杆端弯矩。

## 5.4  水平荷载作用下框架结构内力和侧移的简化计算

### 5.4.1  水平荷载作用下框架结构的受力及变形特点

一般可将风荷载、水平地震作用等水平作用简化为节点水平集中力，在水平荷载作用下框架的变形图和弯矩图如图 5.8 所示。由图 5.8 可见，框架的每个节点除产生相对水平位移 $\delta$ 外，还产生转角 $\theta$，由于越靠近底层框架所受的层间剪力越大，故各节点的相对水平位移和转角都具有越靠近底层越大的特点。柱上下两端弯曲方向相反，柱中一般都有一个反弯点。梁和柱的弯矩图都是斜直线，梁中也有一个反弯点。如果能够求出各柱的剪力及其反弯点位置，则梁、柱内力均可求得。因此，水平荷载作用下框架结构内力近似计算的关键：一是确定层间剪力在各柱间的分配，二是确定各柱的反弯点位置。

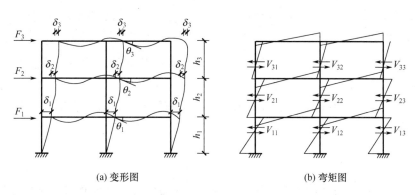

(a) 变形图　　　　　　　　　　　　(b) 弯矩图

**图 5.8　水平荷载作用下框架结构的变形图和弯矩图**

如果在柱子反弯点处切开，如图 5.9 所示，根据隔离体平衡条件，一般框架结构第 $i$ 层的层间剪力 $V_i$ 可表示为

$$V_i = \sum_{k=1}^{m} F_k \qquad (5-1)$$

式中：$F_k$——作用于第 $k$ 层楼面处的水平荷载；

　　　$m$——框架结构总层数。

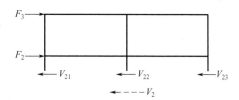

**图 5.9　沿反弯点切开后隔离体平衡**

若该层共有 $n$ 根框架柱，用 $V_{ij}$ 表示第 $i$ 层第 $j$ 根柱分配到的剪力，$D_{ij}$ 表示该柱的侧向刚度（或称抗剪刚度），则 $\sum_{j=1}^{n} V_{ij} = V_i$，其中 $V_{ij}$ 按式(5-2)计算。

$$V_{ij} = D_{ij}\delta_{ij} = \frac{D_{ij}}{\sum\limits_{j=1}^{n} D_{ij}} V_i = \frac{D_{ij}}{\sum\limits_{j=1}^{n} D_{ij}} \sum_{k=i}^{m} F_k \tag{5-2}$$

式(5-2)说明每根柱分配到的剪力与其侧向刚度成正比。

## 5.4.2 反弯点法

当梁的线刚度 $i_c$ 比柱的线刚度 $i_b$ 大很多时（$i_b/i_c > 3$），梁对柱两端的约束作用较大，节点转角较小。如果忽略节点转角的影响，则水平荷载作用下框架结构内力的计算方法尚可进一步简化，这种忽略梁柱节点转角影响的计算方法称为反弯点法。

由于忽略了节点转角的影响，底层以上各层柱的反弯点一般都在柱的中部。底层柱由于下端固定，导致柱下端的约束刚度相对较大，柱上端的约束刚度相对较小，反弯点会向上移动，因此通常假定反弯点在距底面 2/3 高度处。

侧向刚度 $D$ 的定义为：产生单位相对侧移所需的水平剪力，按式(5-3)计算。

$$D = \frac{12i_c}{h^2} \tag{5-3}$$

式中：$i_c$——柱子的线刚度；

$h$——该层层高。

## 5.4.3 D值法

建筑层数增加后，框架柱的截面尺寸将加大，而框架梁的尺寸仅与跨度有关，不会有太大的变化，这将使得 $i_b/i_c > 3$ 这个条件不再满足。也就是说，梁对柱两端的约束作用减弱，节点转角的影响不容忽视，它对柱的侧向刚度和反弯点位置产生影响，因此应对反弯点法进行修正。

1. 修正柱的侧向刚度 $D$

柱的侧向刚度不仅与柱的线刚度和层高有关，还与梁的线刚度有关，因此应对式(5-3)计算的侧向刚度进行修正。引入考虑梁柱线刚度比 $\overline{K}$ 的侧向刚度影响系数 $\alpha_c$，用来计算柱的侧向刚度 $D$，如式(5-4)所示，$\alpha_c$ 的计算如表 5-1 所示。

$$D = \alpha_c \frac{12i_c}{h^2} \tag{5-4}$$

表 5-1  侧向刚度影响系数 $\alpha_c$

| 位置 | 边 柱 | | 中 柱 | | $\alpha_c$ |
|---|---|---|---|---|---|
| | 简图 | $\overline{K}$ | 简图 | $\overline{K}$ | |
| 一般层 | | $\dfrac{i_2 + i_4}{2i_c}$ | | $\dfrac{i_1 + i_2 + i_3 + i_4}{2i_c}$ | $\dfrac{\overline{K}}{2 + \overline{K}}$ |

| 位置 | | 边　　柱 | | 中　　柱 | | $\alpha_c$ |
|---|---|---|---|---|---|---|
| | | 简图 | $\overline{K}$ | 简图 | $\overline{K}$ | |
| 底层 | 固接 | $i_c$　$i_2$ | $\dfrac{i_2}{i_c}$ | $i_1$　$i_2$　$i_c$ | $\dfrac{i_1+i_2}{i_c}$ | $\dfrac{0.5+\overline{K}}{2+\overline{K}}$ |
| | 铰接 | $i_c$　$i_2$ | $\dfrac{i_2}{i_c}$ | $i_1$　$i_2$　$i_c$ | $\dfrac{i_1+i_2}{i_c}$ | $\dfrac{0.5\,\overline{K}}{1+2\,\overline{K}}$ |

同时，由于节点转角的影响，反弯点将不再位于 1/2 高度（底层为 2/3 高度）处，因此需要根据荷载形式、结构总层数，以及所在层数、上下层横梁线刚度比、上下层层高变化等条件，通过查表来确定反弯点高度。

**2. 修正柱的反弯点高度**

柱的反弯点与梁柱线刚度比、上下层梁线刚度比、上下层层高变化等有关。柱反弯点高度取决于该柱上下端转角的比值，若柱上下端转角相同，则反弯点在柱高中间；若不同，则反弯点偏向转角较大一端，即偏向约束刚度较小的一端。影响柱两端转角大小的因素如下。

（1）侧向荷载的形式、梁柱线刚度比、结构总层数及该柱所在的层数（$y_0h$）。

（2）上下层梁线刚度比（$y_1h$）。

（3）上下层层高变化（$y_2h$，$y_3h$）。

因此，修正后柱的反弯点高度系数为

$$y=y_0+y_1+y_2+y_3 \tag{5-5}$$

式中：$y_0$——标准反弯点高度比，反映梁柱线刚度影响，其值与结构总层数 $n$、该柱所在层数 $j$、梁柱线刚度比 $\overline{K}$ 及侧向荷载的形式有关，按表 5-2 和表 5-3 查得。

$y_1$——上下层梁相对线刚度变化修正系数，某层柱的上下层梁线刚度不同，则该层柱反弯点将向梁线刚度较小的一侧偏移，根据上下层梁线刚度比 $i$ 和 $\overline{K}$ 查表 5-4，底层柱不修正，即 $y_1=0$。

$y_2$、$y_3$——上下层层高变化修正系数，当上层层高变化时，反弯点上移，增量为 $y_2h$；当下层层高变化时，反弯点下移，增量为 $y_3h$（下层较高时为负值），其值可查表 5-5。对顶层柱，不考虑修正值 $y_2$，即 $y_2=0$；对底层柱，不考虑修正值 $y_3$，即 $y_3=0$。

表 5-2　规则框架承受均布水平荷载下各层柱标准反弯点高度比 $y_0$

| 层数 | $j$ | $\overline{K}$ | | | | | | | | | | | | | |
|---|---|---|---|---|---|---|---|---|---|---|---|---|---|---|---|
| | | 0.1 | 0.2 | 0.3 | 0.4 | 0.5 | 0.6 | 0.7 | 0.8 | 0.9 | 1.0 | 2.0 | 3.0 | 4.0 | 5.0 |
| 1 | 1 | 0.80 | 0.75 | 0.70 | 0.65 | 0.65 | 0.60 | 0.60 | 0.60 | 0.60 | 0.55 | 0.55 | 0.55 | 0.55 | 0.55 |
| 2 | 2 | 0.45 | 0.40 | 0.35 | 0.35 | 0.35 | 0.35 | 0.40 | 0.40 | 0.40 | 0.40 | 0.45 | 0.45 | 0.45 | 0.45 |
| | 1 | 0.95 | 0.80 | 0.75 | 0.70 | 0.65 | 0.65 | 0.65 | 0.60 | 0.60 | 0.60 | 0.55 | 0.55 | 0.55 | 0.50 |
| 3 | 3 | 0.15 | 0.20 | 0.20 | 0.25 | 0.30 | 0.30 | 0.30 | 0.35 | 0.35 | 0.35 | 0.40 | 0.45 | 0.45 | 0.45 |
| | 2 | 0.55 | 0.50 | 0.45 | 0.45 | 0.45 | 0.45 | 0.45 | 0.45 | 0.45 | 0.45 | 0.50 | 0.50 | 0.50 | 0.50 |
| | 1 | 1.00 | 0.85 | 0.80 | 0.75 | 0.70 | 0.70 | 0.65 | 0.65 | 0.65 | 0.60 | 0.55 | 0.55 | 0.55 | 0.55 |

续表

| 层数 | $j$ | $\overline{K}$ | | | | | | | | | | | | |
|---|---|---|---|---|---|---|---|---|---|---|---|---|---|---|
| | | 0.1 | 0.2 | 0.3 | 0.4 | 0.5 | 0.6 | 0.7 | 0.8 | 0.9 | 1.0 | 2.0 | 3.0 | 4.0 | 5.0 |
| 4 | 4 | −0.05 | 0.05 | 0.15 | 0.20 | 0.25 | 0.30 | 0.30 | 0.35 | 0.35 | 0.35 | 0.40 | 0.45 | 0.45 | 0.45 |
| | 3 | 0.25 | 0.30 | 0.30 | 0.35 | 0.35 | 0.40 | 0.40 | 0.40 | 0.40 | 0.45 | 0.45 | 0.50 | 0.50 | 0.50 |
| | 2 | 0.65 | 0.55 | 0.50 | 0.50 | 0.45 | 0.45 | 0.45 | 0.45 | 0.45 | 0.45 | 0.50 | 0.50 | 0.50 | 0.50 |
| | 1 | 1.10 | 0.90 | 0.80 | 0.75 | 0.70 | 0.70 | 0.65 | 0.65 | 0.65 | 0.60 | 0.55 | 0.55 | 0.55 | 0.55 |
| 5 | 5 | −0.20 | 0.00 | 0.15 | 0.20 | 0.25 | 0.30 | 0.30 | 0.30 | 0.35 | 0.35 | 0.40 | 0.45 | 0.45 | 0.45 |
| | 4 | 0.10 | 0.20 | 0.25 | 0.30 | 0.35 | 0.35 | 0.40 | 0.40 | 0.40 | 0.40 | 0.45 | 0.45 | 0.50 | 0.50 |
| | 3 | 0.40 | 0.40 | 0.40 | 0.40 | 0.40 | 0.45 | 0.45 | 0.45 | 0.45 | 0.45 | 0.50 | 0.50 | 0.50 | 0.50 |
| | 2 | 0.65 | 0.55 | 0.50 | 0.50 | 0.50 | 0.50 | 0.50 | 0.50 | 0.50 | 0.50 | 0.50 | 0.50 | 0.50 | 0.50 |
| | 1 | 1.20 | 0.95 | 0.80 | 0.75 | 0.75 | 0.70 | 0.70 | 0.65 | 0.65 | 0.65 | 0.55 | 0.55 | 0.55 | 0.55 |
| 6 | 6 | −0.30 | 0.00 | 0.10 | 0.20 | 0.25 | 0.25 | 0.30 | 0.30 | 0.35 | 0.35 | 0.40 | 0.45 | 0.45 | 0.45 |
| | 5 | 0.00 | 0.20 | 0.25 | 0.30 | 0.35 | 0.35 | 0.40 | 0.40 | 0.40 | 0.40 | 0.45 | 0.45 | 0.50 | 0.50 |
| | 4 | 0.20 | 0.30 | 0.35 | 0.35 | 0.40 | 0.40 | 0.40 | 0.45 | 0.45 | 0.45 | 0.45 | 0.50 | 0.50 | 0.50 |
| | 3 | 0.40 | 0.40 | 0.40 | 0.45 | 0.45 | 0.45 | 0.45 | 0.45 | 0.45 | 0.45 | 0.50 | 0.50 | 0.50 | 0.50 |
| | 2 | 0.70 | 0.60 | 0.55 | 0.50 | 0.50 | 0.50 | 0.50 | 0.50 | 0.50 | 0.50 | 0.50 | 0.50 | 0.50 | 0.55 |
| | 1 | 1.20 | 0.95 | 0.85 | 0.80 | 0.75 | 0.70 | 0.70 | 0.65 | 0.65 | 0.65 | 0.55 | 0.55 | 0.55 | 0.55 |
| 7 | 7 | −0.35 | −0.05 | 0.10 | 0.20 | 0.20 | 0.25 | 0.30 | 0.30 | 0.35 | 0.35 | 0.40 | 0.45 | 0.45 | 0.45 |
| | 6 | −0.10 | 0.15 | 0.25 | 0.30 | 0.35 | 0.35 | 0.35 | 0.40 | 0.40 | 0.40 | 0.45 | 0.45 | 0.50 | 0.50 |
| | 5 | 0.10 | 0.25 | 0.30 | 0.35 | 0.40 | 0.40 | 0.40 | 0.45 | 0.45 | 0.45 | 0.45 | 0.50 | 0.50 | 0.50 |
| | 4 | 0.30 | 0.35 | 0.40 | 0.40 | 0.40 | 0.45 | 0.45 | 0.45 | 0.45 | 0.45 | 0.50 | 0.50 | 0.50 | 0.50 |
| | 3 | 0.50 | 0.45 | 0.45 | 0.45 | 0.45 | 0.45 | 0.45 | 0.45 | 0.45 | 0.45 | 0.50 | 0.50 | 0.50 | 0.50 |
| | 2 | 0.75 | 0.60 | 0.55 | 0.50 | 0.50 | 0.50 | 0.50 | 0.50 | 0.50 | 0.50 | 0.50 | 0.50 | 0.50 | 0.50 |
| | 1 | 1.20 | 0.95 | 0.85 | 0.80 | 0.75 | 0.70 | 0.70 | 0.65 | 0.65 | 0.65 | 0.55 | 0.55 | 0.55 | 0.55 |
| 8 | 8 | −0.35 | −0.15 | 0.10 | 0.15 | 0.25 | 0.25 | 0.30 | 0.30 | 0.35 | 0.35 | 0.40 | 0.45 | 0.45 | 0.45 |
| | 7 | −0.10 | 0.15 | 0.25 | 0.30 | 0.35 | 0.35 | 0.40 | 0.40 | 0.40 | 0.40 | 0.45 | 0.50 | 0.50 | 0.50 |
| | 6 | 0.05 | 0.25 | 0.30 | 0.35 | 0.40 | 0.40 | 0.40 | 0.45 | 0.45 | 0.45 | 0.45 | 0.50 | 0.50 | 0.50 |
| | 5 | 0.20 | 0.30 | 0.35 | 0.40 | 0.40 | 0.45 | 0.45 | 0.45 | 0.45 | 0.45 | 0.50 | 0.50 | 0.50 | 0.50 |
| | 4 | 0.35 | 0.40 | 0.40 | 0.45 | 0.45 | 0.45 | 0.45 | 0.45 | 0.45 | 0.45 | 0.50 | 0.50 | 0.50 | 0.50 |
| | 3 | 0.50 | 0.45 | 0.45 | 0.45 | 0.45 | 0.45 | 0.45 | 0.45 | 0.50 | 0.50 | 0.50 | 0.50 | 0.50 | 0.50 |
| | 2 | 0.75 | 0.60 | 0.55 | 0.55 | 0.50 | 0.50 | 0.50 | 0.50 | 0.50 | 0.50 | 0.50 | 0.50 | 0.50 | 0.50 |
| | 1 | 1.20 | 1.00 | 0.85 | 0.80 | 0.75 | 0.70 | 0.70 | 0.65 | 0.65 | 0.65 | 0.55 | 0.55 | 0.55 | 0.55 |
| 9 | 9 | −0.40 | −0.05 | 0.10 | 0.20 | 0.25 | 0.25 | 0.30 | 0.30 | 0.35 | 0.35 | 0.45 | 0.45 | 0.45 | 0.45 |
| | 8 | −0.15 | 0.15 | 0.25 | 0.30 | 0.35 | 0.35 | 0.35 | 0.40 | 0.40 | 0.40 | 0.45 | 0.45 | 0.50 | 0.50 |
| | 7 | 0.05 | 0.25 | 0.30 | 0.35 | 0.40 | 0.40 | 0.40 | 0.45 | 0.45 | 0.45 | 0.45 | 0.50 | 0.50 | 0.50 |
| | 6 | 0.15 | 0.30 | 0.35 | 0.40 | 0.40 | 0.45 | 0.45 | 0.45 | 0.45 | 0.45 | 0.50 | 0.50 | 0.50 | 0.50 |
| | 5 | 0.25 | 0.35 | 0.40 | 0.40 | 0.45 | 0.45 | 0.45 | 0.45 | 0.45 | 0.45 | 0.50 | 0.50 | 0.50 | 0.50 |
| | 4 | 0.40 | 0.40 | 0.40 | 0.45 | 0.45 | 0.45 | 0.45 | 0.45 | 0.45 | 0.45 | 0.50 | 0.50 | 0.50 | 0.50 |
| | 3 | 0.55 | 0.45 | 0.45 | 0.45 | 0.45 | 0.45 | 0.45 | 0.50 | 0.50 | 0.50 | 0.50 | 0.50 | 0.50 | 0.50 |
| | 2 | 0.80 | 0.65 | 0.55 | 0.55 | 0.50 | 0.50 | 0.50 | 0.50 | 0.50 | 0.50 | 0.50 | 0.50 | 0.50 | 0.50 |
| | 1 | 1.20 | 1.00 | 0.85 | 0.80 | 0.75 | 0.70 | 0.70 | 0.65 | 0.65 | 0.65 | 0.55 | 0.55 | 0.55 | 0.55 |

续表

| 层数 | j | $\overline{K}$ | | | | | | | | | | | | | |
|---|---|---|---|---|---|---|---|---|---|---|---|---|---|---|
| | | 0.1 | 0.2 | 0.3 | 0.4 | 0.5 | 0.6 | 0.7 | 0.8 | 0.9 | 1.0 | 2.0 | 3.0 | 4.0 | 5.0 |
| 10 | 10 | −0.40 | −0.05 | 0.10 | 0.20 | 0.25 | 0.30 | 0.30 | 0.30 | 0.35 | 0.35 | 0.40 | 0.45 | 0.45 | 0.45 |
| | 9 | −0.15 | 0.15 | 0.25 | 0.30 | 0.35 | 0.35 | 0.40 | 0.40 | 0.40 | 0.40 | 0.45 | 0.45 | 0.50 | 0.50 |
| | 8 | 0.00 | 0.25 | 0.30 | 0.35 | 0.40 | 0.40 | 0.40 | 0.45 | 0.45 | 0.45 | 0.45 | 0.50 | 0.50 | 0.50 |
| | 7 | 0.10 | 0.30 | 0.35 | 0.40 | 0.40 | 0.45 | 0.45 | 0.45 | 0.45 | 0.45 | 0.50 | 0.50 | 0.50 | 0.50 |
| | 6 | 0.20 | 0.35 | 0.40 | 0.40 | 0.45 | 0.45 | 0.45 | 0.45 | 0.45 | 0.45 | 0.50 | 0.50 | 0.50 | 0.50 |
| | 5 | 0.30 | 0.40 | 0.40 | 0.45 | 0.45 | 0.45 | 0.45 | 0.45 | 0.45 | 0.50 | 0.50 | 0.50 | 0.50 | 0.50 |
| | 4 | 0.40 | 0.40 | 0.45 | 0.45 | 0.45 | 0.45 | 0.45 | 0.45 | 0.45 | 0.50 | 0.50 | 0.50 | 0.50 | 0.50 |
| | 3 | 0.55 | 0.50 | 0.45 | 0.45 | 0.45 | 0.50 | 0.50 | 0.50 | 0.50 | 0.50 | 0.50 | 0.50 | 0.50 | 0.50 |
| | 2 | 0.80 | 0.65 | 0.55 | 0.55 | 0.55 | 0.50 | 0.50 | 0.50 | 0.50 | 0.50 | 0.50 | 0.50 | 0.50 | 0.50 |
| | 1 | 1.30 | 1.00 | 0.85 | 0.80 | 0.75 | 0.70 | 0.70 | 0.65 | 0.65 | 0.65 | 0.60 | 0.55 | 0.55 | 0.55 |
| 11 | 11 | −0.40 | 0.05 | 0.10 | 0.20 | 0.25 | 0.30 | 0.30 | 0.30 | 0.35 | 0.35 | 0.40 | 0.45 | 0.45 | 0.45 |
| | 10 | −0.15 | 0.15 | 0.25 | 0.30 | 0.35 | 0.35 | 0.40 | 0.40 | 0.40 | 0.40 | 0.45 | 0.45 | 0.50 | 0.50 |
| | 9 | 0.00 | 0.25 | 0.30 | 0.35 | 0.40 | 0.40 | 0.40 | 0.45 | 0.45 | 0.45 | 0.50 | 0.50 | 0.50 | 0.50 |
| | 8 | 0.10 | 0.30 | 0.35 | 0.40 | 0.40 | 0.45 | 0.45 | 0.45 | 0.45 | 0.45 | 0.50 | 0.50 | 0.50 | 0.50 |
| | 7 | 0.20 | 0.35 | 0.40 | 0.45 | 0.45 | 0.45 | 0.45 | 0.45 | 0.45 | 0.45 | 0.50 | 0.50 | 0.50 | 0.50 |
| | 6 | 0.25 | 0.35 | 0.40 | 0.45 | 0.45 | 0.45 | 0.45 | 0.45 | 0.45 | 0.45 | 0.50 | 0.50 | 0.50 | 0.50 |
| | 5 | 0.35 | 0.40 | 0.40 | 0.45 | 0.45 | 0.45 | 0.45 | 0.45 | 0.45 | 0.50 | 0.50 | 0.50 | 0.50 | 0.50 |
| | 4 | 0.40 | 0.45 | 0.45 | 0.45 | 0.45 | 0.45 | 0.45 | 0.50 | 0.50 | 0.50 | 0.50 | 0.50 | 0.50 | 0.50 |
| | 3 | 0.55 | 0.50 | 0.50 | 0.50 | 0.50 | 0.50 | 0.50 | 0.50 | 0.50 | 0.50 | 0.50 | 0.50 | 0.50 | 0.50 |
| | 2 | 0.80 | 0.65 | 0.60 | 0.55 | 0.55 | 0.50 | 0.50 | 0.50 | 0.50 | 0.50 | 0.50 | 0.50 | 0.50 | 0.50 |
| | 1 | 1.30 | 1.00 | 0.85 | 0.80 | 0.75 | 0.70 | 0.70 | 0.65 | 0.65 | 0.65 | 0.60 | 0.55 | 0.55 | 0.55 |
| 12以上 | 自上 1 | −0.40 | −0.05 | 0.10 | 0.20 | 0.25 | 0.30 | 0.30 | 0.30 | 0.35 | 0.35 | 0.40 | 0.45 | 0.45 | 0.45 |
| | 2 | −0.15 | 0.15 | 0.25 | 0.30 | 0.35 | 0.35 | 0.40 | 0.40 | 0.40 | 0.40 | 0.45 | 0.50 | 0.50 | 0.50 |
| | 3 | 0.00 | 0.25 | 0.30 | 0.35 | 0.40 | 0.40 | 0.40 | 0.45 | 0.45 | 0.45 | 0.50 | 0.50 | 0.50 | 0.50 |
| | 4 | 0.10 | 0.30 | 0.35 | 0.40 | 0.40 | 0.45 | 0.45 | 0.45 | 0.45 | 0.45 | 0.50 | 0.50 | 0.50 | 0.50 |
| | 5 | 0.20 | 0.35 | 0.40 | 0.40 | 0.45 | 0.45 | 0.45 | 0.45 | 0.45 | 0.45 | 0.50 | 0.50 | 0.50 | 0.50 |
| | 6 | 0.25 | 0.35 | 0.40 | 0.45 | 0.45 | 0.45 | 0.45 | 0.45 | 0.45 | 0.45 | 0.50 | 0.50 | 0.50 | 0.50 |
| 以 | 7 | 0.30 | 0.40 | 0.40 | 0.45 | 0.45 | 0.45 | 0.45 | 0.45 | 0.50 | 0.50 | 0.50 | 0.50 | 0.50 | 0.50 |
| | 8 | 0.35 | 0.40 | 0.45 | 0.45 | 0.45 | 0.45 | 0.45 | 0.50 | 0.50 | 0.50 | 0.50 | 0.50 | 0.50 | 0.50 |
| | 中间 | 0.40 | 0.40 | 0.45 | 0.45 | 0.45 | 0.45 | 0.50 | 0.50 | 0.50 | 0.50 | 0.50 | 0.50 | 0.50 | 0.50 |
| 上 | 4 | 0.45 | 0.45 | 0.45 | 0.45 | 0.50 | 0.50 | 0.50 | 0.50 | 0.50 | 0.50 | 0.50 | 0.50 | 0.50 | 0.50 |
| | 3 | 0.60 | 0.50 | 0.50 | 0.50 | 0.50 | 0.50 | 0.50 | 0.50 | 0.50 | 0.50 | 0.50 | 0.50 | 0.50 | 0.50 |
| | 2 | 0.80 | 0.65 | 0.60 | 0.55 | 0.55 | 0.50 | 0.50 | 0.50 | 0.50 | 0.50 | 0.50 | 0.50 | 0.50 | 0.50 |
| | 自下 1 | 1.30 | 1.00 | 0.85 | 0.80 | 0.75 | 0.70 | 0.70 | 0.65 | 0.65 | 0.65 | 0.55 | 0.55 | 0.55 | 0.55 |

表 5 - 3　规则框架承受倒三角形分布水平荷载下各层柱标准反弯点高度比 $y_0$

| 层数 | $j$ | $\overline{K}$ | | | | | | | | | | | | | |
|---|---|---|---|---|---|---|---|---|---|---|---|---|---|---|---|
| | | 0.1 | 0.2 | 0.3 | 0.4 | 0.5 | 0.6 | 0.7 | 0.8 | 0.9 | 1.0 | 2.0 | 3.0 | 4.0 | 5.0 |
| 1 | 1 | 0.80 | 0.75 | 0.70 | 0.65 | 0.65 | 0.60 | 0.60 | 0.60 | 0.60 | 0.55 | 0.55 | 0.55 | 0.55 | 0.55 |
| 2 | 2 | 0.50 | 0.45 | 0.40 | 0.40 | 0.40 | 0.40 | 0.40 | 0.40 | 0.40 | 0.45 | 0.45 | 0.45 | 0.45 | 0.50 |
| | 1 | 1.00 | 0.85 | 0.75 | 0.70 | 0.70 | 0.65 | 0.65 | 0.65 | 0.60 | 0.60 | 0.55 | 0.55 | 0.55 | 0.55 |
| 3 | 3 | 0.25 | 0.25 | 0.25 | 0.30 | 0.30 | 0.35 | 0.35 | 0.35 | 0.40 | 0.40 | 0.45 | 0.45 | 0.45 | 0.45 |
| | 2 | 0.60 | 0.50 | 0.50 | 0.50 | 0.50 | 0.45 | 0.45 | 0.45 | 0.45 | 0.45 | 0.50 | 0.50 | 0.50 | 0.50 |
| | 1 | 1.15 | 0.90 | 0.80 | 0.75 | 0.75 | 0.70 | 0.70 | 0.65 | 0.65 | 0.65 | 0.60 | 0.55 | 0.55 | 0.55 |
| 4 | 4 | 0.10 | 0.15 | 0.20 | 0.25 | 0.30 | 0.30 | 0.35 | 0.35 | 0.35 | 0.40 | 0.45 | 0.45 | 0.45 | 0.45 |
| | 3 | 0.35 | 0.35 | 0.35 | 0.40 | 0.40 | 0.40 | 0.40 | 0.45 | 0.45 | 0.45 | 0.50 | 0.50 | 0.50 | 0.50 |
| | 2 | 0.70 | 0.60 | 0.55 | 0.50 | 0.50 | 0.50 | 0.50 | 0.50 | 0.50 | 0.50 | 0.50 | 0.50 | 0.50 | 0.50 |
| | 1 | 1.20 | 0.95 | 0.85 | 0.80 | 0.75 | 0.70 | 0.70 | 0.70 | 0.65 | 0.65 | 0.55 | 0.55 | 0.55 | 0.55 |
| 5 | 5 | −0.05 | 0.10 | 0.20 | 0.25 | 0.30 | 0.30 | 0.35 | 0.35 | 0.35 | 0.35 | 0.40 | 0.45 | 0.45 | 0.45 |
| | 4 | 0.20 | 0.25 | 0.35 | 0.35 | 0.40 | 0.40 | 0.40 | 0.40 | 0.40 | 0.40 | 0.45 | 0.50 | 0.50 | 0.50 |
| | 3 | 0.45 | 0.40 | 0.45 | 0.45 | 0.45 | 0.45 | 0.45 | 0.45 | 0.45 | 0.45 | 0.50 | 0.50 | 0.50 | 0.50 |
| | 2 | 0.75 | 0.60 | 0.55 | 0.55 | 0.50 | 0.50 | 0.50 | 0.50 | 0.50 | 0.50 | 0.50 | 0.50 | 0.50 | 0.50 |
| | 1 | 1.30 | 1.00 | 0.85 | 0.80 | 0.75 | 0.70 | 0.70 | 0.65 | 0.65 | 0.65 | 0.55 | 0.55 | 0.55 |
| 6 | 6 | −0.15 | 0.05 | 0.15 | 0.20 | 0.25 | 0.30 | 0.30 | 0.35 | 0.35 | 0.35 | 0.40 | 0.45 | 0.45 | 0.45 |
| | 5 | 0.10 | 0.25 | 0.30 | 0.35 | 0.35 | 0.40 | 0.40 | 0.40 | 0.45 | 0.45 | 0.45 | 0.50 | 0.50 | 0.50 |
| | 4 | 0.30 | 0.35 | 0.40 | 0.40 | 0.45 | 0.45 | 0.45 | 0.45 | 0.45 | 0.45 | 0.50 | 0.50 | 0.50 | 0.50 |
| | 3 | 0.50 | 0.45 | 0.45 | 0.45 | 0.45 | 0.45 | 0.45 | 0.45 | 0.45 | 0.50 | 0.50 | 0.50 | 0.50 | 0.50 |
| | 2 | 0.80 | 0.65 | 0.55 | 0.55 | 0.55 | 0.55 | 0.50 | 0.50 | 0.50 | 0.50 | 0.50 | 0.50 | 0.50 | 0.50 |
| | 1 | 1.30 | 1.00 | 0.85 | 0.80 | 0.75 | 0.70 | 0.70 | 0.65 | 0.65 | 0.65 | 0.60 | 0.55 | 0.55 | 0.55 |
| 7 | 7 | −0.20 | 0.05 | 0.15 | 0.20 | 0.25 | 0.30 | 0.30 | 0.35 | 0.35 | 0.35 | 0.45 | 0.45 | 0.45 | 0.45 |
| | 6 | 0.05 | 0.20 | 0.30 | 0.35 | 0.35 | 0.40 | 0.40 | 0.40 | 0.40 | 0.45 | 0.45 | 0.50 | 0.50 | 0.50 |
| | 5 | 0.20 | 0.30 | 0.35 | 0.40 | 0.40 | 0.45 | 0.45 | 0.45 | 0.45 | 0.45 | 0.50 | 0.50 | 0.50 | 0.50 |
| | 4 | 0.35 | 0.40 | 0.40 | 0.45 | 0.45 | 0.45 | 0.45 | 0.45 | 0.45 | 0.45 | 0.50 | 0.50 | 0.50 | 0.50 |
| | 3 | 0.55 | 0.50 | 0.50 | 0.50 | 0.50 | 0.50 | 0.50 | 0.50 | 0.50 | 0.50 | 0.50 | 0.50 | 0.50 | 0.50 |
| | 2 | 0.80 | 0.65 | 0.60 | 0.55 | 0.55 | 0.55 | 0.50 | 0.50 | 0.50 | 0.50 | 0.50 | 0.50 | 0.50 | 0.50 |
| | 1 | 1.30 | 1.00 | 0.90 | 0.80 | 0.75 | 0.70 | 0.70 | 0.70 | 0.65 | 0.65 | 0.60 | 0.55 | 0.55 | 0.55 |
| 8 | 8 | −0.20 | 0.05 | 0.15 | 0.20 | 0.25 | 0.30 | 0.30 | 0.35 | 0.35 | 0.35 | 0.45 | 0.45 | 0.45 | 0.45 |
| | 7 | 0.00 | 0.20 | 0.30 | 0.35 | 0.35 | 0.40 | 0.40 | 0.40 | 0.40 | 0.45 | 0.45 | 0.50 | 0.50 | 0.50 |
| | 6 | 0.15 | 0.30 | 0.35 | 0.40 | 0.40 | 0.45 | 0.45 | 0.45 | 0.45 | 0.45 | 0.50 | 0.50 | 0.50 | 0.50 |
| | 5 | 0.30 | 0.45 | 0.40 | 0.45 | 0.45 | 0.45 | 0.45 | 0.45 | 0.45 | 0.45 | 0.50 | 0.50 | 0.50 | 0.50 |
| | 4 | 0.40 | 0.45 | 0.45 | 0.45 | 0.45 | 0.45 | 0.45 | 0.50 | 0.50 | 0.50 | 0.50 | 0.50 | 0.50 | 0.50 |
| | 3 | 0.60 | 0.50 | 0.50 | 0.50 | 0.50 | 0.50 | 0.50 | 0.50 | 0.50 | 0.50 | 0.50 | 0.50 | 0.50 | 0.50 |
| | 2 | 0.85 | 0.65 | 0.60 | 0.55 | 0.55 | 0.55 | 0.50 | 0.50 | 0.50 | 0.50 | 0.50 | 0.50 | 0.50 | 0.50 |
| | 1 | 1.30 | 1.00 | 0.90 | 0.80 | 0.75 | 0.70 | 0.70 | 0.70 | 0.65 | 0.65 | 0.60 | 0.55 | 0.55 | 0.55 |

续表

| 层数 | $j$ | $\overline{K}$ | | | | | | | | | | | | | |
|---|---|---|---|---|---|---|---|---|---|---|---|---|---|---|---|
| | | 0.1 | 0.2 | 0.3 | 0.4 | 0.5 | 0.6 | 0.7 | 0.8 | 0.9 | 1.0 | 2.0 | 3.0 | 4.0 | 5.0 |
| 9 | 9 | −0.25 | 0.00 | 0.15 | 0.20 | 0.25 | 0.30 | 0.30 | 0.35 | 0.35 | 0.40 | 0.45 | 0.45 | 0.45 | 0.45 |
| | 8 | 0.00 | 0.20 | 0.30 | 0.35 | 0.35 | 0.40 | 0.40 | 0.40 | 0.40 | 0.45 | 0.45 | 0.50 | 0.50 | 0.50 |
| | 7 | 0.15 | 0.30 | 0.35 | 0.40 | 0.40 | 0.45 | 0.45 | 0.45 | 0.45 | 0.45 | 0.50 | 0.50 | 0.50 | 0.50 |
| | 6 | 0.25 | 0.35 | 0.40 | 0.40 | 0.45 | 0.45 | 0.45 | 0.45 | 0.45 | 0.50 | 0.50 | 0.50 | 0.50 | 0.50 |
| | 5 | 0.35 | 0.40 | 0.45 | 0.45 | 0.45 | 0.45 | 0.45 | 0.45 | 0.50 | 0.50 | 0.50 | 0.50 | 0.50 | 0.50 |
| | 4 | 0.45 | 0.45 | 0.45 | 0.45 | 0.45 | 0.50 | 0.50 | 0.50 | 0.50 | 0.50 | 0.50 | 0.50 | 0.50 | 0.50 |
| | 3 | 0.60 | 0.50 | 0.50 | 0.50 | 0.50 | 0.50 | 0.50 | 0.50 | 0.50 | 0.50 | 0.50 | 0.50 | 0.50 | 0.50 |
| | 2 | 0.85 | 0.65 | 0.60 | 0.55 | 0.55 | 0.55 | 0.55 | 0.50 | 0.50 | 0.50 | 0.50 | 0.50 | 0.50 | 0.50 |
| | 1 | 1.35 | 1.00 | 0.90 | 0.80 | 0.75 | 0.75 | 0.70 | 0.70 | 0.65 | 0.65 | 0.60 | 0.55 | 0.55 | 0.55 |
| 10 | 10 | −0.25 | 0.00 | 0.15 | 0.20 | 0.25 | 0.30 | 0.30 | 0.35 | 0.35 | 0.40 | 0.45 | 0.45 | 0.45 | 0.45 |
| | 9 | −0.05 | 0.20 | 0.30 | 0.35 | 0.35 | 0.40 | 0.40 | 0.40 | 0.40 | 0.45 | 0.45 | 0.50 | 0.50 | 0.50 |
| | 8 | 0.10 | 0.30 | 0.35 | 0.40 | 0.40 | 0.40 | 0.45 | 0.45 | 0.45 | 0.45 | 0.50 | 0.50 | 0.50 | 0.50 |
| | 7 | 0.20 | 0.35 | 0.40 | 0.40 | 0.45 | 0.45 | 0.45 | 0.45 | 0.45 | 0.50 | 0.50 | 0.50 | 0.50 | 0.50 |
| | 6 | 0.30 | 0.40 | 0.40 | 0.45 | 0.45 | 0.45 | 0.45 | 0.45 | 0.45 | 0.50 | 0.50 | 0.50 | 0.50 | 0.50 |
| | 5 | 0.40 | 0.45 | 0.45 | 0.45 | 0.45 | 0.45 | 0.45 | 0.50 | 0.50 | 0.50 | 0.50 | 0.50 | 0.50 | 0.50 |
| | 4 | 0.50 | 0.45 | 0.45 | 0.45 | 0.50 | 0.50 | 0.50 | 0.50 | 0.50 | 0.50 | 0.50 | 0.50 | 0.50 | 0.50 |
| | 3 | 0.60 | 0.55 | 0.50 | 0.50 | 0.50 | 0.50 | 0.50 | 0.50 | 0.50 | 0.50 | 0.50 | 0.50 | 0.50 | 0.50 |
| | 2 | 0.85 | 0.65 | 0.60 | 0.55 | 0.55 | 0.55 | 0.55 | 0.50 | 0.50 | 0.50 | 0.50 | 0.50 | 0.50 | 0.50 |
| | 1 | 1.35 | 1.00 | 0.90 | 0.80 | 0.75 | 0.75 | 0.70 | 0.70 | 0.65 | 0.65 | 0.60 | 0.55 | 0.55 | 0.55 |
| 11 | 11 | −0.25 | 0.00 | 0.15 | 0.20 | 0.25 | 0.30 | 0.30 | 0.30 | 0.35 | 0.35 | 0.45 | 0.45 | 0.45 | 0.45 |
| | 10 | −0.05 | 0.20 | 0.25 | 0.30 | 0.35 | 0.40 | 0.40 | 0.40 | 0.40 | 0.45 | 0.45 | 0.50 | 0.50 | 0.50 |
| | 9 | 0.10 | 0.30 | 0.35 | 0.40 | 0.40 | 0.40 | 0.45 | 0.45 | 0.45 | 0.45 | 0.50 | 0.50 | 0.50 | 0.50 |
| | 8 | 0.20 | 0.35 | 0.40 | 0.40 | 0.45 | 0.45 | 0.45 | 0.45 | 0.45 | 0.50 | 0.50 | 0.50 | 0.50 | 0.50 |
| | 7 | 0.25 | 0.40 | 0.40 | 0.45 | 0.45 | 0.45 | 0.45 | 0.45 | 0.45 | 0.50 | 0.50 | 0.50 | 0.50 | 0.50 |
| | 6 | 0.35 | 0.40 | 0.45 | 0.45 | 0.45 | 0.45 | 0.45 | 0.50 | 0.50 | 0.50 | 0.50 | 0.50 | 0.50 | 0.50 |
| | 5 | 0.40 | 0.45 | 0.45 | 0.45 | 0.45 | 0.50 | 0.50 | 0.50 | 0.50 | 0.50 | 0.50 | 0.50 | 0.50 | 0.50 |
| | 4 | 0.50 | 0.50 | 0.50 | 0.50 | 0.50 | 0.50 | 0.50 | 0.50 | 0.50 | 0.50 | 0.50 | 0.50 | 0.50 | 0.50 |
| | 3 | 0.65 | 0.55 | 0.50 | 0.50 | 0.50 | 0.50 | 0.50 | 0.50 | 0.50 | 0.50 | 0.50 | 0.50 | 0.50 | 0.50 |
| | 2 | 0.85 | 0.65 | 0.60 | 0.55 | 0.55 | 0.55 | 0.55 | 0.50 | 0.50 | 0.50 | 0.50 | 0.50 | 0.50 | 0.50 |
| | 1 | 1.35 | 1.05 | 0.90 | 0.80 | 0.75 | 0.75 | 0.70 | 0.70 | 0.65 | 0.65 | 0.60 | 0.55 | 0.55 | 0.55 |
| 12以上 | 自上1 | −0.30 | 0.00 | 0.15 | 0.20 | 0.25 | 0.30 | 0.30 | 0.30 | 0.35 | 0.35 | 0.40 | 0.45 | 0.45 | 0.45 |
| | 2 | −0.10 | 0.20 | 0.25 | 0.30 | 0.35 | 0.40 | 0.40 | 0.40 | 0.40 | 0.40 | 0.45 | 0.45 | 0.45 | 0.50 |
| | 3 | 0.05 | 0.25 | 0.35 | 0.40 | 0.40 | 0.40 | 0.45 | 0.45 | 0.45 | 0.45 | 0.50 | 0.50 | 0.50 | 0.50 |
| | 4 | 0.15 | 0.30 | 0.40 | 0.40 | 0.45 | 0.45 | 0.45 | 0.45 | 0.45 | 0.45 | 0.50 | 0.50 | 0.50 | 0.50 |
| | 5 | 0.25 | 0.35 | 0.50 | 0.45 | 0.45 | 0.45 | 0.45 | 0.45 | 0.45 | 0.45 | 0.50 | 0.50 | 0.50 | 0.50 |
| | 6 | 0.30 | 0.40 | 0.50 | 0.45 | 0.45 | 0.45 | 0.45 | 0.50 | 0.50 | 0.50 | 0.50 | 0.50 | 0.50 | 0.50 |
| | 7 | 0.35 | 0.40 | 0.55 | 0.45 | 0.45 | 0.45 | 0.50 | 0.50 | 0.50 | 0.50 | 0.50 | 0.50 | 0.50 | 0.50 |
| | 8 | 0.35 | 0.45 | 0.55 | 0.45 | 0.50 | 0.50 | 0.50 | 0.50 | 0.50 | 0.50 | 0.50 | 0.50 | 0.50 | 0.50 |
| | 中间 | 0.45 | 0.45 | 0.55 | 0.45 | 0.50 | 0.50 | 0.50 | 0.50 | 0.50 | 0.50 | 0.50 | 0.50 | 0.50 | 0.50 |
| | 4 | 0.55 | 0.50 | 0.50 | 0.50 | 0.50 | 0.50 | 0.50 | 0.50 | 0.50 | 0.50 | 0.50 | 0.50 | 0.50 | 0.50 |
| | 3 | 0.65 | 0.55 | 0.50 | 0.50 | 0.50 | 0.50 | 0.50 | 0.50 | 0.50 | 0.50 | 0.50 | 0.50 | 0.50 | 0.50 |
| | 2 | 0.70 | 0.70 | 0.60 | 0.55 | 0.55 | 0.55 | 0.55 | 0.50 | 0.50 | 0.50 | 0.50 | 0.50 | 0.50 | 0.50 |
| | 自下1 | 1.35 | 1.05 | 0.90 | 0.80 | 0.75 | 0.70 | 0.70 | 0.70 | 0.65 | 0.65 | 0.60 | 0.55 | 0.55 | 0.55 |

表 5-4  上下层梁相对线刚度变化修正系数 $y_1$

| $\alpha_1$ | $\overline{K}$ | | | | | | | | | | | | | |
|---|---|---|---|---|---|---|---|---|---|---|---|---|---|---|
| | 0.1 | 0.2 | 0.3 | 0.4 | 0.5 | 0.6 | 0.7 | 0.8 | 0.9 | 1.0 | 2.0 | 3.0 | 4.0 | 5.0 |
| 0.4 | 0.55 | 0.40 | 0.30 | 0.25 | 0.20 | 0.20 | 0.20 | 0.15 | 0.15 | 0.15 | 0.05 | 0.05 | 0.05 | 0.05 |
| 0.5 | 0.45 | 0.30 | 0.20 | 0.20 | 0.15 | 0.15 | 0.15 | 0.10 | 0.10 | 0.10 | 0.05 | 0.05 | 0.05 | 0.05 |
| 0.6 | 0.30 | 0.20 | 0.15 | 0.15 | 0.10 | 0.10 | 0.10 | 0.05 | 0.05 | 0.05 | 0.05 | 0.00 | 0.00 | 0.00 |
| 0.7 | 0.20 | 0.15 | 0.10 | 0.10 | 0.10 | 0.10 | 0.05 | 0.05 | 0.05 | 0.05 | 0.00 | 0.00 | 0.00 | 0.00 |
| 0.8 | 0.15 | 0.10 | 0.05 | 0.05 | 0.05 | 0.05 | 0.05 | 0.05 | 0.00 | 0.00 | 0.00 | 0.00 | 0.00 | 0.00 |
| 0.9 | 0.05 | 0.05 | 0.05 | 0.05 | 0.00 | 0.00 | 0.00 | 0.00 | 0.00 | 0.00 | 0.00 | 0.00 | 0.00 | 0.00 |

注：当 $i_1+i_2<i_3+i_4$ 时，令 $\alpha_1=(i_1+i_2)/(i_3+i_4)$；当 $i_3+i_4<i_1+i_2$ 时，令 $\alpha_1=(i_3+i_4)/(i_1+i_2)$；对于底层柱不考虑 $\alpha_1$ 值，所以不做此项修正。

表 5-5  上下层层高变化修正系数 $y_2$ 和 $y_3$

| $\alpha_2$ | $\alpha_3$ | $\overline{K}$ | | | | | | | | | | | | | |
|---|---|---|---|---|---|---|---|---|---|---|---|---|---|---|---|
| | | 0.1 | 0.2 | 0.3 | 0.4 | 0.5 | 0.6 | 0.7 | 0.8 | 0.9 | 1.0 | 2.0 | 3.0 | 4.0 | 5.0 |
| 2.0 | | 0.25 | 0.15 | 0.15 | 0.10 | 0.10 | 0.10 | 0.10 | 0.10 | 0.05 | 0.05 | 0.05 | 0.05 | 0.0 | 0.0 |
| 1.8 | | 0.20 | 0.15 | 0.10 | 0.10 | 0.10 | 0.05 | 0.05 | 0.05 | 0.05 | 0.05 | 0.05 | 0.0 | 0.0 | 0.0 |
| 1.6 | 0.4 | 0.15 | 0.10 | 0.10 | 0.05 | 0.05 | 0.05 | 0.05 | 0.05 | 0.05 | 0.05 | 0.0 | 0.0 | 0.0 | 0.0 |
| 1.4 | 0.6 | 0.10 | 0.05 | 0.05 | 0.05 | 0.05 | 0.05 | 0.05 | 0.05 | 0.05 | 0.0 | 0.0 | 0.0 | 0.0 | 0.0 |
| 1.2 | 0.8 | 0.05 | 0.05 | 0.05 | 0.0 | 0.0 | 0.0 | 0.0 | 0.0 | 0.0 | 0.0 | 0.0 | 0.0 | 0.0 | 0.0 |
| 1.0 | 1.0 | 0.0 | 0.0 | 0.0 | 0.0 | 0.0 | 0.0 | 0.0 | 0.0 | 0.0 | 0.0 | 0.0 | 0.0 | 0.0 | 0.0 |
| 0.8 | 1.2 | −0.05 | −0.05 | −0.05 | 0.0 | 0.0 | 0.0 | 0.0 | 0.0 | 0.0 | 0.0 | 0.0 | 0.0 | 0.0 | 0.0 |
| 0.6 | 1.4 | −0.10 | −0.05 | −0.05 | −0.05 | −0.05 | −0.05 | −0.05 | −0.05 | −0.05 | 0.0 | 0.0 | 0.0 | 0.0 | 0.0 |
| 0.4 | 1.6 | −0.15 | −0.10 | −0.10 | −0.05 | −0.05 | −0.05 | −0.05 | −0.05 | −0.05 | −0.05 | 0.0 | 0.0 | 0.0 | 0.0 |
| | 1.8 | −0.20 | −0.15 | −0.10 | −0.10 | −0.10 | −0.05 | −0.05 | −0.05 | −0.05 | −0.05 | −0.05 | 0.0 | 0.0 | 0.0 |
| | 2.0 | −0.25 | −0.15 | −0.15 | −0.10 | −0.10 | −0.10 | −0.10 | −0.10 | −0.05 | −0.05 | −0.05 | −0.05 | 0.0 | 0.0 |

注：$\alpha_2=h_上/h$，$y_2$ 按 $\alpha_2$ 查表求得，上层较高时为正值。但对于最上层，不考虑 $y_2$ 修正值。$\alpha_3=h_下/h$，$y_3$ 按 $\alpha_3$ 查表求得，对于最下层，不考虑 $y_3$ 修正值。

3. $D$ 值法计算步骤

(1) 计算各梁、柱的线刚度。

(2) 按式(5-4)计算各柱的侧向刚度 $D_{ij}$。

(3) 根据式(5-2)计算各柱的剪力 $V_{ij}$。

(4) 按式(5-5)计算柱反弯点高度系数 $y$。

(5) 根据式(5-6a)计算柱下端弯矩，根据式(5-6b)计算柱上端弯矩。

$$M_{ij}^b=V_{ij}yh \tag{5-6a}$$

$$M_{ij}^u=V_{ij}(1-y)h \tag{5-6b}$$

(6) 根据节点平衡条件计算梁端弯矩，并根据梁线刚度进行分配。

(7) 根据隔离体平衡条件计算梁端剪力、柱轴力，画出所有内力图。

## 5.4.4 框架结构侧移的近似计算及控制

水平荷载作用下框架结构的侧移如图 5.10 所示，它可以看作是由梁、柱弯曲变形引起的侧移和由柱轴向变形引起的侧移的叠加。前者是由水平荷载产生的层间剪力引起的，后者主要是由水平荷载产生的倾覆力矩引起的。

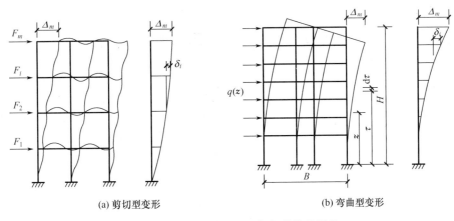

(a) 剪切型变形        (b) 弯曲型变形

**图 5.10    水平荷载作用下框架结构的侧移**

1. 梁、柱弯曲变形引起的侧移——剪切型变形

层间剪力使框架层间梁、柱产生弯曲变形并引起侧移，属剪切型变形，如图 5.10(a) 所示。这种侧移曲线凹向结构的竖轴，层间相对侧移下大上小，与等截面剪切悬臂柱的剪切变形曲线相似，故这种变形称为框架结构的总体剪切变形。由于剪切型变形主要表现为层间构件的错动，楼盖仅产生平移，所以可用下述近似方法计算其侧移。

设 $V_i$ 为第 $i$ 层的层间剪力，则框架第 $i$ 层的层间侧移为 $\delta_i = \dfrac{V_i}{\sum\limits_{j=1}^{n} D_{ij}}$ ，各楼层高度处

水平位移为 $\Delta_i = \sum\limits_{i=1}^{i} \delta_i$ ，顶层（共 $m$ 层）位移为 $\Delta_m = \sum\limits_{i=1}^{m} \delta_i$ 。

2. 柱轴向变形引起的侧移——弯曲型变形

倾覆力矩使框架结构一侧的柱产生轴向拉力并伸长，另一侧的柱产生轴向压力并缩短，从而引起侧移，属弯曲型变形，如图 5.10(b) 所示。这种侧移曲线凸向结构的竖轴，其层间相对侧移下小上大，与等截面悬臂柱的弯曲变形曲线相似，故这种变形称为框架结构的总体弯曲变形。

3. 框架结构的位移控制

框架结构构件的截面尺寸较小，结构的抗侧刚度较小，水平位移大，在地震作用下容易由于大变形而引起非结构构件的破坏。框架结构往往是位移限制条件起控制作用。《高

规》规定，正常使用条件下，应采用弹性方法计算风荷载、多遇地震标准值作用下的结构水平位移，满足层间位移角限制。钢筋混凝土框架结构的层间角位移限值 $[\Delta_u/h]$ 为 1/550，其中 $\Delta_u$ 为楼层层间最大位移（不扣除整体弯曲变形），$h$ 为层高。如不能满足，则需要通过增大构件截面尺寸或提高混凝土强度等级等方法来提高结构刚度。框架结构在 25 层以下是经济的，超过 25 层的框架其侧向刚度相对较小，需要通过增大构件截面尺寸或采用其他方法来对水平位移进行控制，但是这些措施都是不经济的。

# 5.5 框架结构内力组合

框架结构在各种荷载作用下的荷载效应（内力、位移等）确定之后，必须进行荷载效应组合，才能求得框架梁、柱各控制截面的最不利内力，以进行截面承载力设计。

一般来说，对于构件某个截面的某种内力，并不一定是所有荷载同时作用时其内力最为不利，而是在某些荷载作用下产生最不利内力。因此，必须对构件的控制截面进行最不利内力组合，内力组合前尚应根据具体情况进行内力调整。

## 5.5.1 内力调整

为了避免框架梁支座处的负弯矩钢筋过分拥挤影响施工质量，以及在抗震结构中形成梁铰破坏机制提高结构的延性，可以考虑框架梁端的塑性内力重分布，对竖向荷载（恒荷载和活荷载）作用下梁端负弯矩进行调幅。根据支座转角变形大小，对现浇框架梁，梁端负弯矩调幅系数可取 0.8～0.9；对装配整体式框架梁，由于梁柱节点处钢筋焊接、锚固、接缝不密实等原因，受力后节点各杆件产生相对角变形较大，故其梁端负弯矩调幅系数可取 0.7～0.8。

框架梁端截面负弯矩调幅后，梁跨中截面弯矩应按平衡条件相应增大，也可简化为将跨中弯矩乘以 1.1～1.2 的增大系数。调幅后，应保证框架梁跨中截面正弯矩设计值不应小于竖向荷载作用下按简支梁计算的跨中截面弯矩设计值的 50%。注意，应先对竖向荷载作用下的框架梁弯矩进行调幅，再与水平荷载产生的框架梁弯矩进行组合。

## 5.5.2 框架结构控制截面及最不利内力

构件内力一般沿其长度变化。为了便于施工，构件配筋通常与内力变化不完全一致，而是分段配筋。设计时可根据内力图的变化特点，选取内力较大或截面尺寸改变处的截面作为控制截面，并按控制截面内力进行配筋计算。

框架梁的控制截面通常是梁两端支座处和跨中这三个截面。竖向荷载作用下梁支座截面是最大负弯矩 $-M_{max}$ 和最大剪力 $|V|_{max}$ 作用的截面，水平荷载作用下梁支座截面还可能出现较大正弯矩。因此，梁支座截面处的最不利内力有最大负弯矩、最大正弯矩和最大剪力；跨中截面的最不利内力一般是最大正弯矩。

框架柱的弯矩在柱的两端最大，剪力和轴力在同一层柱内通常无变化或变化很小。因此，柱的控制截面为柱上、下端截面。柱属于偏心受力构件，随着截面上所作用的弯矩和轴力的不同组合，构件可能产生不同形态的破坏，故组合的不利内力类型有若干组。此外，同一柱端截面在不同内力组合时可能出现正弯矩或负弯矩，但框架柱一般采用对称配筋，所以只需选择绝对值最大的弯矩即可。因此，框架柱控制截面最不利内力组合一般有以下几种。

(1) $|M|_{max}$ 及相应的 $N$ 和 $V$。

(2) $N_{max}$ 及相应的 $M$ 和 $V$。

(3) $N_{min}$ 及相应的 $M$ 和 $V$。

(4) $|M|$ 比较大但 $N$ 比较小或比较大。

(5) $|V|_{max}$ 及相应的 $N$。

前四种内力组合用来计算柱正截面受压（受拉）承载力，以确定纵向受力钢筋数量；第五种内力组合用来计算斜截面受剪承载力，以确定箍筋数量。需要注意的是，由结构分析所得的内力是构件轴线处的内力值，而梁支座截面的最不利位置是柱边缘处，如图 5.11 所示。此外，不同荷载作用下构件内力的变化规律也不同。因此，内力组合前应将各种荷载作用下柱轴线处梁的弯矩值换算为柱边缘处的弯矩值，然后进行内力组合。

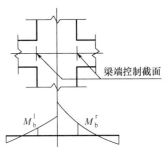

梁端控制截面

$M_b^l$     $M_b^r$

**图 5.11 梁端的控制截面**

## 5.5.3 活荷载的不利布置

永久荷载是长期作用于结构上的竖向荷载，结构内力分析时应计算其作用于结构上的效应。

楼面活荷载并非始终作用，作用的位置也不确定。一般来说，结构构件的不同截面或同一截面不同种类的最不利内力，对应不同的活荷载最不利布置。因此，活荷载的最不利布置需要根据截面位置及最不利内力种类分别确定。设计中，一般按下述方法确定框架结构楼面活荷载的最不利布置。

### 1. 分层分跨组合法

这种方法是将楼面活荷载逐层逐跨单独作用在框架结构上，分别计算出结构的内力，然后对结构上各控制截面上的不同内力，按照不利与可能的原则进行挑选与叠加，从而得到控制截面的最不利内力。这种方法的计算工作量很大，适用于计算机求解。

### 2. 最不利荷载布置法

对某一指定截面的某种最不利内力，可直接根据影响线原理确定产生此最不利内力的荷载位置，然后计算结构内力。图 5.12 表示无侧移的多层多跨框架某跨有活荷载时各杆的变形曲线示意，其中圆点表示受拉纤维的一边。

由图 5.12 的规律可以看出，如果要求某跨跨中产生最大正弯矩，则应在该跨布置活荷载，然后沿横向隔跨布置、沿竖向隔层隔跨布置、邻层邻跨隔跨布置活荷载，如图 5.13(a) 所示；如果要求某跨某支座一端产生最大负弯矩，如求 $BC$ 跨梁 $B_2C_2$ 的左端 $B_2$ 处的最大负弯矩（绝对值），则可按图 5.13(b) 布置活荷载。

图 5.12　框架杆件的变形曲线

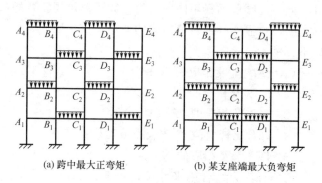

(a) 跨中最大正弯矩　　　　(b) 某支座端最大负弯矩

图 5.13　活荷载最不利布置示意

3. 满布荷载法

目前，国内框架结构与框架-剪力墙结构由恒荷载和楼面活荷载引起的单位面积重力荷载为 $12\sim14\mathrm{kN/m^2}$，剪力墙和筒体结构为 $13\sim16\mathrm{kN/m^2}$，其中活荷载部分为 $2\sim3.5\mathrm{kN/m^2}$，只占全部重力荷载的 $15\%\sim25\%$，活荷载不利布置的影响较小。为了减小手算的工作量，可以不考虑楼面活荷载不利布置的影响，按活荷载满布于各层各跨梁来计算内力。再将这样求得的梁跨中截面正弯矩及支座截面负弯矩均乘以 $1.1\sim1.3$ 的放大系数，活荷载大时可选用较大的系数。但是，当楼面活荷载大于 $4\mathrm{kN/m^2}$ 时，则应考虑楼面活荷载不利布置引起的梁弯矩的增大。活荷载较大的图书馆书库、档案室等，仍应考虑活荷载的不利布置。

# 5.6　构 件 设 计

## 5.6.1　延性框架的要求

第 3 章中已经提及，在强地震作用下，要求结构处于弹性状态既不现实也没有必要，同时还不经济。通常的做法是在中等烈度的地震作用下允许结构某些杆件屈服，出现塑性铰，使结构刚度降低，从而加大其塑性变形的能力。当塑性铰达到一定数量时，结构会出现"屈服"现象，即承受的地震作用力不再增加或增加很少，而结构变形迅速增加。如果结构能维持承载能力而又具有较大的塑性变形能力，这类结构就称为延性结构。

地震区的钢筋混凝土框架结构宜设计成延性结构，这种结构经过中等烈度的地震作用后，加以修复仍可重新使用，在强地震下也不至于倒塌。大量震害调查和试验证明，经过合理设计，可以使钢筋混凝土框架结构具有较大的塑性变形能力和良好的延性，符合三水准抗震设防目标。

在框架中，塑性铰可能出现在梁上，也可能出现在柱上，因此，梁、柱构件都应有良好的延性。构件延性用构件的变形或塑性铰转动能力来衡量。

通过试验和理论分析，可得到关于结构延性的一些结论。

（1）要保证框架结构有一定的延性，就必须保证梁、柱等构件具有足够的延性。钢筋混凝土构件的剪切破坏是脆性的，或者延性很小，因此，构件不能过早发生剪切破坏，也就是说弯曲（或压弯）破坏优于剪切破坏。

（2）在框架结构中，塑性铰出现在梁上较为有利。如图 5.14(a) 所示，在梁端出现的塑性铰数量可以较多而结构不致形成破坏机构。每一个塑性铰都能吸收和耗散一部分地震能量，因此，对每一个塑性铰的变形要求可以相对较低，比较容易实现。此外，梁是受弯构件，而受弯构件都具有较好的延性。当塑性铰集中出现在梁端，而除柱脚外的柱端不出现塑性铰时，称为梁铰机制。前述对梁端弯矩调幅即为让框架结构形成梁铰的措施。

（3）如果塑性铰出现在柱中，则很容易形成破坏机构。如图 5.14(b) 所示，当在同一层柱的上、下端都出现塑性铰时，称为柱铰机制，该层结构变形将迅速加大，成为不稳定结构而倒塌，在抗震结构中应避免出现这种被称为软弱层的情况。柱是压弯构件，承受很大的轴力，这种受力状态决定了柱的延性较小；而且作为结构的主要承重部分，柱破坏将引起严重后果，不易修复甚至引起结构倒塌。因此，框架柱中出现较多塑性铰是不利的。

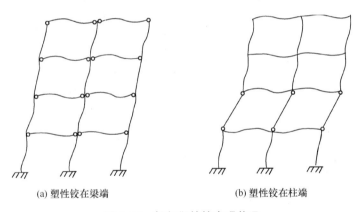

(a) 塑性铰在梁端　　　　　　　　　　(b) 塑性铰在柱端

图 5.14　框架塑性铰出现状况

（4）要设计延性框架，除了梁、柱构件必须具有延性外，还必须保证各构件的连接部分，即节点区不出现脆性剪切破坏，同时还要保证支座连接和锚固不发生破坏。

综上所述，要设计延性框架结构，必须合理设计各个构件，控制塑性铰出现部位，防止构件过早剪坏，使构件具有一定延性。同时也要合理设计节点区及各部分的连接和锚固，防止节点连接的脆性破坏。在抗震措施上可归纳为以下几个要点。

① 强柱弱梁。要控制梁、柱的相对强度，使塑性铰首先在梁端出现，尽量避免或减少柱中的塑性铰。

② 强剪弱弯。对于梁、柱构件，要保证构件出现塑性铰而不过早剪坏，因此，要使构件的抗剪承载力大于塑性铰的抗弯承载力，为此要提高构件的抗剪承载力。

③ 强节点、强锚固。要保证节点核心区和钢筋锚固不过早破坏，不在梁、柱塑性铰充分发挥作用前破坏。此外，为提高柱的延性，应控制柱的轴压比，并加强柱箍筋对混凝土的约束作用。为了提高结构体系的抗震性能，应对结构中的薄弱部位及受力不利部位如

柱根部、角柱、框支柱、错层柱等加强抗震措施。

## 5.6.2 框架梁

**1. 框架梁的延性**

在强柱弱梁结构中,主要由框架梁的延性来提供框架结构的延性,因此,要求设计具有良好延性的框架梁。影响框架梁延性及其耗能能力的因素很多,主要有以下几方面。

(1)纵筋配筋率。

图 5.15 所示为一组钢筋混凝土单筋矩形截面的 $M$-$\phi$(弯矩-曲率)关系曲线。在配筋率相对较高的情况下,弯矩达到峰值后,$M$-$\phi$ 关系曲线很快下降,配筋率越高,下降段越陡,说明截面的延性越差;在配筋率相对较低的情况下,$M$-$\phi$ 关系曲线能保持相当长的水平段,然后才缓慢下降,说明截面的延性好。因为截面的曲率与截面的相对受压区高度成比例,因此受弯构件截面的变形能力也可以用截面达到极限状态时的相对受压区高度 $\dfrac{x}{h_0}$ 来表达。由矩形截面受弯极限状态平衡条件可以得到

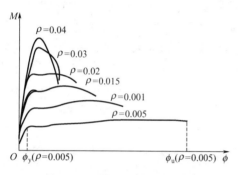

**图 5.15 一组钢筋混凝土单筋矩形截面的 $M$-$\phi$ 关系曲线**

$$\xi = x/h_0 = (\rho_s - \rho_s')f_y/\alpha_1 f_c \qquad (5-7)$$

式中:$\xi$——相对受压区高度;

$\alpha_1$——系数(当混凝土强度等级不超过 C50 时,$\alpha_1$ 取为 1.0;当混凝土强度等级为 C80 时,$\alpha_1$ 取为 0.94;其间按线性内插法确定);

$\rho_s$——受拉钢筋配筋率,受拉钢筋面积为 $A_s$;

$\rho_s'$——受压钢筋配筋率,受压钢筋面积为 $A_s'$;

$f_y$、$f_c$——钢筋抗拉强度设计值及混凝土轴心抗压强度设计值。

由式(5-7)可见,在适筋梁的范围内,受弯构件截面的变形能力,即截面的延性性能随受拉钢筋配筋率的提高而降低,随受压钢筋配筋率的提高而提高,随混凝土强度的提高而提高,随钢筋屈服强度的提高而降低。试验表明,当 $\xi$ 在 0.20~0.35 时,梁的延性较好。如果加大截面受压区宽度(如采用 T 形截面梁),也能使梁的延性得到改善。

(2)剪压比。

剪压比即为梁截面上的"名义剪应力" $\dfrac{V}{bh_0}$ 与混凝土轴心抗压强度设计值 $f_c$ 的比值。试验表明,梁塑性铰区的截面剪压比对梁的延性、耗能能力及保持梁的强度、刚度有明显影响。当剪压比大于 0.15 时,梁的强度和刚度即有明显的退化现象,剪压比越高则退化越快,混凝土破坏越早,此时增加箍筋用量已不能发挥作用。因此,必须限制截面剪压比,实质上也就是限制截面尺寸不能过小。

(3)跨高比。

梁的跨高比（即梁净跨与梁截面高度之比）对梁的抗震性能有明显影响。随着跨高比的减小，剪力的影响加大，剪切变形占全部位移的比重亦加大。试验结果表明，当梁的跨高比小于 2 时，极易发生以斜裂缝为特征的破坏形态。一旦主斜裂缝形成，梁的承载力会急剧下降，从而呈现出极差的延性性能。一般认为，梁净跨不宜小于截面高度的 4 倍，当梁的跨度较小，而梁的设计剪力较大时，宜首先考虑加大梁的宽度，这样虽会增加梁的纵筋用量，但对保证梁的延性来说，增加梁宽较增加梁高更为有利。

（4）塑性铰区的箍筋用量。

在塑性铰区配置足够的封闭式箍筋，对提高塑性铰的转运能力十分有效。配置足够的箍筋，可以防止梁中受压纵筋过早压曲，可以提高塑性铰区内混凝土的极限压应变，并可抑制斜裂缝的开展，这些都有利于充分发挥梁塑性铰的变形和耗能能力。工程设计中，在框架梁端塑性铰区，箍筋必须加密。

**2. 梁抗弯承载力计算**

确定梁控制截面的组合弯矩后，即可按一般钢筋混凝土结构构件的计算方法进行配筋计算。由抗弯承载力确定截面配筋，按下式计算。

无地震作用组合时

$$M_{\mathrm{b,max}} \leqslant (A_{\mathrm{s}} - A'_{\mathrm{s}}) f_{\mathrm{y}} (h_{\mathrm{b0}} - 0.5x) + A'_{\mathrm{s}} f_{\mathrm{y}} (h_{\mathrm{b0}} - a'_{\mathrm{s}}) \tag{5-8}$$

有地震作用组合时

$$M_{\mathrm{b,max}} \leqslant \frac{1}{\gamma_{\mathrm{RE}}} [(A_{\mathrm{s}} - A'_{\mathrm{s}}) f_{\mathrm{y}} (h_{\mathrm{b0}} - 0.5x) + A'_{\mathrm{s}} f_{\mathrm{y}} (h_{\mathrm{b0}} - a'_{\mathrm{s}})] \tag{5-9}$$

式中：$M_{\mathrm{b,max}}$——梁控制截面的最大弯矩，由内力组合得到；

　　　$h_{\mathrm{b0}}$——梁截面有效高度；

　　　$a'_{\mathrm{s}}$——受压钢筋中心至截面受压边缘的距离；

　　　$\gamma_{\mathrm{RE}}$——承载力抗震调整系数，取 0.75。

在地震作用下，框架梁的塑性铰出现在端部。为保证塑性铰的延性，应对梁端截面的名义受压区高度加以限制。延性要求越高，限制应越严。而且，端部截面必须配置受压钢筋形成双筋截面，具体要求如下。

一级抗震

$$x \leqslant 0.25 h_{\mathrm{b0}}, A'_{\mathrm{s}}/A_{\mathrm{s}} \geqslant 0.5 \tag{5-10a}$$

二、三级抗震

$$x \leqslant 0.35 h_{\mathrm{b0}}, A'_{\mathrm{s}}/A_{\mathrm{s}} \geqslant 0.3 \tag{5-10b}$$

在跨中截面和非抗震设计时，只要求不出现超筋破坏现象，即 $x \leqslant \xi_{\mathrm{b}} h_{\mathrm{b0}}$。同时，框架梁纵向受拉钢筋的配筋率均不宜大于 2.5%。

**3. 框架梁的抗剪计算**

四级抗震等级的框架梁和非抗震框架梁可直接取最不利组合的剪力计算值。为保证在出现塑性铰时梁不被剪坏，即实现强剪弱弯，一级、二级、三级抗震设计时，梁端部塑性铰区的设计剪力要根据梁的抗弯承载能力的大小决定。图 5.16 所示的梁的受力分析图中，当梁端为极限弯矩时，设计剪力应按下式计算。

$$V=\eta_{Vb}\frac{M_b^l+M_b^r}{l_n}+V_{Gb} \tag{5-11}$$

对于9度抗震设计结构和一级抗震框架结构尚应符合下列条件。

$$V=1.1\frac{M_{bua}^l+M_{bua}^r}{l_n}+V_{Gb} \tag{5-12}$$

式中：$M_b^l$、$M_b^r$——梁左、右端逆时针或顺时针方向截面组合的弯矩设计值，当抗震等级为一级且梁两端弯矩均为负弯矩时，绝对值较小一端的弯矩应取0；

$M_{bua}^l$、$M_{bua}^r$——梁左、右端逆时针或顺时针方向实配的正截面抗震受弯承载力，可根据实配钢筋面积（计入受压钢筋）和材料强度标准值，并考虑承载力抗震调整系数计算；

$\eta_{Vb}$——梁端剪力增大系数，一级、二级、三级分别取1.3、1.2和1.1；

$l_n$——梁的净跨；

$V_{Gb}$——考虑地震作用组合的重力荷载代表值（9度时高层建筑还应包括竖向地震作用标准值）作用下，按简支梁分析的梁端截面剪力设计值。

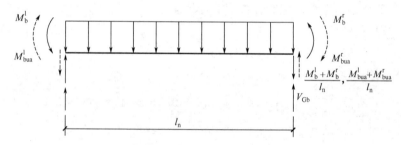

**图5.16 梁的受力分析图**

在塑性铰区范围外，梁的设计剪力取内力组合得到的计算剪力。上述式(5-11)及式(5-12)是实现强剪弱弯的一种设计手段。

（1）无地震组合时。

对于矩形、T形和工字形截面的一般框架梁，梁的受剪承载力计算公式同普通钢筋混凝土梁，即当为均布荷载作用时

$$V_b=0.7f_tb_bh_{b0}+f_{yv}\frac{A_{sv}}{s}h_{b0} \tag{5-13}$$

当为集中荷载（包括多种荷载，且其中集中荷载对支座截面产生的剪力值占总剪力值的75%以上）作用的独立梁时

$$V_b\leqslant\frac{1.75}{\lambda+1.0}f_tb_bh_{b0}+f_{yv}\frac{A_{sv}}{s}h_{b0} \tag{5-14}$$

（2）有地震作用组合时。

考虑到地震的反复作用将使梁的受剪承载力降低，其中主要是使混凝土剪压区的剪切强度降低，以及使斜裂缝间混凝土咬合力及纵向钢筋销栓力降低。因此，应在斜截面受剪承载力计算公式中将混凝土项取静载作用下受剪承载力的0.6倍，而箍筋项则不考虑反复荷载作用的降低。当为均布荷载作用时

$$V_b\leqslant\frac{1}{\gamma_{RE}}(0.42f_tb_bh_{b0}+f_{yv}\frac{A_{sv}}{s}h_{b0}) \tag{5-15}$$

当为集中荷载（包括多种荷载，且其中集中荷载对节点边缘产生的剪力值占总剪力的 75%以上）作用的独立梁时

$$V_b \leqslant \frac{1}{\gamma_{RE}} \left( \frac{1.05}{\lambda + 1.0} f_t b_b h_{b0} + f_{yv} \frac{A_{sv}}{s} h_{b0} \right) \tag{5-16}$$

式中：$V_b$——设计剪力；

$b_b$、$h_{b0}$——梁截面宽度与有效高度；

$f_t$、$f_{yv}$——混凝土抗拉设计强度与箍筋抗拉设计强度；

$s$——箍筋间距；

$A_{sv}$——在同一截面中箍筋的截面面积；

$\gamma_{RE}$——承载力抗震调整系数，取 0.85；

$\lambda$——剪跨比。

**4. 最小截面尺寸**

如果梁截面尺寸太小，则截面上剪应力将会很高，此时，仅用增加配箍的方法不能有效地限制斜裂缝过早出现及混凝土碎裂，因此，要校核截面最小尺寸，不满足时可加大尺寸或提高混凝土强度等级。

（1）无地震作用组合时。

框架梁截面形式有矩形、T 形和工字形等，梁受剪计算时一般仅考虑矩形部分，无地震作用组合时，梁的受剪截面限制条件如下。

$$V_b \leqslant 0.25 \beta_c f_c b_b h_{b0} \tag{5-17}$$

（2）有地震作用组合时。

考虑到地震反复作用的不利影响，其受剪截面应符合式（5-18）和式（5-19）的要求。

当梁跨高比大于 2.5 时

$$V \leqslant \frac{1}{\gamma_{RE}} (0.20 \beta_c f_c b_b h_0) \tag{5-18}$$

当梁跨高比不大于 2.5 时

$$V \leqslant \frac{1}{\gamma_{RE}} (0.15 \beta_c f_c b_b h_0) \tag{5-19}$$

式中：$\beta_c$——混凝土强度影响系数（当混凝土强度等级为 C50 以下时，取 $\beta_c = 1.0$；当混凝土强度等级为 C80 时，取 $\beta_c = 0.8$；当混凝土强度等级为 C55~C75 时，采用线性内插法确定）。

## 5.6.3　框架柱

**1. 柱的延性**

框架柱的破坏一般发生在柱的上下端。影响框架柱延性的主要因素有剪跨比、轴压比、箍筋配筋率、纵筋配筋率等。

（1）剪跨比。

剪跨比 $\lambda$ 是反映柱截面承受的弯矩与剪力之比的一个参数，表示如式（5-20）所示。

$$\lambda = \frac{M}{Vh_0} \tag{5-20}$$

式中：$h_0$——柱截面计算方向的有效高度。

试验表明，当 $\lambda \geq 2$ 时，为长柱，柱的破坏形态为压弯型，只要构造合理一般都能满足柱的斜截面受剪承载力大于其正截面偏心受压承载力的要求，并且有一定的变形能力。当 $1.5 \leq \lambda < 2$ 时，为短柱，柱将产生以剪切为主的破坏，当提高混凝土强度或配有足够的箍筋时，也可能出现具有一定延性的剪压破坏。当 $\lambda < 1.5$ 时，为极短柱，柱的破坏形态为脆性剪切破坏，抗震性能差，一般设计中应当尽量避免。如无法避免，则要采取特殊措施以保证其斜截面承载力。

对于一般的框架结构，柱内弯矩以地震作用产生的弯矩为主，可近似假定反弯点在柱高的中点，即假定 $M = V\frac{H_n}{2}$，则框架柱剪跨比的计算式如式(5-21)所示。

$$\lambda = \frac{H_n}{2h_0} \tag{5-21}$$

式中：$H_n$——柱净高。

$\frac{H_n}{h_0}$ 可理解为柱的长细比。按照以上分析，框架柱也可按下列条件分类：当 $\frac{H_n}{h_0} \geq 4$ 时，为长柱；当 $3 \leq \frac{H_n}{h_0} < 4$ 时，为短柱；当 $\frac{H_n}{h_0} < 3$ 时，为极短柱。

（2）轴压比。

轴压比 $\mu$ 是指柱截面考虑地震作用组合的轴向压力设计值 $N$ 与柱的全截面面积 $A_c$ 和混凝土轴心抗压强度设计值 $f_c$ 的乘积的比值，即柱的名义轴向压应力设计值与 $f_c$ 的比值。

$$\mu = \frac{N}{A_c f_c} \tag{5-22}$$

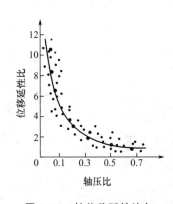

**图 5.17 柱位移延性比与轴压比的关系**

图 5.17 所示为柱位移延性比与轴压比关系的试验结果。由图 5.17 可见，柱的位移延性比随轴压比的增大而急剧下降。构件受压破坏特征与构件轴压比直接相关。当轴压比较小时，即柱的轴压力设计值较小，柱截面受压区高度较小，构件将发生受拉钢筋首先屈服的大偏心受压破坏，破坏时构件有较大变形；当轴压比较大时，柱截面受压区高度较大，属小偏心受压破坏，破坏时，受拉钢筋（或压应力较小侧的钢筋）并未屈服，构件变形较小。框架柱的轴压比限值与框架的抗震等级有关，抗震等级为一、二、三、四级的轴压比限值分别为 0.65、0.75、0.85、0.90。

（3）箍筋配筋率。

框架柱的破坏除因压弯强度不足引起的柱端水平裂缝外，较为常见的震害现象是由于箍筋配置不足或构造不合理而发生的柱身出现斜裂缝、柱端混凝土被压碎、节点斜裂或纵筋弹出等。理论分析和试验均表明，柱中箍筋对核心混凝土起着有效的约束作用，可显著提高受压区混凝土的极限应变，抑制柱身斜裂缝的开展，从而大大提高柱的延性。为此，在柱的各个部位合理地配置箍筋十分必要。例如，在柱端塑性铰区适当地加密箍筋，对提高柱的变形能力十分有利。

但试验结果也表明,加密箍筋对提高柱延性的作用随着轴压比的增大而减小。同时,箍筋形式对柱核心区混凝土的约束作用有明显影响。当配置复式箍筋或螺旋形箍筋时,柱的延性将比配置普通矩形箍筋时有所提高。在箍筋的间距和箍筋的直径相同时,箍筋对核心区混凝土的约束效应还取决于箍筋的无支撑长度,如图 5.18 所示。箍筋的无支承长度越小,箍筋受核心区混凝土的挤压而向外弯曲的程度越小,阻止核心区混凝土横向变形的作用越强,所以当箍筋的用量相同时,若减小箍筋直径,并增加附加箍筋,从而减小箍筋的无支撑长度,对提高柱的延性更为有利。

(4) 纵筋配筋率。

试验研究表明,柱截面在纵筋屈服后的转角变形能力主要受纵向受拉钢筋配筋率的影响,且大致随纵筋配筋率的增大而线性增大。为避免地震作用下柱过早进入屈服阶段,以及增大柱屈服时的变形能力,提高柱的延性和耗能能力,全部纵向钢筋的配筋率不应过小。

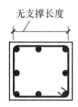 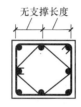 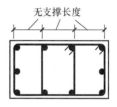

**图 5.18 箍筋的无支撑长度**

**2. 柱正截面承载力计算**

(1) 按"强柱弱梁"原则调整柱端弯矩设计值。

为保证在遭遇大的地震作用时框架结构的稳定,维持其承受垂直荷载的承载力,在抗震设计中应要求在每个梁柱节点处,塑性铰首先出现在梁中,在同一节点处柱的抗弯能力大于相应梁的抗弯能力,以保证在梁端发生破坏前柱端不会发生破坏,即满足"强柱弱梁"的要求。为此,《抗震规范》规定如下。

一、二、三、四级框架的梁柱节点处,除框架顶层和柱轴压比小于 0.15 者及框支梁与框支柱的节点外,柱端组合弯矩设计值应符合下列公式要求。

$$\sum M_c = \eta_c \sum M_b \qquad (5-23)$$

9 度和一级框架结构应符合

$$\sum M_c = 1.2 \sum M_{bua} \qquad (5-24)$$

式中:$\sum M_c$——节点上、下柱端截面顺时针或逆时针方向组合的弯矩设计值之和,上、下柱端的弯矩设计值,一般情况可按弹性分析分配;

$\quad\quad\sum M_b$——节点左、右梁端截面逆时针或顺时针方向组合的弯矩设计值之和,一级框架节点左、右梁端均为负弯矩时,绝对值较小的弯矩应取零;

$\quad\quad\sum M_{bua}$——节点左、右梁端截面逆时针或顺时针方向根据实际配筋面积(考虑受压筋)和材料强度标准值计算的抗震受弯极限承载力所对应的弯矩设计值之和;

$\eta_c$——框架柱端弯矩增大系数，一、二、三、四级分别取 1.7、1.5、1.3、1.2。

顶层柱及轴压比小于 0.15 的柱可直接取最不利内力组合的弯矩计算值作为弯矩设计值。当反弯点不在柱的层高范围内时，柱端截面的弯矩设计值可取最不利内力组合的柱端弯矩设计值乘以上述柱端弯矩增大系数。

由于框架底层柱柱底过早出现塑性铰将影响整个框架的变形能力，从而对框架造成不利影响。同时，随着框架梁塑性铰的出现，由于内力塑性重分布，使底层框架柱的反弯点位置具有较大的不确定性。因此，《抗震规范》规定，一、二、三、四级框架结构的底层，柱下端截面组合的弯矩计算值，应分别乘以增大系数 1.7、1.5、1.3 和 1.2。

在框架柱的抗震设计中，按照"强柱弱梁"条件，采用上述增大柱端弯矩设计值的规定，实质是为了降低框架柱屈服的可能性，赋予框架柱一个合理的防止过早屈服的能力。

（2）柱正截面承载力计算。

试验表明，在低周反复荷载作用下，框架柱的正截面承载力与一次加载的正截面承载力相近。因此《混凝土结构设计规范（2015 年版）》（GB 50010—2010，以下简称《混凝土规范》）规定：考虑地震作用组合的框架柱，其正截面抗震承载力应按不考虑地震作用的规定计算，但在承载力计算公式的右边，均应除以相应的正截面承载力调整系数 $\gamma_{RE}$。

$$N_c = \frac{1}{\gamma_{RE}} \alpha_1 f_c b_c x \tag{5-25}$$

$$N_c e \leqslant \frac{1}{\gamma_{RE}} [\alpha_1 f_c b_c x(h_{c0}-0.5x) + f'_y A'_s(h_{c0}-a'_s)] \tag{5-26}$$

公式的适用条件为

$$2a'_s \leqslant x \leqslant \xi_b h_0 \tag{5-27}$$

式中：$a'_s$——受压钢筋合力点到受压区边缘的距离；

$\xi_b$——界限相对受压区高度。

**3. 柱受剪承载力计算**

（1）剪压比的限制。

柱内平均剪应力与混凝土轴心抗压强度设计值之比，称为柱的剪压比。与梁一样，为了防止构件截面的剪压比过大，混凝土在箍筋屈服前过早发生剪切破坏，必须限制柱的剪压比，亦即限制柱的截面最小尺寸。《抗震规范》规定，框架柱端截面组合的剪力设计值应符合：剪跨比大于 2 的柱，按式（5-18）计算；剪跨比不大于 2 的柱及框支柱，按式（5-19）计算。

（2）按"强剪弱弯"的原则调整柱的截面剪力。

为了防止柱在压弯破坏前发生剪切破坏，应按"强剪弱弯"的原则，即对同一杆件，使其在地震作用组合下，剪力设计值略大于设计弯矩或实际抗弯承载力。可根据以下公式对柱端截面组合的剪力设计值加以调整。

一、二、三、四级框架柱和框支柱

$$V = \eta_{vc} \frac{M_c^t + M_c^b}{H_n} \tag{5-28}$$

一级框架结构和 9 度抗震设防时不按式（5-28）设计计算，而应按式（5-29）设计计算。

$$V = 1.2 \frac{M_{cua}^t + M_{cua}^b}{H_n} \tag{5-29}$$

式中：　$H_n$——柱的净高；

$M_c^t$、$M_c^b$——分别为柱上、下端顺时针或逆时针方向截面组合的弯矩设计值，其取值应符合要求，同时一、二、三、四级框架结构的底层柱下端截面的弯矩设计值应乘以相应的增大系数；

$M_{cua}^t$、$M_{cua}^b$——分别为柱上、下端顺时针或逆时针方向实际配筋面积、材料强度标准值和轴向压力等计算的受压承载力所对应的弯矩值；

$\eta_{vc}$——柱剪力增大系数，一、二、三、四级框架结构分别取 1.5、1.3、1.2、1.1。

应当指出：按两个主轴方向分别考虑地震作用时，由于角柱扭转作用明显，因此，《抗震规范》规定，一、二、三、四级框架结构的角柱调整后弯矩和剪力设计值应乘以不小于 1.1 的增大系数。

（3）斜截面承载力验算。

在进行框架结构斜截面抗震承载力验算时，仍采用非地震时承载力的验算公式，但应除以承载力抗震调整系数，同时考虑地震作用对钢筋混凝土框架柱承载力降低的不利影响，即可得出框架柱斜截面抗震调整承载力验算公式。

$$V_c \leqslant \frac{1}{\gamma_{RE}} \left( \frac{1.05}{1+\lambda} f_t b_c h_{c0} + f_{yv} \frac{A_{sv}}{s} h_{c0} + 0.056N \right) \tag{5-30}$$

式中：$\lambda$——剪跨比，反弯点位于柱高中部时的框架柱，取 $\lambda=2$；当 $\lambda<1$ 时，取 $\lambda=1$；当 $\lambda>3$ 时，取 $\lambda=3$。

$f_{yv}$——箍筋抗拉强度设计值。

$A_{sv}$——配置在柱的同一截面内箍筋各肢的全部截面面积。

$s$——沿柱高方向上箍筋的间距。

$N$——考虑地震作用组合下框架柱的轴向压力设计值（当 $N>0.3 f_c A$ 时，取 $N=0.30 f_c A$，其中 $A$ 表示柱的横截面面积）。

其余符号意义同前。

当框架柱出现拉力时，其斜截面受剪承载力应按下式计算。

$$V_c \leqslant \frac{1}{\gamma_{RE}} \left( \frac{1.05}{1+\lambda} f_t b_c h_{c0} + f_{yv} \frac{A_{sv}}{s} h_{c0} - 0.2N \right) \tag{5-31}$$

式中：$N$——考虑地震作用组合下框架顶层柱的轴向拉力设计值。

当式（5-31）中右边括号内的计算值小于 $f_{yv} \frac{A_{sv}}{s} h_{c0}$ 时，取等于 $f_{yv} \frac{A_{sv}}{s} h_{c0}$，且其值不小于 $0.36 f_t b_c h_{c0}$。

## 5.6.4　梁柱节点

梁柱节点（简称节点）区是指框架结构中混凝土梁和柱连接部位处梁高范围内的柱。在进行框架结构抗震设计时，除了保证框架梁和柱具有足够的强度和延性外，还必须保证节点的强度。节点是把梁和柱连接起来形成整体的关键部位，在竖向荷载作用和地震作用下，节点主要承受柱传来的轴力、弯矩、剪力，以及梁传来的弯矩、剪力。节点的主要破坏形式为主拉应力引起的节点核心区混凝土剪切破坏和钢筋锚固破坏，这是由于节点的上柱和下柱的地震作用弯矩符号相反，节点左右梁的弯矩也反向，使节点受到水平方向剪力和垂直方向剪力的共同作用，剪力值的大小是相邻梁和柱中剪力的几倍。此外，节点左右弯矩反向使通过节点的梁主筋在节点的一侧受压，而在节点的另一侧受拉，梁主筋的这种应力变化梯度需要很高的锚固应力，容易引起节点因黏结锚固不足而破坏，造成梁端截面承载力下降并产生过大的层间侧移。

对节点区的基本要求是构件端部的各种力必须通过节点区传递到构件上。试验发现，一些常用的节点构造只能提供所需承载力的 30%。根据"强节点弱杆件"的抗震设计概念，框架节点的设计准则如下。

（1）节点的承载力不应低于其连接构件（梁、柱）的承载力。

（2）多遇地震时，节点应在弹性范围内工作。

（3）罕遇地震时，节点承载力的降低不得危及竖向荷载的传递。

（4）梁、柱纵筋在节点区应有可靠的锚固。

（5）节点的配筋不应使施工过分困难。

（6）一、二、三级框架的节点核心区应进行抗震验算；四级框架节点核心区可不进行抗震验算，但应符合抗震构造措施的要求。

1. 节点剪压比控制

为了使节点核心区的剪应力不致过高，避免过早出现斜裂缝，《抗震规范》规定，节点核心区组合的剪力设计值应符合下列条件。

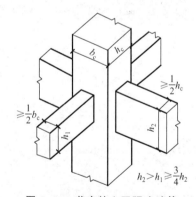

图 5.19 节点核心区强度验算

$$V_j \leqslant \frac{1}{\gamma_{RE}}(0.30\eta_j\beta_c f_c b_j h_j) \qquad (5-32)$$

$$\begin{cases} b_j = b_b + 0.5h_c \\ b_j = b_c \end{cases} \qquad (5-33)$$

式中：$V_j$——节点核心区组合的剪力设计值。

$\gamma_{RE}$——承载力抗震调整系数，取 0.85。

$\eta_j$——正交梁的约束影响系数，楼板现浇，梁柱中线重合，四侧各梁截面宽度不小于该侧柱截面宽度的 1/2，且正交方向梁的高度不小于框架梁高度的 3/4 时（图 5.19），可采用 1.5，9 度的一级宜采用 1.25；其他情况均采用 1.0。

$h_j$——节点核心区的截面高度，可采用验算方向的柱截面高度。

$b_j$——节点核心区有效验算宽度，当验算方向的梁截面宽度不小于该侧柱截面宽度的 1/2 时，可采用该侧柱截面宽度，当小于 1/2 时可采用下列二者的较小值。

$b_b$，$b_c$——分别为验算方向梁的宽度和柱的宽度。

$h_c$——验算方向的柱截面高度。

当梁、柱中线不重合且偏心距不大于柱宽的 1/4 时，核心区的截面有效验算宽度应采用式（5-34）和式（5-35）计算结果中的较小值，柱箍筋宜沿柱全高加密。

$$b_j = 0.5(b_b + b_c) + 0.25h_c - e \qquad (5-34)$$

式中：$e$——梁与柱中心线偏心距。

2. 节点核心区剪力设计值

图 5.20 所示为中柱节点受力简图。

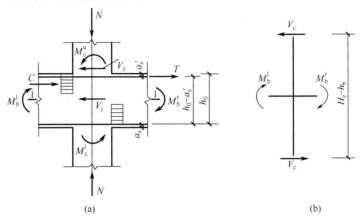

图 5.20　节点核心区剪力计算

取节点 1—1 截面上半部为隔离体，由 $\sum X = 0$，得

$$-V_c - V_j + \frac{\sum M_b}{h_{b0} - a_s'} = 0 \tag{5-35}$$

或

$$V_j = \frac{\sum M_b}{h_{b0} - a_s'} - V_c \tag{5-36}$$

$$V_c = \frac{\sum M_c}{H_c - h_b} = \frac{\sum M_b}{H_c - h_b} \tag{5-37}$$

式中：$V_j$——节点核心区组合的剪力设计值（作用于 1—1 截面）；

$\sum M_b$——梁的左、右端顺时针或逆时针方向截面组合的弯矩设计值之和，即其取值为
$\sum M_b^l + \sum M_b^r$；

$h_{b0}$——梁的截面有效高度，节点两侧梁截面高度不等时可采用平均值；

$V_c$——节点上柱截面组合的剪力设计值；

$\sum M_c$——节点上、下柱逆时针或顺时针方向截面组合的弯矩设计值之和，$\sum M_c = M_c^u + M_c^l = \sum M_b = M_b^l + M_b^r$；

$H_c$——柱的计算高度，可采用节点上、下柱反弯点之间的距离；

$h_b$——梁的截面高度，节点两侧梁面高度不等时可采用平均值。

将式（5-37）代入式（5-36），经整理后得

$$V_j = \frac{\sum M_b}{h_{b0} - a_s'}\left(1 - \frac{h_{b0} - a_s'}{H_c - h_b}\right) \tag{5-38}$$

考虑到梁端出现塑性铰后，塑性变形较大，钢筋应力常常会超过屈服强度而进入强化阶段，因此，梁端截面组合弯矩经过调整，式（5-38）可改写为

$$V_j = \frac{\eta_{jb}\sum M_b}{h_{b0} - a_s'}\left(1 - \frac{h_{b0} - a_s'}{H_c - h_b}\right) \tag{5-39}$$

式中：$\eta_{jb}$——强节点系数，一级框架结构宜取 1.5，二级框架结构宜取 1.35，三级框架结构宜取 1.2。

一级框架结构和 9 度的一级框架可不按式(5-39)，但应符合下式要求。

$$V_j = \frac{1.15 \sum M_{bua}}{h_{b0} - a'_s}\left(1 - \frac{h_{b0} - a'_s}{H_c - h_b}\right) \tag{5-40}$$

3. 节点核心区受剪承载力验算

《抗震规范》规定：四级框架结构节点核心区，可不进行抗震验算，但应符合构造措施的要求；一级、二级、三级框架结构节点核心区截面抗震验算，应符合下式要求。

$$V_j \leqslant \frac{1}{\gamma_{RE}}\left(1.1\eta_j f_t b_j h_j + 0.05\eta_j N \frac{b_j}{b_c} + f_{yv} A_{svj} \frac{h_{b0} - a'_s}{s}\right) \tag{5-41}$$

9 度的一级应满足

$$V_j \leqslant \frac{1}{\gamma_{RE}}\left(0.9\eta_j f_t b_j h_j + f_{yv} A_{svj} \frac{h_{b0} - a'_s}{s}\right) \tag{5-42}$$

式中：$f_t$——混凝土抗拉强度设计值。

$N$——对应于组合剪力设计值的上柱组合轴向压力较小值，其取值不应大于柱的截面面积和混凝土轴心抗压强度设计值的乘积的 50%；当 $N$ 为拉力时，取 $N = 0$。

$f_{yv}$——箍筋抗拉强度设计值。

$A_{svj}$——核心区有效验算宽度范围内同一截面验算方向箍筋的总截面面积。

$s$—— 箍筋间距。

$h_{b0} - a'_s$——梁上部钢筋合力点至下部钢筋合力点的距离。

$\gamma_{RE}$——承载力抗震调整系数，可采用 0.85。

# 5.7  框架结构的构造要求

重构件设计计算、轻构造要求是很多初学设计者常入的误区，实际上构造要求的满足对于结构的安全性、耐久性、稳定性等十分重要。许多计算假定只有在满足构造要求的前提下才能与实际情况接近。例如，如果没有箍筋的约束，纵筋未达到抗压屈服强度时早已压弯。实际震害或其他经验表明，还有一些构造要求对于减小灾害损失十分有效，是很多难以精确计算的问题的有效解决手段。初学者会觉得构造要求繁多，不易记忆，实际上主要的构造要求归纳起来包括材料强度、构件尺寸、纵筋配筋率、箍筋直径、间距、配箍率、连接、锚固及各种比值等方面，工程技术人员必须掌握。

## 5.7.1  框架梁

1. 框架梁材料

(1) 当框架梁按一级抗震等级设计时，其混凝土强度等级不应低于 C30；当按二至四级抗震等级和非抗震设计时，其混凝土强度等级不应低于 C20，不宜大于 C40。梁的纵向受力钢筋宜选用 HRB400 级、HRB335 级热轧钢筋；箍筋宜选用 HRB335、HRB400 和 HPB300 级热轧钢筋。

（2）按一级和二级抗震等级设计框架结构时，其纵向受力钢筋采用普通钢筋，其检验所得的强度实测值应符合下列要求：钢筋抗拉强度实测值与屈服强度实测值的比值不应小于 1.25；钢筋屈服强度实测值与钢筋强度标准值的比值不应大于 1.30。

**2. 框架梁的截面尺寸**

框架梁的高度通常取 $h=(1/8\sim1/12)l$，且不小于 400mm，也不宜大于 $l/4$，$l$ 为梁的净跨。在设计框架结构时，为增大结构的横向刚度，一般多采用横向框架承重方案。所以，横向框架梁的高度要设计得大一些，一般多采用 $h\geqslant(1/10)l$。采用横向框架承重方案时，纵向框架虽不直接承受楼板上的重力荷载，但它要承受外纵墙或内纵墙的自重及纵向地震作用。因此，在高烈度区，纵向框架梁的高度也不宜太小，一般取 $h\geqslant(1/12)l$，且不宜小于 500mm；否则配筋太多，甚至有可能发生超筋现象。为了避免框架节点处纵横钢筋相互干扰，通常横梁底部比纵梁底部高出 50mm 以上。

框架梁的宽度，一般取 $b=(1/2\sim1/3)h$，且不宜小于 200mm，截面高宽比不宜大于 4，以保证梁平面外的稳定性。从采用定型模板考虑，多取 $b=250$mm，当梁的负荷较重或跨度较大时，也常采用 $b\geqslant300$mm。

当梁的截面高度受到限制时，可采用梁宽大于梁高的扁梁，扁梁的截面高度可取梁跨度的 $1/18\sim1/15$，这时梁还应满足刚度和裂缝的有关要求。在计算梁的挠度时，可扣除梁的合理起拱值，也可对框架梁施加预应力，此时梁高度可取跨度的 $1/20\sim1/15$。

**3. 纵向钢筋**

抗震设计时，计入受压钢筋作用的梁端相对受压区高度 $\xi\leqslant0.25$（一级抗震等级），$\xi\leqslant0.35$（二、三级抗震等级），框架梁纵向受拉钢筋的配筋率不应小于表 5-6 所示数值。抗震设计的梁端截面底面和顶面纵筋面积比值，一级抗震等级不应小于 0.5，二、三级抗震等级不应小于 0.3。梁端纵向受拉钢筋配筋率不宜大于 2.5%，不应大于 2.75%。梁顶面和底面均应有一定的钢筋贯通梁，对一、二级抗震等级，不应少于 2φ14，且分别不应少于梁端顶面和底面纵向钢筋中较大截面面积的 1/4；三、四级抗震等级和非抗震设计时不应少于 2φ12。一、二、三级抗震等级的框架梁内贯通中柱的每根纵向钢筋的直径，对于矩形截面柱，不宜大于柱在该方向截面尺寸的 1/20；对于圆形截面柱，不宜大于纵向钢筋所在位置柱截面弦长的 1/20。

表 5-6　框架梁纵向受拉钢筋最小配筋率　　　　　　　　　　单位：%

| 抗 震 等 级 | 截 面 位 置 | |
|---|---|---|
| | 支座（取较大值） | 跨中（取较大值） |
| 一级 | 0.4 和 $80f_t/f_y$ | 0.3 和 $65f_t/f_y$ |
| 二级 | 0.3 和 $65f_t/f_y$ | 0.25 和 $55f_t/f_y$ |
| 三、四级 | 0.25 和 $55f_t/f_y$ | 0.20 和 $45f_t/f_y$ |
| 非抗震设计 | 0.20 和 $45f_t/f_y$ | 0.20 和 $45f_t/f_y$ |

**4. 箍筋**

抗震设计时，框架梁不宜采用弯起钢筋抗剪。沿梁全长箍筋的配筋率 $\rho_{sv}$，一级抗震等级不应小于 $0.30\dfrac{f_t}{f_{yv}}$，二级抗震等级不应小于 $0.28\dfrac{f_t}{f_{yv}}$，三、四级抗震等级不应少于 $0.26\dfrac{f_t}{f_{yv}}$。第一个箍筋应设置在距支座边缘 50mm 处。框架梁梁端箍筋应予以加密，加密区的长度、箍筋最大间距和最小直径见表 5-7。当梁端纵向受拉钢筋配筋率大于 2% 时，表中箍筋最小直径应增加 2mm。加密区箍筋肢距，一级抗震等级不宜大于 200mm 和 20 倍箍筋直径的较大值；二、三级抗震等级不宜大于 250mm 和 20 倍箍筋直径的较大值；四级抗震等级不宜大于 300mm。纵向钢筋每排多于 4 根时，每隔一根宜用箍筋或拉筋固定。

表 5-7 框架梁梁端箍筋加密区的构造要求 单位：mm

| 抗震等级 | 加密区长度（采用较大值） | 箍筋最大间距（采用最小值） | 箍筋最小直径 |
| --- | --- | --- | --- |
| 一级 | $2h$、500 | $h/4$、$6d$、100 | 10 |
| 二级 | $1.5h$、500 | $h/4$、$8d$、100 | 8 |
| 三级 | $1.5h$、500 | $h/4$、$8d$、150 | 8 |
| 四级 | $1.5h$、500 | $h/4$、$8d$、150 | 6 |

注：$d$ 为纵筋直径，$h$ 为梁高。箍筋直径大于 12mm、不少于 4 肢且肢距不大于 150mm 时，一、二级框架梁箍筋最大间距允许适当放松，但不应大于 150mm。

框架梁箍筋的布置还应满足《混凝土规范》中有关梁箍筋布置的构造要求。

## 5.7.2 框架柱

**【钢筋混凝土柱子的建造】**

1. 框架柱的截面尺寸和材料要求

（1）柱截面的宽度和高度均不宜小于 300mm，抗震等级为一、二、三级且超过 2 层时不宜小于 400mm；圆柱直径不宜小于 350mm，抗震等级为一、二、三级且超过 2 层时不宜小于 450mm。

（2）柱截面的长短边比值不宜大于 3。

（3）柱的剪跨比宜大于 2，否则框架柱会成为短柱。短柱易发生剪切破坏，对抗震不利。

《抗震规范》从抗震性能考虑，给出了框架合理截面尺寸的上述限制条件。为使地震作用能从梁有效地传递到柱，柱的截面最小宽度宜大于梁的截面宽度。

（4）框架柱的材料要求。

框架梁、柱、节点核心区的混凝土强度等级不应低于 C30，考虑到高强混凝土的脆性及工艺要求较高，在高烈度地震区，抗震设防烈度为 9 度时，混凝土强度等级不宜超过 C60；抗震设防烈度为 8 度时，混凝土强度等级不宜超过 C70。

对有抗震设防要求的结构构件宜选用强度较高、伸长率较高的热轧钢筋。《抗震规范》

规定考虑地震作用的结构构件中的普通纵向受力钢筋宜选用 HRB400 级、HRB335 级钢筋，箍筋宜选用 HRB335 级、HRB400 级、HPB300 级钢筋。施工中，当必须以强度等级较高的钢筋代替原设计中的纵向受力钢筋时，应按钢筋受拉承载力设计值相等的原则进行代换，但要强调必须满足正常使用极限状态和抗震构造措施要求。

2. 框架柱的配筋构造要求

框架柱的纵向钢筋配置，应符合下列要求。

(1) 宜对称配置。

(2) 抗震设计时截面尺寸大于 400mm 的柱，一、二、三级抗震设计时纵筋间距不宜大于 200mm；四级抗震设计和非抗震设计时，柱纵筋间距不应大于 300mm，柱纵筋净间距不应小于 50mm。

(3) 柱纵向钢筋的最小总配筋率应按表 5-8 采用，同时应满足每一侧配筋率不小于 0.2%，对Ⅳ类场地上较高的高层建筑，表中的数值应增加 0.1。

表 5-8 柱纵向钢筋的最小总配筋率　　　　　单位:%

| 类　　别 | 抗 震 等 级 | | | | 非抗震 |
|---|---|---|---|---|---|
| | 一 | 二 | 三 | 四 | |
| 框架中柱和角柱 | 1.0 | 0.8 | 0.7 | 0.6 | 0.5 |
| 框架角柱 | 1.1 | 0.9 | 0.8 | 0.7 | 0.5 |
| 框支柱 | 1.1 | 0.9 | — | — | 0.7 |

注：采用 335MPa 级、400MPa 级纵筋时，分别按表中数值增加 0.1 和 0.05 采用；混凝土强度等级高于 C60 时，数值增加 0.1。

(4) 柱全部纵筋总配筋率抗震设计时不应大于 5%，非抗震设计时不宜大于 5%，不应大于 6%。纵筋配置过多，会使钢筋过于拥挤，而相应的箍筋配置不够会引起纵筋压屈，降低结构延性。

(5) 一级抗震设计且剪跨比大于 2 的柱，每侧纵向钢筋配筋率不宜大于 1.2%。柱净高与截面高度的比值为 3~4 的短柱试验表明，此类框架柱易发生黏结型剪切破坏和对角斜拉型剪切破坏，发生此类剪切破坏与柱中纵向受拉钢筋配筋率过多有关。因此《抗震规范》规定对一级抗震设计且剪跨比不大于 2 的柱，每侧纵向钢筋配筋率不宜大于 1.2%，并宜沿柱全高配置复合箍筋。

(6) 边柱、角柱在地震组合产生小偏心受拉时，柱内纵筋总截面面积应比计算值增加 25%。

(7) 抗震设计时，纵向钢筋的最小锚固长度 $l_{aE}$ 应按下列公式计算。

一、二级抗震等级

$$l_{aE} = 1.15 l_a \qquad (5-43a)$$

三级抗震等级

$$l_{aE} = 1.05 l_a \qquad (5-43b)$$

四级抗震等级

$$l_{aE} = 1.00 l_a \qquad (5-43c)$$

式中：$l_a$——纵向钢筋的基本锚固长度，根据《混凝土规范》确定。

(8) 柱纵向钢筋的绑扎接头应避开柱端箍筋加密区。一、二级抗震等级，宜选用机械接头；三、四级抗震等级，宜选用机械接头，也可采用绑扎搭接或焊接接头。

柱端箍筋的配置应满足下列要求。

① 柱的箍筋加密范围规定。

a. 柱端，取截面长边尺寸（圆柱直径）、柱净高的 1/6 和 500mm 三者中的最大值。

b. 底层柱，柱根不小于柱净高的 1/3；当有刚性地面时，除柱端外还应取刚性地面上下各 500mm。

c. 剪跨比不大于 2 的柱，因填充墙等形成的柱净高与截面高度（圆柱直径）之比不大于 4 的柱，一、二级抗震等级的框架角柱，取全高。

② 柱的箍筋加密区箍筋间距和直径应符合下列要求。

a. 一般情况下，柱端箍筋加密区箍筋的最大间距和最小直径应按表 5-9 采用，并应为封闭形式。

表 5-9　柱端箍筋加密区箍筋最大间距和箍筋最小直径　　　单位：mm

| 抗震等级 | 箍筋最大间距<br>（采用较小值） | 箍筋最小直径 | 抗震等级 | 箍筋最大间距<br>（采用较小值） | 箍筋最小直径 |
|---|---|---|---|---|---|
| 一级 | $6d$、100 | 10 | 三级 | $8d$、150（柱根 100） | 8 |
| 二级 | $8d$、100 | 8 | 四级 | $8d$、150（柱根 100） | 6（柱根 8） |

注：柱根指框架底层柱的嵌固部分，$d$ 为纵向钢筋直径（mm）。

b. 一级抗震等级框架柱的箍筋直径大于 12mm 且箍筋肢距不大于 150mm，以及二级抗震等级框架柱的箍筋直径不小于 10mm 且箍筋肢距不大于 200mm 时，除底层柱根外，最大间距允许采用 150mm；三级抗震等级框架柱的截面尺寸不大于 400mm 时，箍筋最小直径可采用 6mm；四级抗震等级框架柱剪跨比不大于 2 时或柱中全部纵向钢筋的配筋率大于 3% 时，箍筋直径不应小于 8mm。

c. 剪跨比不大于 2 的柱，箍筋间距不应大于 100mm。

③ 柱的箍筋加密区箍筋肢距。

一级抗震等级框架柱箍筋肢距不宜大于 200mm，二、三级抗震等级框架柱箍筋肢距不宜大于 250mm，四级抗震等级框架柱箍筋肢距不宜大于 300mm。至少每隔一根纵向钢筋宜在两个方向有箍筋或拉筋约束；采用拉筋复合箍时，拉筋宜紧靠纵向钢筋并钩住箍筋。

④ 柱的箍筋加密区体积配箍率 $\rho_v$ 应符合下列要求。

$$\rho_v \geqslant \frac{\lambda_v f_c}{f_{yv}} \qquad (5-44)$$

式中：$\rho_v$——柱的箍筋加密区的体积配箍率，一、二、三、四级抗震等级分别不应小于 0.8%、0.6%、0.4% 和 0.4%；

$f_c$——混凝土轴心抗压强度设计值，强度等级低于 C35 时，应按 C35 计算；

$f_{yv}$——箍筋或拉筋抗拉强度设计值；

$\lambda_v$——柱的箍筋加密区的最小配箍特征值，按表 5-10 采用。

表 5-10 柱的箍筋加密区的最小配箍特征值

| 抗震等级 | 箍筋形式 | 柱 轴 压 比 | | | | | | | | |
|---|---|---|---|---|---|---|---|---|---|---|
| | | ≤0.30 | 0.40 | 0.50 | 0.60 | 0.70 | 0.80 | 0.90 | 1.00 | 1.05 |
| 一级 | 普通箍、复合箍 | 0.10 | 0.11 | 0.13 | 0.15 | 0.17 | 0.20 | 0.23 | — | — |
| | 螺旋箍、复合或连续复合螺旋箍 | 0.08 | 0.09 | 0.11 | 0.13 | 0.15 | 0.18 | 0.21 | — | — |
| 二级 | 普通箍、复合箍 | 0.08 | 0.09 | 0.11 | 0.13 | 0.15 | 0.17 | 0.19 | 0.22 | 0.24 |
| | 螺旋箍、复合或连续复合螺旋箍 | 0.06 | 0.07 | 0.09 | 0.11 | 0.13 | 0.15 | 0.17 | 0.20 | 0.22 |
| 三级 | 普通箍、复合箍 | 0.06 | 0.07 | 0.09 | 0.11 | 0.13 | 0.15 | 0.17 | 0.20 | 0.22 |
| | 螺旋箍、复合或连续复合螺旋箍 | 0.05 | 0.06 | 0.07 | 0.09 | 0.11 | 0.13 | 0.15 | 0.18 | 0.20 |

注：① 普通箍指单个矩形箍和单个圆形箍；螺旋箍指单个连续螺旋箍筋；复合箍指由矩形、多边形、圆形箍或拉筋组成的箍筋；复合螺旋箍指螺旋箍与矩形、多边形、圆形箍或拉筋组成的箍筋；连续复合螺旋箍指全部螺旋箍为同一根钢筋加工而成的箍。

② 剪跨比不大于 2 的柱宜采用复合螺旋箍或井字复合箍，其体积配箍率不应小于 1.2%，9 度一级抗震等级时不应小于 1.5%。

③ 计算复合螺旋箍体积配箍率时，其非螺旋箍的箍筋体积应乘以折减系数 0.8。

⑤ 柱的箍筋非加密区的体积配箍率。

柱的箍筋非加密区的体积配箍率不宜小于加密区的 50%；箍筋间距不应大于加密区箍筋间距的 2 倍，且一、二级抗震等级框架柱不应大于 10 倍纵向钢筋直径，三、四级抗震等级框架柱不应大于 15 倍纵向钢筋直径。

⑥ 框架节点核心区箍筋的最大间距和最小直径。

框架节点核心区箍筋的最大间距和最小直径宜按柱箍筋加密区的要求采用。一、二、三级抗震等级框架节点核心区配箍特征值分别不宜小于 0.12、0.10、0.08，且体积配箍率分别不宜小于 0.6%、0.5% 和 0.4%。柱剪跨比不大于 2 的框架节点核心区配箍特征值不宜小于核心区上、下柱端的较大配箍特征值。

**3. 轴压比的限制**

轴压比 $\mu$ 的表达式如式(5-22)所示，它是影响钢筋混凝土柱承载力和延性的另一个重要参数。钢筋混凝土框架柱在压弯力的作用下，其变形能力随着轴压比的增加而降低，特别在高轴压比或小剪跨比时呈现脆性破坏，虽然柱的极限抗弯承载力提高，但其极限变形能力、耗散地震能量的能力都有所降低。轴压比对短柱的影响更大，为确保框架结构在地震力作用时安全可靠，《抗震规范》中有轴压比限值要求。

《抗震规范》规定,柱轴压比不应超过表 5-11 的规定,但Ⅳ类场地上较高的高层建筑柱轴压比限值应适当减小。

表 5-11  柱轴压比限值

| 结 构 类 型 | 抗 震 等 级 | | | |
|---|---|---|---|---|
| | 一级 | 二级 | 三级 | 四级 |
| 框架 | 0.65 | 0.75 | 0.85 | 0.9 |
| 框架-剪力墙 | 0.75 | 0.85 | 0.90 | 0.95 |

### 5.7.3  梁柱节点

为保证纵向钢筋和箍筋可靠工作,框架梁柱纵向钢筋和箍筋在框架节点核心区应有可靠的锚固与连接,如图 5.21、图 5.22 所示。梁柱端部及节点核心区箍筋配置如图 5.23 所示。

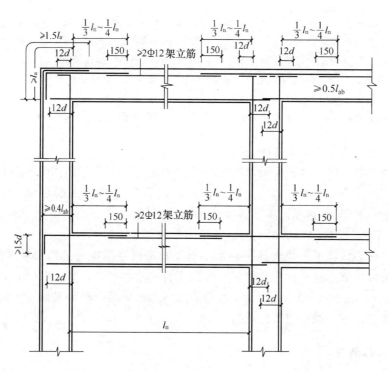

图 5.21  非抗震设计的框架梁柱纵向钢筋在核心区的锚固要求（单位：mm）

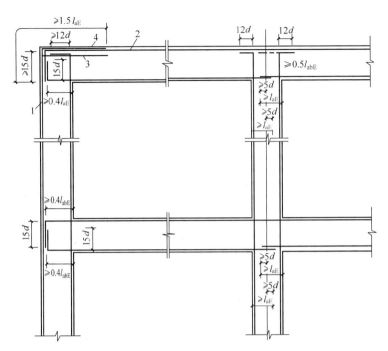

1—柱外侧纵向钢筋，截面面积 $A_{ca}$；2—梁上部纵向钢筋；3—伸入梁内的柱外侧纵向钢筋，截面面积不小于 $0.65A_{ca}$；4—不能伸入梁内的柱外侧纵向钢筋，可伸入板内

**图 5.22　抗震设计的框架梁柱纵向钢筋在核心区的锚固要求（单位：mm）**

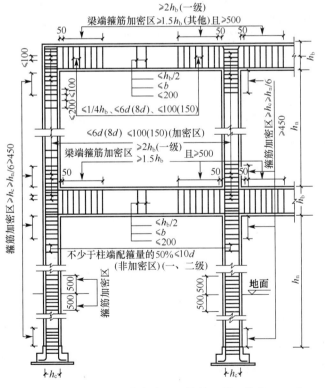

**图 5.23　梁柱端部及节点核心区箍筋配置（单位：mm）**

## 本章小结

　　本章主要介绍了高层钢筋混凝土框架结构的设计计算，主要内容有高层建筑框架结构布置、确定计算简图、进行内力计算及内力组合，框架结构梁柱截面配筋，以及框架梁柱、节点的构造要求等。

## 习　题

1. 钢筋混凝土框架结构的特点有哪些？
2. 在水平荷载作用下，影响框架柱反弯点高度的因素有哪些？
3. $D$ 值法中的 $D$ 值的物理意义是什么？
4. 框架结构的控制截面在哪里？各有什么特点？
5. 何谓"延性框架"？什么是"强柱弱梁""强剪弱弯""强节点弱杆件"原则？在设计中如何体现？
6. 为什么要对框架内力进行调整？怎样调整框架内力？
7. 高层钢筋混凝土框架梁、框架柱的构造措施有哪些？
8. 如何保证框架梁柱节点的抗震性能？如何进行节点设计？
9. 图 5.24 所示现浇框架结构，各跨梁三分点处均作用竖向集中荷载 $P=100\text{kN}$，各层柱截面均为 $400\text{mm}\times400\text{mm}$，各层梁截面边跨均为 $300\text{mm}\times800\text{mm}$，中跨均为 $300\text{mm}\times500\text{mm}$，混凝土强度等级为 C30，试分别用分层法和弯矩二次分配法计算该框架梁柱的弯矩。
10. 已知框架结构同习题 9，试用 $D$ 值法计算该框架在图 5.25 所示水平荷载作用下的内力及侧移。

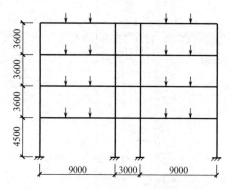

图 5.24　习题 9 图（集中力作用在各跨梁三分点处）（单位：mm）

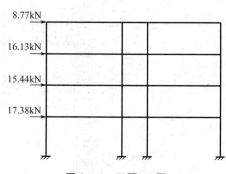

图 5.25　习题 10 图

# 第6章
# 高层建筑剪力墙结构设计

## 教学目标

本章主要讲述剪力墙的分类及判别、剪力墙结构的内力与位移计算、墙肢和连梁截面设计及构造要求。学生通过本章的学习，应达到以下目标。

（1）熟悉剪力墙结构的特点与布置；熟悉剪力墙的分类及剪力墙类型的判别方法。

（2）掌握剪力墙结构的简化分析方法，熟悉整截面剪力墙、整体小开口墙、联肢剪力墙和壁式框架的内力和位移计算方法。

（3）掌握墙肢承载力的计算方法，熟悉剪力墙墙肢的破坏形态和构造要求。

（4）掌握连梁承载力的计算方法，熟悉剪力墙连梁的破坏形态和构造要求。

## 教学要求

| 知识要点 | 能力要求 | 相关知识 |
| --- | --- | --- |
| 剪力墙结构的特点、布置与分类 | （1）理解剪力墙结构的概念、特点和布置；<br>（2）掌握剪力墙类型的判别方法 | （1）剪力墙的特点与布置；<br>（2）剪力墙的分类；<br>（3）剪力墙类型的判别 |
| 剪力墙结构的简化分析方法 | （1）理解剪力墙结构的平面简化分析模型；<br>（2）理解剪力墙结构侧向荷载的简化方法；<br>（3）掌握单榀剪力墙分配剪力的计算 | （1）剪力墙结构简化分析的基本假定；<br>（2）常用剪力墙结构的简化分析方法；<br>（3）剪力墙结构侧向荷载的简化方法；<br>（4）单榀剪力墙分配剪力的计算方法 |
| 整截面剪力墙及整体小开口剪力墙的内力和位移计算 | （1）熟悉整截面剪力墙及整体小开口剪力墙的内力计算；<br>（2）熟悉整截面剪力墙及整体小开口剪力墙的位移计算 | （1）整截面剪力墙及整体小开口剪力墙的内力计算步骤；<br>（2）整截面剪力墙及整体小开口剪力墙的位移计算内容 |
| 联肢剪力墙的内力和位移计算 | （1）熟悉联肢剪力墙的内力计算；<br>（2）熟悉联肢剪力墙的位移计算 | （1）联肢剪力墙的内力计算步骤；<br>（2）联肢剪力墙的位移计算内容 |
| 壁式框架的内力和位移计算 | （1）了解壁式框架的内力计算；<br>（2）了解壁式框架的位移计算 | （1）壁式框架的内力计算步骤；<br>（2）壁式框架的位移计算内容 |
| 剪力墙截面设计 | （1）掌握剪力墙墙肢的截面设计；<br>（2）掌握剪力墙连梁的截面设计 | （1）墙肢的承载力计算方法；<br>（2）连梁的承载力计算方法 |

续表

| 知识要点 | 能力要求 | 相关知识 |
|---|---|---|
| 剪力墙结构的构造要求 | (1) 熟悉剪力墙墙肢构造要求；<br>(2) 熟悉剪力墙连梁构造要求 | (1) 剪力墙的加强部位；<br>(2) 剪力墙轴压比限值；<br>(3) 约束边缘构件和构造边缘构件；<br>(4) 连梁的构造要求 |

**引例**

　　用钢筋混凝土剪力墙承受竖向荷载和抵抗水平力的结构称为剪力墙结构。在抗震结构中，剪力墙也称为抗震墙，剪力墙结构也称为抗震墙结构。剪力墙结构是在框架结构的基础上发展出来的。由材料力学知识可知，构件的抗弯刚度与截面高度的三次方成正比，高层建筑要求结构体系具有较大的侧向刚度，而框架结构中柱的抗弯刚度较小，故而增大框架柱截面高度以满足高层建筑侧移要求的办法自然就产生了，因而也就形成了另外一种结构构件——剪力墙。在承受水平作用时，剪力墙相当于一根悬臂深梁，其水平位移由弯曲变形和剪切变形两部分组成。在高层建筑结构中，框架柱的变形以剪切变形为主，而剪力墙的变形以弯曲变形为主，其位移曲线呈弯曲形，特点是结构层间位移随楼层的增高而增加。相比框架结构来说，剪力墙结构的抗侧刚度大，整体性好。结构顶点水平位移和层间位移通常较小，能满足高层建筑抵抗较大水平作用的要求，同时剪力墙的截面面积大，竖向承载力要求也比较容易满足。在进行剪力墙的平面布置时，一般应考虑能使其承担足够大的自重荷载以抵消水平荷载作用下的弯曲拉应力。剪力墙可以在平面内布置，但为了能更好地满足设计意图，提高抗弯刚度和构件延性，经常设计成L、T、I或[形等截面形式，如图6.1所示。

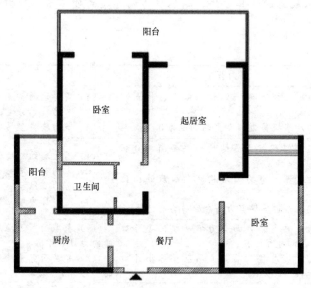

图 6.1　剪力墙结构平面布置示意

　　历次地震表明，经过恰当设计的剪力墙结构具有良好的抗震性能。采用剪力墙结构的高层建筑，房间内没有梁柱棱角，比较美观且便于室内布置和使用。但剪力墙是比较宽大的平面构件，使建筑平面布置、交通组织和使用要求等受到一定限制。同时剪力墙的间距受到楼板构件跨度的限制，不容易形成大空间，因而比较适用于具有较小房间的公寓住宅、酒店等建筑。剪力墙结构用于普通单元住宅建筑时，由于其平面布置的复杂性，容易形成截面高宽比小于 8 的短肢剪力墙（图 6.2），此时其抗震性能比普通剪力墙差，需要更加仔细地设计。本章将针对高层建筑剪力墙结构探讨其内力计算及墙肢、连梁设计问题。

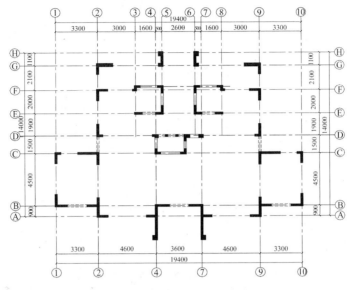

图 6.2　含短肢剪力墙的剪力墙结构平面布置示意（单位：mm）

# 6.1　剪力墙结构的特点与布置

本节主要介绍剪力墙结构的特点与剪力墙结构的布置。

## 6.1.1　剪力墙结构的特点

1. 水平荷载作用下的受力变形特点

水平荷载作用下，悬臂剪力墙的控制截面是底层截面，所产生的内力是水平剪力和弯矩。墙肢截面在弯矩作用下产生的层间侧移是下层层间相对侧移较小、上层层间相对侧移较大的弯曲型变形，以及在剪力作用下产生的剪切型变形，此两种变形的叠加构成平面剪力墙的变形特征。

通常情况下，根据剪力墙高宽比的大小可将剪力墙分为高墙（$H/b_w > 2$）、中高墙（$1 \leqslant H/b_w \leqslant 2$）和矮墙（$H/b_w < 1$）。水平荷载作用下，随着结构高宽比的增大，由弯矩产生的弯曲型变形在整体侧移中所占的比例相应增大，故一般高墙在水平荷载作用下的变形曲线表现为弯曲型变形曲线，而矮墙在水平荷载作用下的变形曲线表现为剪切型变形曲线。

【一分钟了解剪力墙结构】

【装配式混凝土剪力墙是怎样建成的】

**2. 剪力墙的破坏特征**

悬臂实体剪力墙可能出现如图 6.3 所示的几种破坏形态。在实际工程中,为了改善平面剪力墙的受力变形特征,结合建筑设计使用功能要求,在剪力墙上开设洞口而以连梁相连,以使单肢剪力墙的高宽比显著提高,从而使剪力墙墙肢发生延性弯曲破坏。若墙肢高宽比较小,一旦墙肢发生破坏,则肯定是无较大变形的脆性剪切破坏,因此设计时应尽可能增大墙肢高宽比以避免发生脆性剪切破坏。

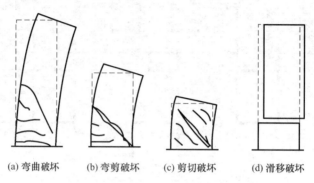

(a) 弯曲破坏    (b) 弯剪破坏    (c) 剪切破坏    (d) 滑移破坏

**图 6.3  悬臂实体剪力墙的破坏形态**

## 6.1.2  剪力墙结构的布置

**1. 剪力墙结构高宽比限制**

钢筋混凝土高层剪力墙结构的最大适用高度及高宽比应满足水平荷载作用下的整体抗倾覆稳定性要求,并使设计经济合理。A 级和 B 级高度高层建筑剪力墙的最大适用高度、钢筋混凝土剪力墙的高宽比限值可参考第 2 章表 2-2～表 2-5 的要求。

**2. 剪力墙结构平面布置**

剪力墙结构应具有适宜的侧向刚度,其平面布置应符合下列规定。

(1) 剪力墙不宜过长,长度过大的剪力墙易形成中高墙或矮墙,导致由受剪承载力控制破坏状态,使延性变形能力减弱,不利于抗震。较长剪力墙宜设置跨高比较大的连梁将其分成长度较均匀的若干墙段,每一个墙段相当于一片独立剪力墙,各墙段高度与墙段长度之比不宜小于 3,墙段长度不宜大于 8m,以保证墙肢由受弯承载力控制,而且靠近中和轴的竖向分布钢筋在破坏时能充分发挥其强度。

(2) 抗震设计时,高层建筑结构不应采用全部为短肢剪力墙的剪力墙结构(短肢剪力墙是指截面厚度不大于 300mm、墙肢截面高度与厚度之比大于 4 但不大于 8 的剪力墙)。B 级高度高层建筑及抗震设防烈度为 9 度的 A 级高度高层建筑,不宜布置短肢剪力墙,不应采用具有较多短肢剪力墙的剪力墙结构。当采用具有较多短肢剪力墙的剪力墙结构(在规定的水平地震作用下,短肢剪力墙承担的底部地震倾覆力矩不小于结构底部总地震倾覆力矩的 30% 的剪力墙结构)时,应符合下列规定。

① 在规定的水平地震作用下，短肢剪力墙承担的底部地震倾覆力矩不宜大于结构底部总地震倾覆力矩的 50%。

② 房屋最大适用高度应适当降低，7 度、8 度（0.2g）和 8 度（0.3g）抗震设防时分别不应大于 100m、80m 和 60m。

（3）剪力墙结构的侧向刚度不宜过大。侧向刚度过大，将使结构周期过短，地震作用大，很不经济。剪力墙结构中，如果剪力墙的数量太多，会使结构刚度和自重太大，不仅增加材料用量，而且也会增大地震力，使上部结构和基础设计变得困难。

剪力墙结构刚度是否合理可以根据结构基本自振周期来判断，宜使剪力墙结构的基本自振周期控制在 $(0.05 \sim 0.06)n$（$n$ 为层数）。当周期过短、地震力过大时，宜加以调整。调整结构刚度有以下几种方法。

① 适当减小剪力墙的厚度。

② 降低连梁高度。

③ 增大门窗洞口宽度。

④ 对较长的墙肢设置施工洞，分为两个墙肢，以避免墙肢吸收过多的地震剪力而不能提供相应的抗剪承载力。墙肢长度超过 8m 时，一般应由施工洞口划分为若干小墙肢。墙肢由施工洞口分开后，如果建筑上不需要，可以用砖墙填充。

一般来说，采用大开间剪力墙（间距为 6.0～7.2m）比小开间剪力墙（间距为 3.0～3.9m）的效果更好。以高层住宅为例，小开间剪力墙的截面面积占楼面面积的 8%～10%，而大开间剪力墙的可降至 6%～7%，既降低了材料用量，又增大了建筑物的使用面积。

### 3. 剪力墙结构竖向布置

（1）剪力墙应在整个建筑上竖向连续布置，上应到顶，下要到底，中间楼层不要中断。若剪力墙不连续，会使结构刚度突变，对抗震非常不利。

（2）剪力墙的门窗洞口宜上下对齐、成列布置，形成明确的墙肢和连梁。成列开洞的规则剪力墙传力直接、受力明确，地震中不易因为复杂应力而产生严重震害，如图 6.4（a）所示；错开开洞的剪力墙（简称错洞墙）洞口上下不对齐，受力复杂，如图 6.4（b）所示，洞口边容易产生显著的应力集中，因而配筋量增大，而且在地震中常易发生严重震害。避免采用墙肢刚度相差悬殊的洞口设置。抗震设计时，抗震等级为一、二、三级的剪力墙底部加强部位不宜采用上下洞口不对齐的错洞墙，全高均不宜采用洞口局部重叠的叠合错洞墙。

（3）剪力墙相邻洞口之间及洞口与墙边缘之间要避免如图 6.5 所示的小墙肢。试验表明：墙肢宽度与厚度之比小于 3 的小墙肢在反复荷载作用下，会比大墙肢早开裂、早破坏，即使加强配筋，也难以防止小墙肢的早期破坏。在设计剪力墙时，墙肢宽度不宜小于 $3b_w$（$b_w$ 为墙厚），且不应小于 500mm。

（4）刀把形剪力墙（图 6.6）会使剪力墙受力复杂，局部应力集中，而且竖向地震作用会对其产生较大的影响。

（5）为减少上下剪力墙结构的偏心，一般情况下，剪力墙需要变厚度时宜两侧同时内收。外墙为保持墙面平整，可以只在内侧单面内收；电梯井因安装要求，可以只在外侧单面内收。

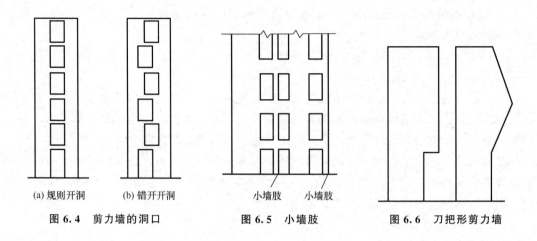

(a) 规则开洞　　(b) 错开开洞　　　小墙肢　　小墙肢

图 6.4　剪力墙的洞口　　　图 6.5　小墙肢　　　图 6.6　刀把形剪力墙

（6）顶层取消部分剪力墙而设置大房间时，其余的剪力墙应在构造上予以加强。底层取消部分剪力墙时，应设置转换楼层，并按专门规定进行结构设计。为避免刚度突变，剪力墙的厚度应按阶段变化，每次厚度减少宜为 50～100mm，使剪力墙刚度均匀连续改变。剪力墙厚度改变和混凝土强度等级改变宜错开楼层。

# 6.2　剪力墙分类及判别

本节主要介绍剪力墙的分类、受力特点及判别。

## 6.2.1　剪力墙的分类及受力特点

**1. 按墙肢截面长度与宽度之比分类**

$h/b<5$：柱（一般不宜大于 4）。

$h/b=5\sim8$：短肢剪力墙。

$h/b>8$：普通剪力墙。

墙截面如图 6.7 所示，常见异形柱截面形式（柱宽即墙厚）如图 6.8 所示。

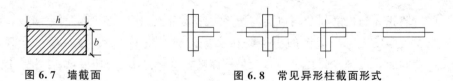

图 6.7　墙截面　　　　　图 6.8　常见异形柱截面形式

**2. 按墙面开洞情况分类**

（1）整截面剪力墙。

整截面剪力墙是指不开洞或开洞面积不大于 16%，且孔洞间净距及孔洞至墙边净距大于孔洞长边尺寸时可以忽略洞口影响的墙，如图 6.9 所示。

受力特点：如同一个整体的悬臂墙。在墙肢的整个高度上，弯矩图既无突变，也无反弯点，变形以弯曲型为主。

（2）整体小开口剪力墙。

整体小开口剪力墙是指开洞面积大于 16% 但仍较小，或孔洞间净距、孔洞至墙边净距不大于孔洞长边尺寸的墙，如图 6.10 所示。

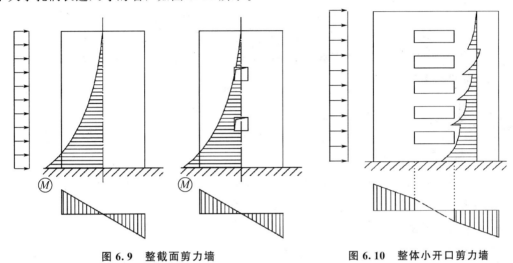

图 6.9　整截面剪力墙　　　　　　　　图 6.10　整体小开口剪力墙

受力特点：弯矩图在连梁处发生突变，但在整个墙肢高度上没有或仅仅在个别楼层中才出现反弯点。整个剪力墙的变形仍以弯曲型为主。

（3）联肢剪力墙。

联肢剪力墙是指开洞较大（开洞率达到 25%～50%）、洞口成列布置的墙，如图 6.11 所示。

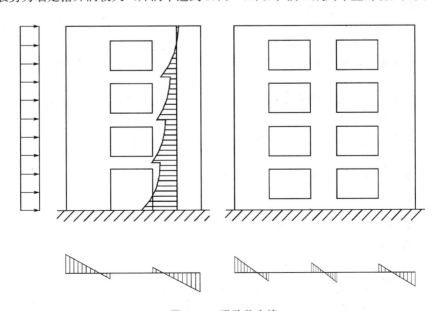

图 6.11　联肢剪力墙

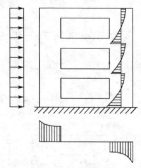

图 6.12 壁式框架

受力特点：剪力墙的整体性已破坏，由一系列连梁约束的墙肢组成。联肢剪力墙墙肢的弯矩图有突变，并有反弯点，墙肢局部弯矩较大，与整体小开口墙相似。变形已由弯曲型逐渐向剪切型过渡。

（4）壁式框架。

壁式框架是指洞口尺寸很大（开洞率大于50%）、连梁线刚度大于或接近墙肢线刚度的墙，如图 6.12 所示。

受力特点：墙肢的弯矩图在楼层处有突变，而且在大多数楼层中都出现反弯点。整个剪力墙的变形以剪切型为主，与框架的受力相似。

## 6.2.2　剪力墙类型的判别

1. 分类界限

该界限根据整体性系数 $\alpha$（也称连梁与墙肢刚度比，表示连梁与墙肢的刚度相对大小的一个系数）、墙肢惯性矩的比值 $I_n/I$ 及楼层层数确定。

（1）整体性系数 $\alpha$。

双肢墙（图 6.13）

$$\alpha = H \sqrt{\frac{12 I_b a^2}{h(I_1 + I_2) l_b^3} \cdot \frac{I}{I_n}} \qquad (6-1)$$

多肢墙

$$\alpha = H \sqrt{\frac{12}{\tau h \sum\limits_{j=1}^{m+1} I_j} \sum\limits_{j=1}^{m} \frac{I_{bj} a_j^2}{l_{bj}^3}} \qquad (6-2)$$

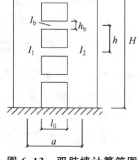

图 6.13　双肢墙计算简图

式中：$\tau$——考虑墙肢轴向变形的影响系数（3～4 肢可近似取 0.8；5～7 肢可近似取 0.85；8 肢以上可近似取 0.9）；

$I$——剪力墙对组合截面形心的惯性矩，$I = \sum\limits_{j=1}^{m+1} I_j + \sum\limits_{j=1}^{m} A_j y_j$；

$I_n$——扣除墙肢惯性矩后剪力墙的惯性矩，$I_n = I - \sum\limits_{j=1}^{m+1} I_j$；

$I_{bj}$——第 $j$ 列连梁的折算惯性矩，$I_{bj} = \dfrac{I_{b0}}{1 + \dfrac{30 \mu I_{b0}}{A_{bj} l_{bj}^2}}$；

$I_1$、$I_2$——墙肢 1、2 的截面惯性矩；

$m$——洞口列数；

$h$——层高；

$H$——剪力墙总高度；

$a_j$——第 $j$ 列洞口两侧墙肢轴线距离；

$l_{bj}$——第 $j$ 列连梁计算跨度，取为洞口宽度加梁高的一半；

$I_j$——第 $j$ 个墙肢的截面惯性矩；

$I_{bj0}$——第 $j$ 列连梁截面惯性矩（刚度不折减）；

$\mu$——剪应力不均匀系数（矩形截面时 $\mu=1.2$；I 形截面取 $\mu$ 等于墙全截面面积除以腹板毛截面面积；T 形截面按表 6-1 取值）；

$A_{bj}$——第 $j$ 列连梁的截面面积。

表 6-1　T 形截面剪应力不均匀系数 $\mu$

| $h_w/t$ | $b_f/t$ | | | | | |
|---|---|---|---|---|---|---|
| | 2 | 4 | 6 | 8 | 10 | 12 |
| 2 | 1.383 | 1.496 | 1.521 | 1.511 | 1.483 | 1.445 |
| 4 | 1.441 | 1.876 | 2.287 | 2.682 | 3.061 | 3.424 |
| 6 | 1.362 | 1.097 | 2.033 | 2.367 | 2.698 | 3.026 |
| 8 | 1.313 | 1.572 | 1.838 | 2.106 | 2.374 | 2.641 |
| 10 | 1.283 | 1.489 | 1.707 | 1.927 | 2.148 | 2.370 |
| 12 | 1.264 | 1.432 | 1.614 | 1.800 | 1.988 | 2.178 |
| 15 | 1.245 | 1.374 | 1.519 | 1.669 | 1.820 | 1.973 |
| 20 | 1.228 | 1.317 | 1.422 | 1.534 | 1.648 | 1.763 |
| 30 | 1.214 | 1.264 | 1.328 | 1.399 | 1.473 | 1.549 |
| 40 | 1.208 | 1.240 | 1.284 | 1.334 | 1.387 | 1.442 |

注：$h_w$ 为 T 形截面腹板高度；$b_f$ 为 T 形截面翼缘宽度；$t$ 为 T 形截面腹板厚度。

（2）系数 $\zeta$。

由 $\alpha$ 及层数按表 6-2 取用系数 $\zeta$。

表 6-2　系数 $\zeta$ 的数值

| $\alpha$ | 层数 $n$ | | | | | |
|---|---|---|---|---|---|---|
| | 8 | 10 | 12 | 16 | 20 | $\geqslant 30$ |
| 10 | 0.886 | 0.948 | 0.975 | 1.000 | 1.000 | 1.000 |
| 12 | 0.886 | 0.924 | 0.950 | 0.994 | 1.000 | 1.000 |
| 14 | 0.853 | 0.908 | 0.934 | 0.978 | 1.000 | 1.000 |
| 16 | 0.844 | 0.896 | 0.923 | 0.964 | 0.988 | 1.000 |
| 18 | 0.836 | 0.888 | 0.914 | 0.952 | 0.978 | 1.000 |
| 20 | 0.831 | 0.880 | 0.906 | 0.945 | 0.970 | 1.000 |
| 22 | 0.827 | 0.875 | 0.901 | 0.940 | 0.965 | 1.000 |
| 24 | 0.824 | 0.871 | 0.897 | 0.936 | 0.960 | 0.989 |
| 26 | 0.822 | 0.867 | 0.894 | 0.932 | 0.955 | 0.986 |
| 28 | 0.820 | 0.864 | 0.890 | 0.929 | 0.952 | 0.982 |
| $\geqslant 30$ | 0.818 | 0.861 | 0.887 | 0.926 | 0.950 | 0.979 |

**2. 分类判别**

（1）当 $\alpha \geqslant 10$ 且 $\dfrac{I_n}{I} \leqslant \zeta$ 时，按整体小开口墙计算。

（2）当 $\alpha \geq 10$ 但 $\dfrac{I_{\mathrm{n}}}{I} > \zeta$ 时，按壁式框架计算。

（3）当 $1 < \alpha < 10$ 时，按联肢墙计算。

（4）当 $\alpha \leq 1$ 时，认为连梁约束作用很小，按独立墙肢计算。

### 6.2.3 剪力墙有效翼缘宽度 $b_{\mathrm{f}}$

（1）计算剪力墙的内力与位移时，可以考虑纵横墙的共同作用。剪力墙有效翼缘宽度 $b_{\mathrm{f}}$ 按表 6-3 采用，取最小值。剪力墙的有效翼缘宽度如图 6.14 所示。

表 6-3　剪力墙有效翼缘宽度 $b_{\mathrm{f}}$

| 考虑方式 | 截 面 形 式 | |
|---|---|---|
| | T 形或 I 形 | L 形或 〔 形 |
| 按剪力墙间距 | $b + \dfrac{S_{01}}{2} + \dfrac{S_{02}}{2}$ | $b + \dfrac{S_{02}}{2}$ |
| 按翼缘厚度 | $b + 12h_{\mathrm{f}}$ | $b + 6h_{\mathrm{f}}$ |
| 按总高度 | $\dfrac{H}{10}$ | $\dfrac{H}{20}$ |
| 按门窗洞口 | $b_{01}$ | $b_{02}$ |

注：$b$ 为剪力墙厚度；$S_{01}$，$S_{02}$ 为相邻剪力墙间距；$h_{\mathrm{f}}$ 为墙肢翼缘厚度；$H$ 为剪力墙高度；$b_{01}$，$b_{02}$ 为相邻门窗洞口宽度。

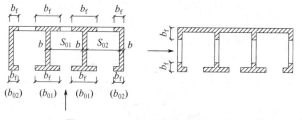

图 6.14　剪力墙的有效翼缘宽度

（2）在双十字形和井字形 [图 6.15(a)] 平面的建筑中，当核心墙各墙段轴线错开距离 $a$ 不大于实体连接墙厚度的 8 倍，并且不大于 2.5m 时，整体墙可以作为整体平面剪力墙考虑，计算所得的内力应乘以增大系数 1.2，等效刚度应乘以折减系数 0.8。

（3）当折线形剪力墙 [图 6.15(b)] 的各墙段总转角不大于 15° 时，可按平面剪力墙考虑。

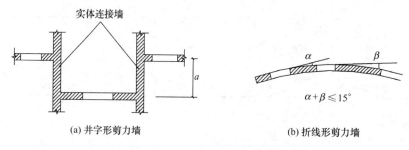

(a) 井字形剪力墙　　　　　　　　　　(b) 折线形剪力墙

图 6.15　井字形和折线形剪力墙

# 6.3 剪力墙结构简化分析方法

剪力墙结构是空间结构，它的手算方法曾在工程中广泛应用，方法很多，但是在实用中已被更精确、更省人力的计算机程序分析——有限元方法所替代。在计算机程序十分普及的今天，仍有必要掌握一些基本的适用于手算的近似方法，因为近似方法概念清楚，结果易于分析和判断。本节主要介绍剪力墙结构的平面简化分析方法。

## 6.3.1 剪力墙结构的平面简化分析方法

1. 计算基本假定

（1）简化计算的基本假定。

由于剪力墙平面内的刚度比平面外的刚度大得多，大多数情况下可以把剪力墙简化为平面结构构件，采用结构力学的方法做近似计算，而使计算大大简化。简化计算有以下两点基本假定。

① 剪力墙只在其自身平面内有刚度，平面外刚度很小，可以忽略，因此，剪力墙只能抵抗其自身平面内的侧向力。因而，整个结构可以划分成若干个平面结构共同抵抗与其平行的侧向荷载，垂直于该方向的结构不参与受力。

② 楼板在其自身平面内刚度无限大，楼板平面外刚度很小，可以忽略。因而，在侧向力作用下，楼板为刚体平移或转动，各个平面抗侧力结构之间通过楼板互相联系并协同工作。

（2）内力分析要解决的问题。

基于上述两个假定，平面简化分析方法将结构分成独立的抗侧力单元，内力分析主要解决以下两个问题。

① 水平荷载在各片抗侧力单元之间的分配。水平荷载分配与抗侧力单元的刚度有关，首先要计算抗侧力单元的刚度，然后按刚度分配水平力，刚度越大，分配的水平荷载也越大。

② 计算每片抗侧力单元在所分到的水平荷载作用下的内力和位移。

如果结构有扭转，近似方法将结构在水平力作用下的计算分为三步，即先计算结构平移时的侧移和内力，然后计算结构扭转位移下的内力，最后将两部分内力叠加。

2. 平面简化分析方法的适用条件

按照洞口大小和分布的不同，剪力墙可以划分为不同类别，每一类剪力墙结构的平面简化分析方法都有其适用条件。

（1）整截面剪力墙假设截面上应力为直线分布，按整体悬臂墙计算这类墙的内力及位移，称为整体墙计算方法。

（2）整体小开口剪力墙和联肢墙是超静定结构，其简化计算方法很多，如小开口剪力墙计算方法、连续化方法、带刚域框架方法等。

（3）不规则开洞剪力墙的洞口较大且排列不规则时，不能简化成杆件体系进行计算。如果要精确地知道其应力分布，需采用平面有限元方法。

<h2>6.3.2    剪力墙结构侧向荷载的简化</h2>

风荷载和地震作用方向都是随机的，一般在进行结构计算时，假设水平荷载分别作用在结构的两个主轴方向。在矩形平面中，对正交的两个主轴 $x$、$y$ 方向分别进行内力分析，如图 6.16(a) 及图 6.16(b) 所示。

其他形状平面可根据几何形状和尺寸确定主轴方向。有斜交抗侧力构件的结构，当相交角度 $\alpha > 15°$ 时，应分别计算各抗侧力构件方向的水平地震作用，如图 6.16（c）所示。

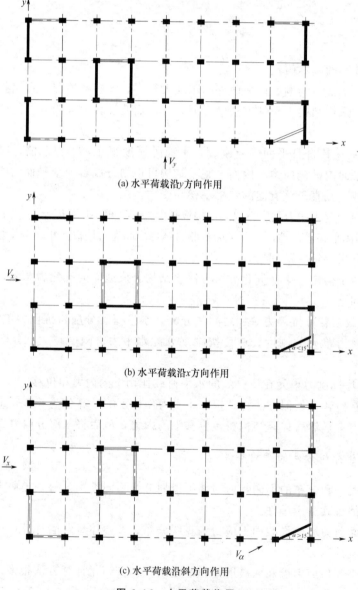

(a) 水平荷载沿 $y$ 方向作用

(b) 水平荷载沿 $x$ 方向作用

(c) 水平荷载沿斜方向作用

图 6.16   水平荷载作用

## 6.3.3 单榀剪力墙分配的剪力

根据上述假定，剪力墙结构可以按纵横两个方向分别计算，每个方向是由若干片平面剪力墙组成，协同抵抗外荷载。对于每一片剪力墙，可考虑纵横墙共同形成带翼缘剪力墙，纵墙的一部分可作为横墙的翼缘，横墙的一部分也可作为纵墙的翼缘。

竖向荷载作用下按每片剪力墙的承载面积计算荷载，直接计算墙截面上的轴力。

在水平荷载作用下，各片剪力墙通过刚性楼板联系。当结构的水平荷载合力与结构刚度中心重合时，结构不会产生扭转，各片剪力墙在同一层楼板标高处侧移相等，因此，总水平荷载将按各片剪力墙刚度分配到每片墙，然后分片计算剪力墙的内力。

剪力墙接近于悬臂杆件，弯曲变形是主要成分，其侧移曲线以弯曲型为主，剪力墙的抗弯刚度可以用 $EI$ 表示；由于还存在剪切变形，而且剪力墙上开洞，因此通常采用等效抗弯刚度 $E_c I_{eq}$（等效为悬臂杆的抗弯刚度）计算剪力墙剪力分配，第 $i$ 层第 $j$ 片剪力墙分配到的剪力 $V_{ij}$ 计算公式为

$$V_{ij} = \frac{E_c I_{eqj}}{\sum E_c I_{eqk}} V_{pi} \qquad (6-3)$$

式中：　　　$V_{pi}$——第 $i$ 层总剪力；

$E_c I_{eqj}$、$E_c I_{eqk}$——分别为第 $j$、$k$ 片墙的等效抗弯刚度。

各种类型单片剪力墙的等效抗弯刚度可由各类近似方法直接求得。

# 6.4 整截面剪力墙及整体小开口剪力墙的内力和位移计算

本节主要介绍整截面剪力墙及整体小开口剪力墙在竖向荷载和水平荷载作用下的内力和位移计算。

## 6.4.1 整截面剪力墙及整体小开口剪力墙在竖向荷载作用下的内力计算

剪力墙结构的竖向荷载如果是通过楼板传递到墙上的，则可以认为竖向荷载在墙内两个方向均匀分布；如果竖向荷载是通过楼面梁传递到墙上的，梁端剪力作用于墙身，则可以认为作用在梁底截面的竖向荷载为集中荷载（应验算墙体局部抗压），在梁底截面以下可按 45°均匀扩散至墙身，对下层墙身的作用可按均布荷载考虑。在竖向荷载作用下，一片剪力墙所承受的竖向荷载应为该剪力墙平面计算单元范围内的荷载及剪力墙自重，根据楼（屋盖）结构布置及平面尺寸的不同，剪力墙上的荷载可能为均布荷载、梯形分布荷载、三角形分布荷载或集中荷载。

整截面剪力墙计算截面的轴力为该截面以上全部竖向荷载之和。

整体小开口剪力墙 $j$ 墙肢的轴力为该墙肢计算截面以上全部荷载之和，每层传给各墙肢的竖向荷载分配按图 6.17 所示范围计算。

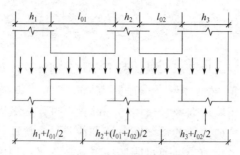

图 6.17　墙肢竖向荷载分配

整截面剪力墙及整体小开口剪力墙在水平荷载作用下的内力计算

1. 整截面剪力墙的内力计算

整截面剪力墙的内力计算可按整截面悬臂构件计算相应截面的弯矩和剪力，再按平截面假定计算截面应力分布，如图 6.18 所示。

$$\sigma = \frac{My}{I} \tag{6-4}$$

$$\tau = \frac{VS}{bI} \tag{6-5}$$

式中：$\sigma$、$\tau$、$M$、$V$——截面的正应力、剪应力、弯矩及剪力；

$I$、$b$、$y$——截面惯性矩、静面矩、截面宽度及截面重心到所求正应力点的距离。

2. 整体小开口剪力墙的内力计算

整体小开口剪力墙墙肢截面的正应力可以看作由两部分弯曲应力组成，其中一部分是作为整体悬臂墙作用产生的正应力，另一部分是作为独立悬臂墙作用产生的正应力。

整体小开口剪力墙的内力可按下式计算。

局部弯矩不超过整体弯矩的 15%，如图 6.19 所示。

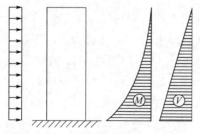

图 6.18　整截面剪力墙内力分布

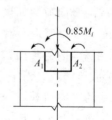

图 6.19　整体小开口剪力墙的受力情况

墙肢弯矩

$$M_j = 0.85 M_i \frac{I_j}{I} + 0.15 M_i \frac{I_j}{\sum I_j} \tag{6-6}$$

墙肢轴力

$$N_j = 0.85 M_i \frac{A_j y_j}{I} \tag{6-7}$$

墙肢剪力

$$V_j = \frac{V_i}{2} \left( \frac{A_j}{\sum A_j} + \frac{I_j}{\sum I_j} \right) \tag{6-8}$$

式中：$M_i$、$V_i$——第 $i$ 层总弯矩、总剪力；

　　　$I_j$、$A_j$——第 $j$ 个墙肢的截面惯性矩、截面面积；

　　　　　$y_j$——第 $j$ 个墙肢的截面形心至组合截面形心的距离；

　　　　　　$I$——组合截面惯性矩。

连梁的剪力可由上、下墙肢的轴力差计算。

剪力墙多数墙肢基本均匀，又符合整体小开口墙的条件，当有个别细小墙肢时，仍可按整体小开口剪力墙计算内力，但小墙肢端部宜按式（6-9）计算，附加局部弯曲的影响如式（6-10）。

$$M_j = M_{j0} + \Delta M_j \tag{6-9}$$

$$\Delta M_j = V_j \frac{h_0}{2} \tag{6-10}$$

式中：$M_{j0}$——按整体小开口墙计算的墙肢弯矩；

　　　$\Delta M_j$——由于小墙肢局部弯曲增加的弯矩；

　　　　$V_j$——第 $j$ 个墙肢的剪力；

　　　　$h_0$——洞口高度。

## 6.4.3　整截面剪力墙及整体小开口剪力墙在水平荷载作用下的位移计算

**1. 整截面剪力墙的位移计算**

整截面剪力墙的位移计算应考虑洞口对截面面积及刚度的削弱影响。

（1）有洞口整截面剪力墙（图 6.20）的折算截面面积 $A_q$ 如下。

$$A_q = \left( 1 - 1.25 \sqrt{\frac{A_{OP}}{A_0}} \right) A \tag{6-11}$$

式中：$A$——墙截面毛面积；

　　　$A_{OP}$——墙立面洞口面积；

　　　$A_0$——墙立面总面积。

（2）等效惯性矩 $I_q$。

等效惯性矩取有洞口截面与无洞口截面惯性矩沿竖向的加权平均值。

$$I_q = \frac{\sum I_i h_i}{\sum h_i} \tag{6-12}$$

（3）顶点位移 $\Delta$。

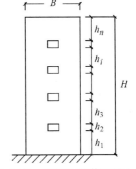

图 6.20　有洞口整截面剪力墙

倒三角分布荷载

$$\Delta = \frac{11}{60}\frac{V_0 H^3}{E_c I_q}\left(1+\frac{3.64\mu E_c I_q}{H^2 GA_q}\right) \tag{6-13}$$

均布荷载

$$\Delta = \frac{1}{8}\frac{V_0 H^3}{E_c I_q}\left(1+\frac{4\mu E_c I_q}{H^2 GA_q}\right) \tag{6-14}$$

顶部集中荷载

$$\Delta = \frac{1}{3}\frac{V_0 H^3}{E_c I_q}\left(1+\frac{3\mu E_c I_q}{H^2 GA_q}\right) \tag{6-15}$$

式中：$V_0$——底部截面剪力；

$\mu$——剪应力不均匀系数；

$G$——混凝土的剪切模量，取 $G=0.4E_c$。

为了计算方便，引入等效刚度 $E_c I_{eq}$ 的概念，它把剪切变形与弯曲变形综合成弯曲变形的形式，将式(6-13)～式(6-15) 写成

倒三角形分布荷载

$$\Delta = \frac{11}{60}\frac{V_0 H^3}{E_c I_{eq}} \tag{6-16}$$

均布荷载

$$\Delta = \frac{1}{8}\frac{V_0 H^3}{E_c I_{eq}} \tag{6-17}$$

顶部集中荷载

$$\Delta = \frac{1}{3}\frac{V_0 H^3}{E_c I_{eq}} \tag{6-18}$$

三种荷载作用下 $E_c I_{eq}$ 分别为

倒三角形分布荷载

$$E_c I_{eq} = \frac{E_c I_q}{1+\frac{3.64\mu E_c I_q}{H^2 GA_q}} \tag{6-19}$$

均布荷载

$$E_c I_{eq} = \frac{E_c I_q}{1+\frac{4\mu E_c I_q}{H^2 GA_q}} \tag{6-20}$$

顶部集中荷载

$$E_c I_{eq} = \frac{E_c I_q}{1+\frac{3\mu E_c I_q}{H^2 GA_q}} \tag{6-21}$$

为简化计算，可将三种荷载作用下的 $E_c I_{eq}$ 统一取为

$$E_c I_{eq} = \frac{E_c I_q}{1+\frac{9\mu I_q}{H^2 A_q}} \tag{6-22}$$

2. 整体小开口剪力墙的位移计算

考虑到开口后刚度的削弱，应将计算结果乘以 1.20，因此整体小开口墙的顶点位移可

按下式计算。

倒三角形分布荷载

$$\Delta=1.2\times\frac{11}{60}\frac{V_0 H^3}{E_c I_q}\left(1+\frac{3.64\mu E_c I_q}{H^2 GA_q}\right)\qquad(6-23)$$

均布荷载

$$\Delta=1.2\times\frac{1}{8}\frac{V_0 H^3}{E_c I_q}\left(1+\frac{4\mu E_c I_q}{H^2 GA_q}\right)\qquad(6-24)$$

顶部集中荷载

$$\Delta=1.2\times\frac{1}{3}\frac{V_0 H^3}{E_c I_q}\left(1+\frac{3\mu E_c I_q}{H^2 GA_q}\right)\qquad(6-25)$$

式中：$V_0$——底部截面剪力；

$G$——混凝土的剪切模量，取 $G=0.4E_c$。

## 6.5　联肢剪力墙的内力和位移计算

本节主要介绍联肢剪力墙在竖向荷载和水平荷载作用下的内力和位移计算。

### 6.5.1　联肢剪力墙在竖向荷载作用下的内力计算

**1. 无偏心荷载时联肢剪力墙内力计算**

墙肢轴力计算方法与整体小开口墙相同，但应计算竖向荷载在连梁中产生的弯矩和剪力，可近似按两端固定梁计算连梁的弯矩和剪力。

**2. 偏心竖向荷载作用下双肢墙内力计算**

偏心竖向荷载作用下的双肢墙计算简图如图 6.21 所示。

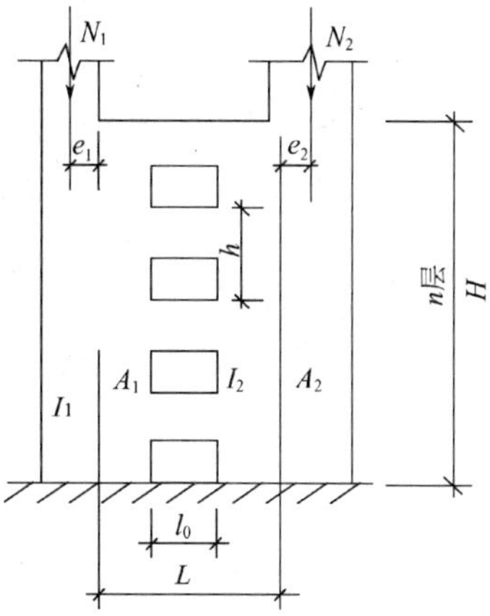

（1）墙肢内力。

$$M_j=\frac{IH}{(I_1+I_2)h}\left[(1-\xi)(p_1 e_1+p_2 e_2-k_0 S\eta_1)\right]\quad(j=1,2)$$

$$(6-26)$$

$$N_j=\frac{H}{h}\left[-p_j(1-\xi)\pm k_0\eta_1\right]\qquad(6-27)$$

$$k_0=\frac{S}{I}\left[p_2\left(-e_2+\frac{I_1+I_2}{aA_2}\right)-p_1\left(e_1+\frac{I_1+I_2}{aA_1}\right)\right]\quad(6-28)$$

图 6.21　偏心竖向荷载作用下的双肢墙计算简图

式中：$M_j$、$N_j$——分别为第 $j$ 个肢墙的弯矩、轴力；

$I$——双肢墙的组合截面惯性矩；

$p_1$、$p_2$——分别为在墙肢 1、2 上每层作用的平均竖向荷载，$p_1=N_1/n$，$p_2=N_2/n$；

$e_1$、$e_2$——分别为 $p_1$、$p_2$ 的偏心矩；

$A_1$、$A_2$——双肢墙两墙肢的截面面积；

$\quad a$——两墙肢轴线距离；

$\quad H$——双肢墙高度；

$\quad h$——双肢墙层高；

$\quad S$——双肢墙对组合截面形心的面积矩，$S = \dfrac{aA_1A_2}{A_1+A_2}$；

$\quad \xi$——相对受压区高度；

$\quad \eta_1$——与 $\alpha$ 和 $\xi$ 相关的系数，由图 6.22 查得。

（2）连梁内力。

$$V_b = k_0 \eta_2 \tag{6-29}$$

$$M_b = V_0 \frac{l_0}{2} = k_0 \eta_2 \frac{l_0}{2} \tag{6-30}$$

式中：$V_b$、$M_b$——连梁的剪力、弯矩；

$\quad \eta_2$——与 $\alpha$ 和 $\xi$ 相关的系数，由图 6.23 查得。

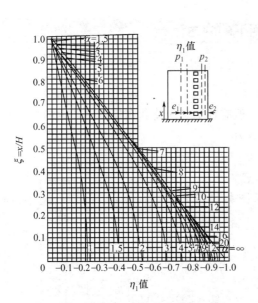

图 6.22 偏心竖向荷载作用下的 $\eta_1$ 值

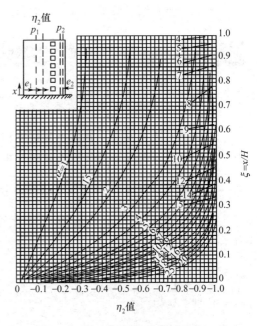

图 6.23 偏心竖向荷载作用下的 $\eta_2$ 值

**3. 偏心荷载作用下联肢墙内力计算**

端部墙肢可与其相邻墙肢近似按双肢墙计算，中部墙肢可分别与其相邻左右墙肢按双肢墙计算，近似取两次计算结果的平均值。

## 6.5.2 联肢剪力墙在水平荷载作用下的内力计算

**1. 连续化方法基本假定**

对于联肢剪力墙，连续化方法是一种相对比较精确的手算方法，而且通过连续化方法可以清楚地了解剪力墙受力和变形的一些规律。连续化方法是指把连梁看作分散在整个高度上平行排列的连续连杆，连杆之间没有相互作用，如图 6.24 所示。该方法的基本假定如下。

（1）忽略连梁的轴向变形，即同一高度上各墙肢的水平位移相等。

（2）各墙肢的变形曲线相似，即各墙肢在同一高度上，截面的转角和曲率相等，因此连梁的两端转角相等。连梁的反弯点在跨中，连梁的作用可以用沿高度均匀分布的连续弹性薄片代替。

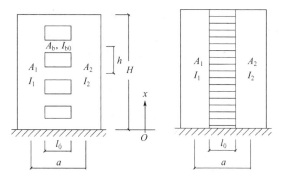

图 6.24　联肢墙及连梁连续化示意

（3）各墙肢截面、各连梁截面及层高等几何参数沿高度不变。

（4）连梁和墙肢应考虑弯曲和剪切变形，墙肢还应考虑轴向变形的影响。

由这些假定可见，连续化方法适用于开洞规则、由下到上墙厚及层高都不变的联肢墙。实际工程中不可避免地会有变化，如果变化不多，可取各楼层的平均值作为计算参数，如果是很不规则的剪力墙，本方法则不适用。此外，层数越多，本方法计算结果越好，对低层和多层剪力墙，计算误差较大。

**2. 连续化方法微分方程**

以等肢双肢墙为例，如图 6.25 所示。该方法是将连续化后的连梁沿中线切开，由于跨中为反弯点，故切开后截面上只有剪力集度 $\tau(x)$ 及轴力集度 $\sigma(x)$。沿连梁切口处未知力 $\tau(x)$ 方向上各因素将使其产生相对位移，但总的相对位移为零。连梁轴力不引起连梁竖向相对位移，不改变整体截面的总弯矩。墙肢剪切变形不引起连梁竖向相对位移。墙肢弯曲变形、墙肢轴向变形及连梁弯曲变形和剪切变形引起连梁中点切口处竖向相对位移，如图 6.26 所示。

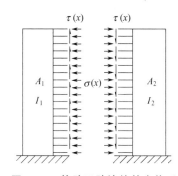

图 6.25　等肢双肢墙的基本体系

由于连梁中点处总的相对位移为零，则有

$$\delta_1 + \delta_2 + \delta_3 = 0 \qquad (6-31)$$

（1）$\delta_1$ 表示由墙肢弯曲变形产生的相对位移，见图 6.26(a)，当墙段弯曲变形有转角 $\theta_m$ 时，切口处的相对位移为

$$\delta_1 = -2a\theta_m \qquad (6-32a)$$

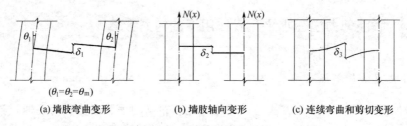

(a) 墙肢弯曲变形　　　　(b) 墙肢轴向变形　　　　(c) 连续弯曲和剪切变形

**图 6.26　连梁中点切口处竖向相对位移**

（2）$\delta_2$ 表示由墙肢轴向变形产生的相对位移，见图 6.26(b)，在水平荷载作用下，一个墙肢受拉，另一个墙肢受压，墙肢轴向变形使切口处产生相对位移。墙肢底截面相对位移为 0，由 $x$ 到 $H$ 积分可得到坐标为 $x$ 处的相对位移为

$$\delta_2 = \frac{1}{E}\left(\frac{1}{A_1} + \frac{1}{A_2}\right)\int_x^H \int_0^x \tau(x)\mathrm{d}x\mathrm{d}x \qquad (6-32\text{b})$$

（3）$\delta_3$ 表示由连梁弯曲和剪切变形产生的相对位移，见图 6.26(c)，取微段 $\mathrm{d}x$，微段上连杆截面为 $(A_1/h)\mathrm{d}x$，惯性矩为 $(I_1/h)\mathrm{d}x$，把连杆看成端部作用力为 $\tau(x)\mathrm{d}x$ 的悬臂梁，由悬臂梁变形公式可得

$$\delta_3 = 2\frac{\tau(x)hl_0^3}{3EI_l}\left(1 + \frac{3\mu EI_l}{A_lGl_0^2}\right) = 2\frac{\tau(x)hl_0^3}{3E\,\widetilde{I}_l} \qquad (6-32\text{c})$$

$$\widetilde{I}_l = \frac{I_l}{1 + \dfrac{3\mu EI_l}{A_lGl_0^2}} \qquad (6-32\text{d})$$

式中：$\mu$——剪应力不均匀系数；

　　　$G$——混凝土的剪切模量；

　　　$\widetilde{I}_l$——连梁折算惯性矩，是以弯曲形式表达、考虑了弯曲和剪切变形的惯性矩。

把式(6-32a)、式(6-32b)、式(6-32c) 代入式(6-31) 中，可得位移协调方程如下。

$$-2a\theta_\mathrm{m} + \frac{1}{E}\left(\frac{1}{A_1} + \frac{1}{A_2}\right)\int_x^H \int_0^x \tau(x)\mathrm{d}x\mathrm{d}x + \frac{2\tau(x)hl_0^3}{3E\,\widetilde{I}_l} = 0 \qquad (6-33\text{a})$$

微分两次，得

$$-2a\theta_\mathrm{m}'' + \frac{1}{E}\left(\frac{1}{A_1} + \frac{1}{A_2}\right)\tau(x) + \frac{2hl_0^3}{3E\,\widetilde{I}_l}\tau''(x) = 0 \qquad (6-33\text{b})$$

式(6-33b) 称为双肢墙连续化基本微分方程，求解微分方程，可得到以函数形式表达的未知力 $\tau(x)$，具体如下所示。

均布荷载

$$\tau''(x) - \frac{12I_b}{hl^3}\left[\frac{a_2}{(I_1+I_2)} + \frac{A_1+A_2}{A_1A_2}\right]\tau(x) = \frac{12}{(I_1+I_2)} \cdot \frac{I_b a}{hl^3}\left(\frac{x}{H}-1\right)V_0 \qquad (6-34)$$

倒三角形分布荷载

$$\tau''(x) - \frac{12I_b}{hl^3}\left[\frac{a_2}{(I_1+I_2)} + \frac{A_1+A_2}{A_1A_2}\right]\tau(x) = \frac{12}{(I_1+I_2)} \cdot \frac{I_b a}{hl^3}\left(\frac{x}{H}-1\right)V_0 - \frac{24\mu EI_b l_0 V_0}{G(A_1+A_2)H^2hl^3}$$

$$(6-35)$$

顶部集中荷载

$$\tau''(x) - \frac{12I_{\mathrm{b}}}{hl^3}\left[\frac{a_2}{(I_1+I_2)}+\frac{A_1+A_2}{A_1A_2}\right]\tau(x) = -\frac{12}{I_1+I_2}\cdot\frac{I_{\mathrm{b}}a}{hl^3}V_0 \qquad (6-36)$$

式中：$V_0$——基底总剪力；

$\quad\quad I_{\mathrm{b}}$——考虑剪切变形影响后的连梁折算惯性矩，$I_{\mathrm{b}}=\dfrac{I_{\mathrm{b0}}}{1+\dfrac{12\mu EI_{\mathrm{b0}}}{GA_{\mathrm{b}}l^2}}\approx\dfrac{I_{\mathrm{b0}}}{1+\dfrac{30\mu I_{\mathrm{b0}}}{A_{\mathrm{b}}l^2}}$；

$\quad\quad l$——连梁的计算跨度，$l=l_0+\dfrac{h_{\mathrm{b}}}{2}$；

$\quad\quad \mu$——截面上的剪应力不均匀系数（对矩形截面，$\mu=1.2$）。

解微分方程，可以求得 $\tau(x)$，继而可求得双肢墙内力。

3. 双肢剪力墙在水平荷载作用下的内力计算

连梁对墙肢的约束弯矩为

$$m(x)=\tau(x)\cdot a \qquad (6-37)$$

$j$ 层连梁的剪力为

$$V_{\mathrm{b}j}=\tau_j(x)\cdot h \qquad (6-38)$$

$j$ 层连梁的端弯矩为

$$M_{\mathrm{b}j}=V_{\mathrm{b}j}\cdot\frac{l_0}{2} \qquad (6-39)$$

$j$ 层墙肢的轴力为

$$N_{ij}=\sum_{k=j}^{n}V_{\mathrm{b}k}\quad(i=1,2) \qquad (6-40)$$

$j$ 层墙肢的弯矩为

$$\begin{cases}M_1=\dfrac{I_1}{I_1+I_2}M_j,\quad M_2=\dfrac{I_2}{I_1+I_2}M_j\\[3mm] M_j=M_{\mathrm{p}j}-\displaystyle\sum_{k=j}^{n}m_k(x)\end{cases} \qquad (6-41)$$

4. 联肢剪力墙在水平荷载作用下的内力计算

联肢剪力墙计算也采用连续法求解，基本假定和基本取法与双肢墙类似。但需要注意的是，与双肢墙不同，在建立某个切口处的协调方程时，除了本跨连梁的内力外，还要考虑下一跨连梁内力对本跨墙肢和下跨墙肢的影响。再经过叠加，可建立与双肢墙完全相同的微分方程，获得完全相同的微分方程解。因此，在进行联肢剪力墙的内力计算时，双肢墙的公式都可以应用，但是要做相应的替换。由于篇幅有限，这里不再赘述。

## 6.5.3　双肢剪力墙在水平荷载作用下的顶点位移计算

双肢剪力墙在三种水平荷载作用下的顶点位移计算公式分别如下。

（1）倒三角形分布荷载作用时为

$$\Delta = \frac{11}{60} \frac{V_0 H^3}{E_c I_{eq}} \tag{6-42}$$

（2）均布荷载作用时为

$$\Delta = \frac{1}{8} \frac{V_0 H^3}{E_c I_{eq}} \tag{6-43}$$

（3）顶部集中荷载作用时为

$$\Delta = \frac{1}{3} \frac{V_0 H^3}{E_c I_{eq}} \tag{6-44}$$

式中：$E_c I_{eq}$——双肢墙的等效刚度，三种水平荷载作用下分别按式(6-45)～式(6-47)
计算。

倒三角形分布荷载作用时为

$$E_c I_{eq} = \frac{E_c \sum I_i}{1 + 3.64\gamma^2 - T + \psi_a T} \tag{6-45}$$

均布荷载作用时为

$$E_c I_{eq} = \frac{E_c \sum I_i}{1 + 4\gamma^2 - T + \psi_a T} \tag{6-46}$$

顶部集中荷载作用时为

$$E_c I_{eq} = \frac{E_c \sum I_i}{1 + 3\gamma^2 - T + \psi_a T} \tag{6-47}$$

$\alpha$ 的函数 $\psi_a$ 的计算公式如下。

倒三角形分布荷载作用时为

$$\psi_a = \frac{60}{11} \frac{1}{\alpha^2} \left( \frac{2}{3} + \frac{2\,\mathrm{sh}\alpha}{\alpha^3 \mathrm{ch}\alpha} - \frac{2}{\alpha^2 \mathrm{ch}\alpha} - \frac{\mathrm{sh}\alpha}{\alpha \mathrm{ch}\alpha} \right) \tag{6-48}$$

均布荷载作用时为

$$\psi_a = \frac{8}{\alpha^2} \left( \frac{1}{2} + \frac{1}{\alpha^2} - \frac{2}{\alpha^2 \mathrm{ch}\alpha} - \frac{\mathrm{sh}\alpha}{\alpha \mathrm{ch}\alpha} \right) \tag{6-49}$$

顶部集中荷载作用时为

$$\psi_a = \frac{3}{\alpha^2} \left( 1 - \frac{\mathrm{sh}\alpha}{\alpha \mathrm{ch}\alpha} \right) \tag{6-50}$$

剪力变形影响系数 $\gamma$ 的计算公式如下。

$$\gamma^2 = \frac{E \sum I_i}{H^2 G \sum A_i / \mu_i} \tag{6-51}$$

## 6.6　壁式框架的内力和位移计算

本节主要介绍壁式框架在竖向荷载和水平荷载作用下的内力和位移计算。

### 6.6.1 壁式框架在竖向荷载作用下的内力计算

壁式框架在竖向荷载作用下，壁梁和壁柱的内力计算与框架在竖向荷载作用下的内力计算方法相同，可采用力矩分配法或分层法，但应根据杆件刚域长度确定刚域长度系数，并进而对梁、柱杆件的线刚度及柱的抗侧刚度进行修正。

### 6.6.2 壁式框架在水平荷载作用下的内力和位移计算

#### 1. 计算简图

壁式框架的轴线取壁梁和壁柱的形心线，如图 6.27 所示。梁和柱刚域的长度可按式（6－52）分别计算，当计算的刚域长度小于零时，可不考虑刚域的影响。

$$\begin{cases} l_{b1}=a_1-0.25h_b \\ l_{b2}=a_2-0.25h_b \\ l_{c1}=c_1-0.25b_c \\ l_{c2}=c_2-0.25b_c \end{cases} \quad (6-52)$$

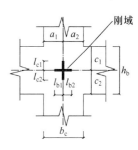

**图 6.27 壁式框架**

壁式框架与普通框架的差别如下。

（1）壁式框架带刚域。

（2）壁式框架杆件截面较宽，剪切变形的影响不宜忽略。

因此，当对带刚域的杆件考虑对剪切变形后的 $D$ 值进行修正和对反弯点高度比 $y$ 值进行修正后，便可用 $D$ 值法计算在水平荷载作用下壁式框架的内力与变形。

带刚域杆件的等效刚度 $EI$ 可按下式计算，如图 6.28 所示。

$$EI=EI_0\eta_v\left(\frac{l}{l_0}\right)^3 \quad (6-53)$$

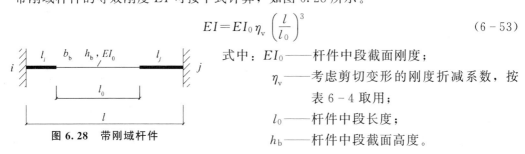

**图 6.28 带刚域杆件**

式中：$EI_0$——杆件中段截面刚度；

$\eta_v$——考虑剪切变形的刚度折减系数，按表 6－4 取用；

$l_0$——杆件中段长度；

$h_b$——杆件中段截面高度。

**表 6－4 考虑剪切变形的刚度折减系数 $\eta_v$**

| $h_b/l_0$ | 0.0 | 0.1 | 0.2 | 0.3 | 0.4 | 0.5 | 0.6 | 0.7 | 0.8 | 0.9 | 1.0 |
|---|---|---|---|---|---|---|---|---|---|---|---|
| $\eta_v$ | 1.00 | 0.97 | 0.89 | 0.79 | 0.68 | 0.57 | 0.48 | 0.41 | 0.34 | 0.29 | 0.25 |

壁式框架带刚域杆件变为等效等截面杆件后，可采用 $D$ 值法进行简化计算。

2. 带刚域杆件考虑剪切变形后的刚度系数和 $D$ 值修正

当 1、2 两端各有一个单位转角时，如图 6.29 所示。$1'$、$2'$ 两点除有单位转角外，还有线位移 $al$ 和 $bl$，即还有转角

$$\varphi = \frac{al+bl}{l'} = \frac{a+b}{1-a-b} \quad (6-54)$$

为便于求出 $M_{12}$ 和 $M_{21}$，可先假定 $1'$ 和 $2'$ 为铰接，使刚域各产生一个单位转角。这时，在梁内并不产生内力。然后在 $1'$、$2'$ 点处加上弯矩 $M_{1'2'}$ 与 $M_{2'1'}$，使 $1' \sim 2'$ 段从斜线位置变到所要求的变形位置。这时 $1' \sim 2'$ 段两端都转了一个角度。

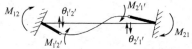

**图 6.29 带刚域杆件的变形**

$$1+\varphi = \frac{1}{1-a-b} \quad (6-55)$$

$$M_{1'2'} = M_{2'1'} = \frac{6EI}{(1+\beta_i)l'}\left(\frac{1}{1-a-b}\right) = \frac{6EI}{(1+\beta_i)(1-a-b)^2 l} \quad (6-56)$$

式中：$\beta_i$——考虑剪切变形影响的附加系数，$\beta_i = \frac{12EI\mu}{GAl'^2}$。

$$V_{1'2'} = V_{2'1'} = \frac{M_{1'2'}+M_{2'1'}}{l'} = \frac{6EI}{(1-a-b)^3 l^2(1+\beta_i)} \quad (6-57)$$

$$M_{12} = M_{1'2'} + V_{1'2'} \cdot al = \frac{6EI(1+a-b)}{(1+\beta_i)(1-a-b)^3 l} = 6ci \quad (6-58)$$

$$M_{21} = M_{2'1'} + V_{2'1'} \cdot bl = \frac{6EI(1-a+b)}{(1+\beta_i)(1-a-b)^3 l} = 6c'i \quad (6-59)$$

其中

$$c = \frac{1+a-b}{(1+\beta_i)(1-a-b)^3} \quad (6-60)$$

$$c' = \frac{1-a+b}{(1+\beta_i)(1-a-b)^3} \quad (6-61)$$

$$i = \frac{EI}{l} \quad (6-62)$$

令

$$K'_{12} = ci, \quad K'_{21} = c'i \quad (6-63)$$

则

$$M_{12} = 6K'_{12}, \quad M_{21} = 6K'_{21} \quad (6-64)$$

若为等截面杆，$M=12i$，故 $K' = \frac{c+c'}{2}i$，因此可按等截面杆计算柱的 $D$ 值，但取

$$K_c = \frac{c+c'}{2}i_c \quad (6-65)$$

在带刚域的框架中用杆件修正刚度 $K$ 代替普通框架中的 $i$，梁取为 $K=ci$ 或 $c'i$，柱取为 $K_c = \frac{c+c'}{2}i_c\left(\text{其中 } i_c = \frac{EI}{h}\right)$，就可以按普通框架设计中给出的方法计算柱的 $D$ 值。

$$D = \frac{\alpha \cdot 12K_c}{h^2} \quad (6-66)$$

$\alpha$ 值的计算见表 6 - 5。

表 6 - 5 壁式框架 $\alpha$ 值的计算

| 楼层 | 梁、柱修正刚度值 | 梁柱刚度比 $K$ | $\alpha$ |
|---|---|---|---|
| 一般层 | ① $K_2=ci_2$ ② $K_1=c'i_1$ $K_2=ci_2$ $K_c=\dfrac{c+c'}{2}i_c$ $K_c=\dfrac{c+c'}{2}i_c$ $K_4=ci_4$ $K_3=c'i_3$ $K_4=ci_4$ | ① 情况 $$K=\frac{(K_2+K_4)}{2K_c}$$ ② 情况 $$K=\frac{K_1+K_2+K_3+K_4}{2K_c}$$ | $\alpha=\dfrac{K}{2+K}$ |
| 底层 | ① $K_2=ci_2$ ② $K_1=c'i_1$ $K_2=ci_2$ $K_c=\dfrac{c+c'}{2}i_c$ $K_c=\dfrac{c+c'}{2}i_c$ | ① 情况 $$K=\frac{K_2}{2K_c}$$ ② 情况 $$K=\frac{K_1+K_2}{2K_c}$$ | $\alpha=\dfrac{0.5+K}{2+K}$ |

### 3. 反弯点高度比的修正（图 6.30）

反弯点高度比的修正计算如下。

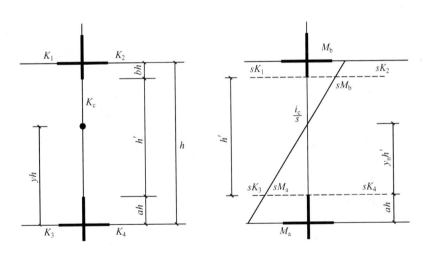

图 6.30 带刚域柱的反弯点高度

$$y=a+sy_n+y_1+y_2+y_3 \tag{6-67}$$

$$s=h'/h=1-a-b \tag{6-68}$$

$$K'=\frac{sK_1+sK_2+sK_3+sK_4}{2i_c/s}=s^2\frac{K_1+K_2+K_3+K_4}{2i_c} \tag{6-69}$$

$$\alpha_1=(K_1+K_2)/(K_3+K_4) \text{ 或 } (K_3+K_4)/(K_1+K_2) \tag{6-70}$$

$$\alpha_2 = h_上/h \qquad (6-71)$$

$$\alpha_3 = h_下/h \qquad (6-72)$$

式中：$y_n$——标准反弯点高度比，由框架结构设计中的有关表查得，但梁柱刚度比 $K$ 要用 $K'$ 代替；

$y_1$——上下梁刚度变化时的修正值，由 $K'$ 及 $\alpha_1$ 查表 5-4；

$y_2$——上层层高变化时的修正值，由 $K'$ 及 $\alpha_2$ 查表 5-5；

$y_3$——下层层高变化时的修正值，由 $K'$ 及 $\alpha_3$ 查表 5-5。

4. 内力和位移计算

在对 $D$ 值和反弯点高度进行修正后，就可以参考本书第5.4节的方法计算壁式框架在水平荷载下的内力和位移了，这里不再赘述。

# 6.7　剪力墙截面设计

本节主要介绍剪力墙墙肢、连梁的内力计算和截面设计。

## 6.7.1　墙肢截面设计

1. 墙肢内力设计值的计算

墙肢的内力有轴力、弯矩和剪力。对于轴力，由偏心受压构件的 $M\text{-}N$ 关系曲线可知，对于大偏心受压构件，当轴力 $N$ 增大时，在弯矩 $M$ 不变的前提下将引起配筋量的减小，而剪力墙墙肢在地震作用下大多为大偏心受压构件，故对剪力墙墙肢的轴力不应做增大调整。

（1）墙肢弯矩设计值。

对于墙肢的弯矩，为了实现"强剪弱弯"，一般情况下对弯矩不做增大调整，但对于一级抗震等级的剪力墙，为了使地震时塑性铰的出现部位符合设计意图，在其他部位保证不出现塑性铰的情况下，对其设计弯矩值做如下规定。

① 底部加强部位及上一层应按墙底截面组合弯矩计算值取用。

② 其他部位可按墙肢组合弯矩计算值的 1.2 倍取用。

这一规定的描述如图 6.31 所示，图中虚线为计算的组合弯矩图，实线为应采用的弯矩设计值。需要说明的是，图中非加强区域的 1.2 倍组合弯矩连线应为以层为单位的阶梯形折线，在图中用直线近似表达。

（2）墙肢剪力设计值。

抗震设计时，为体现"强剪弱弯"，剪力墙底部加强部位的剪力设计值要乘以增大系数，按其抗震等级的不同，增大系数也不同。按《高规》规定，一、二、三级抗震等级剪力墙底部加强部位都可用调整系数增大其剪力设计值，四级抗震等级及无地震作用组合时可不调整，公式如下。

$$V = \eta_{vw} V_w \qquad (6-73)$$

式中：$V$——考虑地震作用组合的剪力墙墙肢底部加
强部位截面的剪力设计值；

$V_w$——考虑地震作用组合的剪力墙墙肢底部加
强部位截面的剪力计算值；

$\eta_{vw}$——剪力增大系数，一级抗震等级为 1.6，二
级抗震等级为 1.4，三级抗震等级为 1.2。

但在抗震设防烈度为 9 度时，一级抗震等级剪力
墙底部加强部位仍然要求用实际的正截面配筋计算出
的受弯承载力计算其剪力增大系数，即应符合

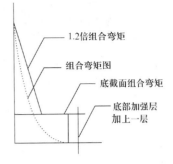

**图 6.31**　一级抗震等级设计的剪力墙
各截面弯矩设计值

$$V = 1.1 \frac{M_{wua}}{M_w} V_w \qquad (6-74)$$

式中：$M_{wua}$——考虑承载力抗震调整系数 $\gamma_{RE}$ 后的剪力墙墙肢正截面受弯承载力，应按实
配纵筋面积、材料强度标准值和组合的轴力设计值确定，有翼墙时应计入
墙两侧各一倍翼墙厚度范围内的纵向钢筋；

$M_w$——考虑地震作用组合的底部加强部位剪力墙底截面的弯矩组合计算值。

**2. 墙肢正截面承载力计算**

墙肢轴力大多数时候是压力，同时考虑到墙肢的弯矩影响，此时的正截面承载力计算
应按偏心受压构件进行。当墙肢轴力出现拉力时，同时考虑到墙肢弯矩的影响，此时的正
截面承载力计算应按偏心受拉构件进行。综上所述，墙肢正截面承载力分为正截面偏心受
压承载力验算和正截面偏心受拉承载力验算两个方面。

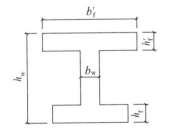

**图 6.32**　典型带翼缘剪力墙截面

（1）墙肢正截面偏心受压承载力验算。

墙肢正截面偏心受压承载力的计算方法有两种，
一种为《混凝土规范》中的有关计算方法，另一种为
《高规》中的有关计算方法，前者运算较复杂且偏于精
确，后者运算稍简单且趋于粗略。下面分别对这两种
方法进行简单介绍。典型带翼缘剪力墙截面如图 6.32
所示。

《混凝土规范》计算公式推导的主要依据为一般正
截面承载力设计的 3 个基本假定。

所谓均匀配筋构件是指截面中除了在受压边缘和受拉边缘集中配置钢筋 $A'_s$ 及 $A_s$ 以
外，沿截面腹部还配置了等直径、等间距的纵向受力钢筋 $A_{sw}$，一般每侧不少于 4 根。这
种配筋形式常用于剪力墙等结构中。

从理论上讲，《混凝土规范》已有公式可求出任意位置上的钢筋应力 $\sigma_{st}$，再列出力的
平衡方程式就可对均匀配筋构件的承载力进行计算。但这种一般性的计算方法必须反复迭
代，计算工作量十分繁重，不便于实际应用。为此，《混凝土规范》给出了简化的计算
公式。

为便于计算，可将分散的纵筋 $A_{sw}$ 换算为连续的钢片。图 6.33 所示为均匀配筋偏心

受压构件的承载力计算，钢片单位长度上的截面面积为 $A_{sw}/h_{sw}$，其中 $h_{sw}$ 为截面均匀配置纵向钢筋区段的高度，可取 $h_{sw}=h_{w0}-a'_s$。

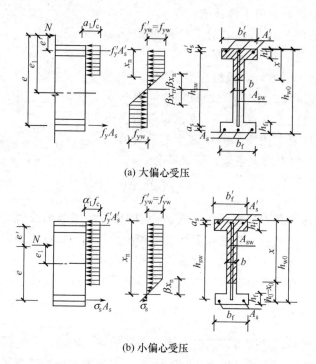

(a) 大偏心受压

(b) 小偏心受压

**图 6.33　均匀配筋偏心受压构件的承载力计算**

这样截面的承载力就可分为两部分：一部分为混凝土截面和端部纵向钢筋 $A_s$、$A'_s$ 组成的一般钢筋混凝土偏心受压构件的承载力；另一部分为钢片 $A_{sw}$ 的承载力。也就是说，均匀配筋的偏心受压构件的承载力公式只需在前述一般钢筋混凝土大、小偏心受压构件的承载力基本公式中增加一项钢片 $A_{sw}$ 的承载力 $N_{sw}$、$M_{sw}$ 即可，即其正截面受压承载力可按下列公式计算。

$$N \leqslant \alpha_1 f_c \left[ \xi b h_{w0} + (b'_f - b) h'_f \right] + f'_y A'_s - \sigma_s A_s + N_{sw} \tag{6-75}$$

$$Ne \leqslant \alpha_1 f_c \left[ \xi(1-0.5\xi) b h_{w0}^2 + (b'_f - b) h'_f \left( h_{w0} - \frac{h'_f}{2} \right) \right] + f'_y A'_s (h_{w0} - a'_s) - \sigma_s A_s + M_{sw} \tag{6-76}$$

问题的关键就是给出计算 $N_{sw}$、$M_{sw}$ 的公式。

对大偏心受压情况，可假定在截面受压和受拉区的外区段内，钢片的应力分别达到抗压强度设计值 $f'_{yw}$ 和抗拉强度设计值 $f_{yw}$，对热轧钢筋，$f_{yw}=f'_{yw}$。在由应变平截面假定得出的实际中和轴附近的中间区段 $2\beta x_n$ 范围内，钢片应力则由 $f'_{yw}$ 线性变化到 $f_{yw}$。$\beta$ 为钢筋屈服应变 $\varepsilon_y$ 与混凝土极限压应变 $\varepsilon_{cu}$ 的比值。

对小偏心受压情况，可假定处于受压区的钢片应力达到 $f'_{yw}$；受拉区钢片边缘处的应力为 $\sigma_{sw}$。在实际中和轴附近的 $\beta x_n$ 区段，应力由 $f'_{yw}$ 线性变化到 $\sigma_{sw}$。

由此可建立 $N_{sw}$ 及 $M_{sw}$ 的计算公式，并加以一定的简化，得到

$$N_{sw} = \left( 1 + \frac{\xi - \beta_1}{0.5 \beta_1 w} \right) f_{yw} A_{sw} \tag{6-77}$$

$$M_{sw} = \left[ 0.5 - \left( \frac{\xi - \beta_1}{\beta_1 w} \right)^2 \right] f_{yw} A_{sw} h_{sw} \qquad (6-78)$$

式中：$N_{sw}$——沿截面腹部均匀配置的纵向钢筋所承担的轴向压力，当 $\xi > \beta_1$ 时，取 $\xi = \beta_1$
　　　　　 计算；

　　　 $f_{yw}$——沿截面腹部均匀配置的纵向钢筋强度设计值；

　　　 $A_{sw}$——沿截面腹部均匀配置的全部纵向钢筋截面面积；

　　　 $M_{sw}$——沿截面腹部均匀配置的纵向钢筋内力对 $A_s$ 重心的力矩，当 $\xi > \beta_1$ 时，取 $\xi = \beta_1$
　　　　　 计算；

　　　　 $w$——高度 $h_{sw}$ 与 $h_{w0}$ 的比值，$w = h_{sw}/h_{w0}$。

　　由于上述表达式中考虑的因素较多，给工程运算带来较大不便，《高规》在前述公式的基础上对此进一步简化并在工程实践中得到广泛应用。下面对《高规》中的墙肢正截面偏心受压公式进行详细介绍。

　　在现行国家《混凝土规范》中偏心受压截面计算公式的基础上，根据中国建筑科学研究院结构所等单位所做的剪力墙试验进行简化，得到《高规》的简化公式。简化时假定在剪力墙腹板中 1.5 倍相对受压区范围之外，受拉区分布钢筋全部屈服，中和轴附近受拉和受压应力都很小，受压区的分布钢筋合力也很小，因此在计算时忽略 1.5 倍受压区范围之内的分布筋作用。《高规》中的计算公式就是在上述简化假定中得到的。

　　按照工字形截面的两个基本平衡公式 $\left( \sum M = 0, \sum N = 0 \right)$，可得到各种情况下的设计计算公式。

$$N \leqslant A_s' f_y' - A_s \sigma_s - N_{sw} + N_c \qquad (6-79)$$

$$N \left( e_0 + h_{w0} - \frac{h_w}{2} \right) \leqslant A_s' f_y' (h_{w0} - a_s') - M_{sw} + M_c \qquad (6-80)$$

式中：$e_0$——偏心矩，$e_0 = M/N$。

　　式(6-80)左侧为轴力对端部受拉钢筋合力点取矩的结果，右侧分别为端部受压钢筋、受拉分布筋（忽略受压分布筋的作用）和受压混凝土对端部受拉钢筋合力点取矩的结果。

　　当 $x > h_f'$ 时，中和轴在腹板中，基本公式中 $N_c$、$M_c$ 由下列公式计算。

$$N_c = \alpha_1 f_c b_w x + \alpha_1 f_c (b_f' - b_w) h_f' \qquad (6-81)$$

$$M_c = \alpha_1 f_c b_w x \left( h_{w0} - \frac{x}{2} \right) + \alpha_1 f_c (b_f' - b_w) h_f' \left( h_{w0} - \frac{h_f'}{2} \right) \qquad (6-82)$$

　　当 $x \leqslant h_f'$ 时，中和轴在翼缘内，基本公式中 $N_c$、$M_c$ 由下列公式计算。

$$N_c = \alpha_1 f_c b_f' x \qquad (6-83)$$

$$M_c = \alpha_1 f_c b_f' x \left( h_{w0} - \frac{x}{2} \right) \qquad (6-84)$$

　　对于混凝土受压区为矩形的其他情况，按 $b_f' = b_w$ 代入式(6-83)、式(6-84)进行计算。

　　当 $x \leqslant \xi_b h_{w0}$ 时，为大偏心受压，此时受拉、受压端部钢筋都达到屈服，基本公式中 $\sigma_s$、$N_{sw}$、$M_{sw}$ 由下列公式计算。

$$\sigma_s = f_y \qquad (6-85)$$

$$N_{sw} = (h_{w0} - 1.5x)b_w f_{yw} \rho_w \tag{6-86}$$

$$M_{sw} = \frac{1}{2}(h_{w0} - 1.5x)^2 b_w f_{yw} \rho_w \tag{6-87}$$

式中：$\rho_w$——剪力墙竖向分布筋配筋率，$\rho_w = \dfrac{A_{sw}}{b_w h_{w0}}$，$A_{sw}$ 为剪力墙腹板纵向钢筋总配筋量。

上述公式为忽略受压分布钢筋的有利作用，将受拉分布钢筋对端部受拉钢筋合力点取矩求得。当 $x > \xi_b h_{w0}$ 时，为小偏心受压，此时端部受压钢筋屈服，而受拉分布钢筋及端部钢筋均未屈服。既不考虑受压分布钢筋的作用，也不计入受拉分布钢筋的作用。基本公式中 $\sigma_s$、$N_{sw}$、$M_{sw}$ 由下列公式计算。

$$\sigma_s = \frac{f_y}{\xi_b - 0.8}\left(\frac{x}{h_{w0}} - \beta_1\right) \tag{6-88}$$

$$N_{sw} = 0 \tag{6-89}$$

$$M_{sw} = 0 \tag{6-90}$$

界限相对受压区高度由下式计算。

$$\xi_b = \frac{\beta_1}{1 + \dfrac{f_y}{E_s \varepsilon_{cu}}} \tag{6-91}$$

式中：$\xi_b$——界限相对受压区高度。

$\alpha_1$——受压区混凝土矩形应力图的应力与混凝土轴心抗压强度设计值的比值。当混凝土强度等级不超过 C50 时取 1.0；当混凝土强度等级为 C80 时取 0.94；当混凝土强度等级为 C50～C80 时，可按线性内插法取值。

$\beta_1$——混凝土强度影响系数。当混凝土强度等级不超过 C50 时取 0.8；当混凝土强度等级为 C80 时取 0.74；当混凝土强度等级为 C50～C80 时，可按线性内插取值。

$\varepsilon_{cu}$——混凝土极限压应变，应按现行国家标准《混凝土规范》第 6.2.1 条的有关规定采用。

对于无地震作用组合，可直接按上述方法进行验算；而有地震作用参与组合时，公式应做以下调整。

$$N \leqslant \frac{1}{\gamma_{RE}}(A'_s f'_y - A_s \sigma_s - N_{sw} + N_c) \tag{6-92}$$

$$N\left(e_0 + h_{w0} - \frac{h_w}{2}\right) \leqslant \frac{1}{\gamma_{RE}}[A'_s f'_y(h_{w0} - a'_s) - M_{sw} + M_c] \tag{6-93}$$

式中：$\gamma_{RE}$——承载力抗震调整系数，取 0.85。

对于大偏心受压情况，由于忽略了受压分布筋的有利作用，计算的受弯承载力比实际的受弯承载力低，偏于安全；对于小偏心受压情况，由于忽略了受压分布筋和受拉分布筋的有利作用，计算出的受弯承载力也小于实际的受弯承载力，也偏于安全。所以，《高规》的计算结果较《混凝土规范》的计算结果更安全。

(2) 墙肢正截面偏心受拉承载力验算。

所有正截面承载力设计的 M-N 相关关系可以归结为一条近似的二次抛物线，如图 6.34 所示。线上关键点和线段有以下对应关系：$a$ 点表示轴心受压，$c$ 点表示纯弯，$e$ 点表示轴心受拉，$b$ 点表示大小偏心受压的分界点，$d$ 点表示大小偏心受拉的分界点，因此曲线上各段分别为：$ab$ 表示小偏心受压，$bc$ 表示大偏心受压，$cd$ 表示大偏心受拉，$de$ 表示小偏心受拉。

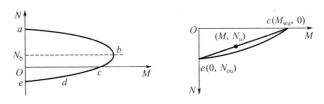

图 6.34　墙肢 *M-N* 相关关系曲线

将 $ce$ 段放大后，对应于某一配筋和截面情况，若其轴心受拉承载力为 $N_{ou}$，纯弯时受弯承载力为 $M_{wu}$，则所有 $M$-$N$ 组合所对应的点落在抛物线内时是安全的，所对应的点落在抛物线外时是不安全的。其分界线为抛物线。由于该段抛物线远离抛物线顶点 $b$，故可偏安全地近似用 $c$、$e$ 两点的连线来模拟，$c$ 点坐标为（$M_{wu}$，0），$e$ 点坐标为（0，$N_{ou}$），$ce$ 连线的直线方程为

$$\frac{N}{N_{ou}}+\frac{M}{M_{wu}}=1 \qquad (6-94)$$

式（6-94）中 $N=N_u$，$M=N_u e_0$，可得

$$N_u=\frac{1}{\dfrac{1}{N_{ou}}+\dfrac{e_0}{M_{wu}}} \qquad (6-95)$$

《混凝土规范》规定，当无地震作用组合时，应满足

$$N\leqslant N_u=\frac{1}{\dfrac{1}{N_{ou}}+\dfrac{e_0}{M_{wu}}} \qquad (6-96)$$

当有地震作用参与组合时，应满足

$$N\leqslant \frac{N_u}{\gamma_{RE}}=\frac{1}{\gamma_{RE}}\left(\frac{1}{\dfrac{1}{N_{ou}}+\dfrac{e_0}{M_{wu}}}\right) \qquad (6-97)$$

$N_{ou}$ 为构件轴心受拉时的承载力，对于对称配筋的剪力墙，$A_s=A_s'$，剪力墙腹板竖向分布筋的全部截面面积为 $A_{sw}$，则有

$$N_{ou}=2A_s f_y+A_{sw}f_{yw} \qquad (6-98)$$

$M_{wu}$ 为墙肢纯弯时的受弯承载力，《混凝土规范》有以下公式。

$$M_{wu}=A_s f_y(h_{w0}-a_s')+A_{sw}f_{yw}\frac{(h_{w0}-a_s')}{2} \qquad (6-99)$$

需要说明的是式（6-98）中右侧第二项假定墙肢腹板钢筋全部受拉屈服，并将其对受压钢筋合力点取矩，这在纯弯时是不可能出现的，这样将导致受弯承载力的虚假增大，由此引起图中 $c$ 点向右移动而使计算结果偏于不安全。该偏大的幅度与腹板配筋率有关，配筋率小时偏大幅度较小，而配筋率大时偏大幅度较大；此外，其影响程度还与端部配筋和腹板配筋的比值有关。

应当注意《高规》对偏心受拉墙肢所做的规定。在抗震设计的双肢剪力墙中,墙肢不宜出现小偏心受拉,因为如果双肢剪力墙中一个墙肢出现小偏心受拉,该墙肢就可能会出现水平通缝而使混凝土失去抗剪能力,该水平通缝同时降低了该墙肢的刚度,由荷载产生的剪力绝大部分将转移到另一个墙肢,导致其抗剪承载力不足,该情况应在设计时予以避免。当墙肢出现大偏心受拉时,易出现裂缝,使其刚度降低,剪力将在墙肢中重分配,此时,可将另一墙肢按弹性计算的剪力设计值增大(乘以系数1.25),以提高其抗剪承载力,由于地震力是双向的,故应对两个墙肢同时进行加强。

3. 墙肢斜截面承载力计算

为了使剪力墙不发生斜压破坏,首先必须保证墙肢截面尺寸和混凝土强度不致过小,只有这样才能使配置的水平钢筋屈服并发挥预想的作用。对此,《高规》有以下规定。

无地震作用组合时

$$V \leqslant 0.25\beta_c f_c b_w h_{w0} \tag{6-100}$$

有地震作用组合时

当剪跨比 $\lambda > 2.5$ 时

$$V \leqslant \frac{1}{\gamma_{RE}}(0.20\beta_c f_c b_w h_{w0}) \tag{6-101}$$

当剪跨比 $\lambda \leqslant 2.5$ 时

$$V \leqslant \frac{1}{\gamma_{RE}}(0.15\beta_c f_c b_w h_{w0}) \tag{6-102}$$

式中：$V$——剪力墙截面剪力设计值,对剪力墙底部加强部位应为剪力调整后的剪力设计值。

$h_{w0}$——剪力墙截面有效高度。

$\beta_c$——混凝土强度影响系数。当混凝土强度等级不大于C50时取1.0;当混凝土强度等级为C80时取0.8;当混凝土强度等级为C50~C80时可按线性内插法取值。

$\lambda$——计算截面处的剪跨比,即 $M^c/(V^c h_{w0})$,其中 $M^c$、$V^c$ 应分别取与 $V$ 同一组组合的、未按《高规》的有关规定进行调整的弯矩和剪力计算值。

在已经满足上述要求的前提下,偏心受压剪力墙按以下公式进行配筋计算。

无地震作用组合时

$$V \leqslant \frac{1}{\lambda-0.5}\left(0.5f_t b_w h_{w0}+0.13N\frac{A_w}{A}\right)+f_{yh}\frac{A_{sh}}{s}h_{w0} \tag{6-103}$$

有地震作用组合时

$$V \leqslant \frac{1}{\gamma_{RE}}\left[\frac{1}{\lambda-0.5}\left(0.4f_t b_w h_{w0}+0.1N\frac{A_w}{A}\right)+0.8f_{yh}\frac{A_{sh}}{s}h_{w0}\right] \tag{6-104}$$

式中：$N$——剪力墙的轴向压力设计值;抗震设计时,应考虑地震作用效应组合。轴力的增大虽能在一定程度上提高混凝土的抗剪承载力,但当轴力增大到一定程度时却无助于混凝土抗剪承载力的提高,过大时还会引起混凝土抗剪承载力的丧失,考虑到《混凝土规范》所取用的安全度,混凝土抗剪承载力丧失的可能性不会出现,故当 $N \geqslant 0.2f_c b_w h_w$ 时,$N$ 可取 $0.2f_c b_w h_w$。

　　$A$——剪力墙全截面面积；对于 T 形或 I 形截面，含翼板面积。

　　$A_w$——T 形或 I 形截面剪力墙腹板的面积，矩形截面时应取 $A$。

　　$f_{yh}$——水平钢筋设计抗拉强度。

　　$A_{sh}$——配置在同一截面内水平钢筋各肢面积总和。

　　$\lambda$——计算截面处的剪跨比。计算时，当 $\lambda < 1.5$ 时应取 1.5，当 $\lambda > 2.2$ 时应取 2.2；当计算截面与墙底之间的距离小于 $0.5h_{w0}$ 时，$\lambda$ 应按距墙底 $0.5h_{w0}$ 处的弯矩值与剪力值计算。

　　$s$——剪力墙水平分布钢筋间距。

另外，偏心受拉剪力墙应按以下公式进行配筋计算。

无地震作用组合时

$$V \leqslant \frac{1}{\lambda - 0.5}\left(0.5f_t b_w h_{w0} - 0.13N\frac{A_w}{A}\right) + f_{yh}\frac{A_{sh}}{s}h_{w0} \qquad (6-105)$$

上式右端的计算值小于 $f_{yh}\dfrac{A_{sh}}{s}h_{w0}$ 时，应取其为 $f_{yh}\dfrac{A_{sh}}{s}h_{w0}$。

有地震作用组合时

$$V \leqslant \frac{1}{\gamma_{RE}}\left[\frac{1}{\lambda - 0.5}\left(0.4f_t b_w h_{w0} - 0.1N\frac{A_w}{A}\right) + 0.8f_{yh}\frac{A_{sh}}{s}h_{w0}\right] \qquad (6-106)$$

式 (6-106) 右端方括号内的计算值小于 $0.8f_{yh}\dfrac{A_{sh}}{s}h_{w0}$ 时，应取其为 $0.8f_{yh}\dfrac{A_{sh}}{s}h_{w0}$。

配筋计算出来以后还须满足构造要求和最小配筋率要求，以防止发生剪拉破坏。

综上所述，墙肢斜截面受剪承载力的设计思路为：通过控制名义剪应力的大小防止发生斜压破坏，通过按计算配置所需的水平钢筋防止发生剪压破坏，满足构造要求并满足最小水平配筋率，防止发生斜拉破坏。

## 6.7.2　连梁截面设计

对墙肢间的梁、墙肢和框架柱相连的梁，当梁的跨高比小于 5 时应按连梁设计，当梁的跨高比大于 5 时应按一般框架梁设计，本小节所讲述的是上述位置跨高比小于 5 的梁。

### 1. 连梁内力设计值的计算

连梁的内力应进行调整，这种调整主要是剪力的调整，剪力的调整可能使剪力减小并带来弯矩的减小，也可能是在连梁弯矩不变的前提下将连梁剪力调大。

对于墙肢间的连梁，当出现连梁抗剪能力不能满足要求时，增大连梁的截面尺寸往往不能使连梁满足抗剪要求，这是因为连梁抗弯刚度的增大幅度吸引的剪力增量比由于截面尺寸加大而引起的抗剪承载力增量要大得多，这时减小连梁的截面尺寸可使情况变得更好。但是过多地减小连梁的截面尺寸将使墙肢之间的联系减弱并降低联肢墙的整体刚度和整体抗剪承载力。考虑到在地震时墙肢和连梁开裂的差异，内力计算时可按以下要求对连梁进行内力调整。

剪力墙连梁对剪切变形十分敏感，其名义剪应力限制比较严，在很多情况下，计算时经常会出现超限情况，《高规》给出了一些处理方法。

（1）减小连梁截面高度，当连梁名义剪应力超过限制值时，加大截面高度会增加剪力，更为不利。减小截面高度或加大截面宽度是有效措施，但后者一般很难实现。

（2）抗震设计的剪力墙中连梁弯矩及剪力可进行塑性调幅，以降低其剪力设计值。连梁塑性调幅可采用两种方法：一是按照《高规》的方法，在内力计算前将连梁刚度进行折减；二是在内力计算后，将连梁弯矩和剪力组合值乘以折减系数。两种方法的效果都是减小连梁内力和配筋，因此在内力计算时已经按《高规》规定降低刚度的连梁，其调幅范围应当限制或不再继续调幅。当部分连梁降低弯矩设计值后，其余部位连梁和墙肢的弯矩设计值应相应提高。

无论用什么方法，连梁调幅后的弯矩、剪力设计值不应低于使用状况下的实际值，也不宜低于比抗震设防烈度低1度的地震作用组合所得的弯矩设计值，其目的是避免在正常使用条件下或较小的地震作用下连梁上出现裂缝。因此建议一般情况下，可掌握调幅后的弯矩不小于调幅前的弯矩（完全弹性）的0.8倍（6～7度）和0.5倍（8～9度）。

（3）当连梁破坏对承受竖向荷载无明显影响时，可考虑在大震作用下该连梁不参与工作，按独立墙肢进行第二次多遇地震作用下的结构内力分析，墙肢应按两次计算所得的较大内力进行配筋设计。

当第（1）（2）条的措施不能解决问题时，允许采用第（3）条的方法处理，即假定连梁在大震下破坏，不再能约束墙肢。因此可考虑连梁不参与工作，而按独立墙肢进行第二次结构内力分析，这时就是剪力墙的第二道防线。此时，剪力墙的刚度降低，侧移允许增大，这种情况往往使墙肢的内力及配筋加大，以保证墙肢的安全。

上述措施均应使连梁的弯矩和剪力减小，在设计连梁时不应将连梁的纵筋配筋率加大，但为了实现连梁的"强剪弱弯"、推迟剪切破坏、提高延性，《高规》给出了连梁剪力设计值的增大系数。

无地震作用组合及有地震作用组合的四级抗震等级时，应取考虑水平风荷载、水平地震作用组合的剪力设计值。

有地震作用组合的一、二、三级抗震等级时，连梁的剪力设计值应按式（6-107）进行调整。

$$V = \eta_{\mathrm{vb}} \frac{M_{\mathrm{b}}^{\mathrm{l}} + M_{\mathrm{b}}^{\mathrm{r}}}{l_{\mathrm{n}}} + V_{\mathrm{Gb}} \qquad (6-107)$$

9度抗震设防时一级剪力墙应用连梁实际抗弯配筋反算相应的剪力值，即

$$V = 1.1 \frac{M_{\mathrm{bua}}^{\mathrm{l}} + M_{\mathrm{bua}}^{\mathrm{r}}}{l_{\mathrm{n}}} + V_{\mathrm{Gb}} \qquad (6-108)$$

式中：$M_{\mathrm{b}}^{\mathrm{l}}$、$M_{\mathrm{b}}^{\mathrm{r}}$——连梁左、右端顺时针或逆时针方向考虑地震作用组合的弯矩设计值；

$M_{\mathrm{bua}}^{\mathrm{l}}$、$M_{\mathrm{bua}}^{\mathrm{r}}$——连梁左、右端顺时针或逆时针方向实配的抗震受弯承载力所对应的弯矩值，应按实配钢筋面积（计入受压钢筋）和材料强度标准值并考虑承载力抗震调整系数计算；

$l_{\mathrm{n}}$——连梁净跨；

$V_{\mathrm{Gb}}$——在重力荷载代表值作用下，按简支梁计算的梁端截面剪力设计值；

$\eta_{\mathrm{vb}}$——连梁剪力增大系数，一级抗震等级取1.3，二级抗震等级取1.2，三级抗震等级取1.1。

上述剪力调整时，由竖向荷载引起的剪力 $V_{Gb}$ 可按简支梁计算的原因有：① 对于连梁尚未完全开裂的情况，由于连梁两侧支座情况基本一致，按两端简支与按两端固支的计算结果是一致的；② 对于连梁开裂以后的情况，按两端简支计算竖向荷载引起的剪力与实际情况基本相符。

**2. 连梁正截面承载力计算**

剪力墙中的连梁受到弯矩、剪力和轴力的共同作用，由于轴力较小，常常忽略轴力而按受弯构件设计。连梁的抗弯承载力验算与普通受弯构件的相同。连梁一般采用对称配筋，可按双筋截面验算。由于受压区很小，忽略混凝土的受压区贡献，通常采用简化计算公式。

$$M \leqslant f_y A_s (h_{b0} - a'_s) \tag{6-109}$$

式中：$A_s$——纵向受拉钢筋面积；

　　　$h_{b0}$——连梁截面有效高度；

　　　$a'_s$——纵向受压钢筋合力点至截面近边的距离。

**3. 连梁斜截面承载力计算**

大多数连梁的跨高比较小。在住宅、旅馆等建筑采用的剪力墙结构中，连梁的跨高比可能小于 2.5，甚至接近 1。在水平荷载作用下，连梁两端的弯矩方向相反，剪切变形大，易出现剪切裂缝。尤其在小跨高比情况下，连梁的剪切变形更大，对连梁的剪切破坏影响更大。在反复荷载作用下，斜裂缝会很快扩展到全对角线上，发生剪切破坏，有时还会在梁的端部发生剪切滑移破坏。因此，在地震作用下，连梁的抗剪承载力会降低。连梁的抗剪承载力按式(6-110)~式(6-115) 验算。

无地震作用组合时

$$V \leqslant 0.7 f_t b_b h_{b0} + f_{yv} \frac{A_{sv}}{s} h_{b0} \tag{6-110}$$

有地震作用组合时
当跨高比大于 2.5 时

$$V \leqslant \frac{1}{\gamma_{RE}} \left( 0.42 f_t b_b h_{b0} + f_{yv} \frac{A_{sv}}{s} h_{b0} \right) \tag{6-111}$$

当跨高比不大于 2.5 时

$$V \leqslant \frac{1}{\gamma_{RE}} \left( 0.38 f_t b_b h_{b0} + 0.9 f_{yv} \frac{A_{sv}}{s} h_{b0} \right) \tag{6-112}$$

式中：$V$——调整后的连梁剪力设计值；

　　　$b_b$——连梁截面宽度；

其余符号含义同前。

另外，若连梁中的平均剪应力过大，剪切斜裂缝就会过早出现，在箍筋未能充分发挥作用前，连梁就已发生剪切破坏。试验研究表明：连梁截面上的平均剪应力大小对连梁破坏性影响较大，尤其在小跨高比条件下。因此，要限制连梁截面上的平均剪应力，使连梁的截面尺寸不至于过小，对小跨高比的连梁限制应更严格，限制条件如下。

无地震作用组合时

$$V \leqslant 0.25 \beta_c f_c b_b h_{b0} \tag{6-113}$$

有地震作用组合时

当跨高比大于2.5时

$$V \leqslant \frac{1}{\gamma_{RE}}(0.20\beta_c f_c b_b h_{b0}) \qquad (6-114)$$

当跨高比不大于2.5时

$$V \leqslant \frac{1}{\gamma_{RE}}(0.15\beta_c f_c b_b h_{b0}) \qquad (6-115)$$

## 6.8　剪力墙结构的构造要求

本节主要介绍剪力墙墙肢和连梁的构造要求。

### 6.8.1　剪力墙的加强部位

侧向力作用下变形曲线为弯曲型和弯剪型的剪力墙，其墙肢的塑性铰一般会在结构底部一定高度范围内形成，这个高度范围称为剪力墙底部加强部位。剪力墙底部加强部位的高度根据下述确定：有地下室的房屋建筑，底部加强部位的高度从地下室顶板算起；部分框支剪力墙结构的剪力墙，底部加强部位的高度取框支层加框支层以上两层的高度及落地剪力墙总高度的1/10二者中的较大值；其他结构的剪力墙，房屋高度大于24m时，底部加强部位的高度取底部两层和墙体总高度的1/10二者中的较大值，房屋高度不大于24m时，取底部一层；当结构计算嵌固端位于地下一层的底板或以下时，底部加强部位向下延伸至计算嵌固端。

剪力墙底部加强部位是其重点部位，除了提高底部加强部位的受剪承载力、实现"强剪弱弯"外，还需要加强其抗震构造措施，轴压比大于一定值时，墙肢两端设置约束边缘构件，以提高整体结构的抗震能力。

### 6.8.2　剪力墙轴压比限值和边缘构件

【16G101平法图集之
剪力墙边缘构件】

1. 轴压比限值

随着建筑高度的增加，剪力墙墙肢的轴压力增大。与钢筋混凝土柱相同，轴压比是影响墙肢弹塑性变形能力的主要因素之一。相同情况的墙肢，轴压比低的，其弹塑性变形能力大，轴压比高的，其弹塑性变形能力小。通过在墙肢端部一定长度范围内配置一定数量的箍筋，设置约束边缘构件，可以提高墙肢的弹塑性变形能力。但轴压比大于一定值后，即使在墙端设置约束边缘构件，在强地震作用下，墙肢仍有可能因混凝土压溃而丧失承载力。因此，有必要限制抗震设计的墙肢的轴压比。抗震设计时，抗震等级为一、二、三级的剪力墙，其在重力荷载代表值作用下的墙肢轴压比不宜超过表6-6中的限值。

一般情况下，底部加强部位高度范围内，墙肢厚度不变，混凝土强度等级不变，因此，只需计算墙肢底截面的轴压比；若底部加强部位的墙肢厚度或混凝土强度等级有变化，则还应验算变化截面的轴压比。底部加强部位以上，墙肢的轴压比也不宜大于表 6 - 6 中的限值。

表 6 - 6　剪力墙轴压比限值

| 抗震等级 | 一级（9度） | 一级（6、7、8度） | 二、三级 |
|---|---|---|---|
| 轴压比 $\left(\dfrac{N}{f_cA}\right)$ 限值 | 0.4 | 0.5 | 0.6 |

注：① $N$ 表示重力荷载代表值作用下剪力墙墙肢的轴向压力设计值（分项系数取 1.3）。

② $A$ 表示剪力墙墙肢截面面积。

③ $f_c$ 表示混凝土轴心抗压强度设计值。

2．边缘构件

剪力墙墙肢两端设置边缘构件是改善剪力墙延性的重要措施。由于边缘构件能提高剪力墙端部的极限压应变，在相对受压区高度相同的情况下能使墙肢延性增强，故墙肢均应设置边缘构件。边缘构件分为约束边缘构件和构造边缘构件两类。约束边缘构件是指用箍筋约束的暗柱、端柱和翼墙，其箍筋较多，对混凝土的约束较强，因而混凝土有较大的受压变形能力；构造边缘构件的箍筋较少，对混凝土约束程度较差。

试验研究表明，轴压比低的墙肢，即使其端部不设置约束边缘构件，在水平力作用下仍有比较大的塑性变形能力。抗震等级为一、二、三级的剪力墙底层墙肢底截面的轴压比不大于表 6 - 7 的规定时，以及抗震等级为四级的剪力墙的墙肢，可不设约束边缘构件。

表 6 - 7　剪力墙可不设约束边缘构件的最大轴压比

| 抗震等级 | 一级（9度） | 一级（6、7、8度） | 二、三级 |
|---|---|---|---|
| 轴压比 | 0.1 | 0.2 | 0.3 |

抗震等级为一、二、三级的剪力墙底层墙肢底截面的轴压比大于表 6 - 7 的规定值时，以及部分框支剪力墙结构的剪力墙，应在底部加强部位及相邻的上一层设置约束边缘构件；除上述部位外，剪力墙应设置构造边缘构件；B 级高度的高层建筑，其高度比较高，为避免边缘构件的箍筋急剧减少不利于抗震，剪力墙在约束边缘构件层与构造边缘构件层之间宜设置 1～2 层过渡层，过渡层剪力墙边缘构件箍筋的配置要求可低于约束边缘构件的要求，应高于构造边缘构件的要求。

（1）约束边缘构件。

约束边缘构件包括暗柱、端柱和翼墙（图 6.35）三种形式。端柱截面边长不应小于 2 倍墙厚，翼墙长度不应小于 3 倍厚度，不足时视为无端柱或无翼墙，按暗柱要求设置约束边缘构件；部分框支剪力墙结构落地剪力墙（指整片墙，不是指墙肢）的两端应有端柱或与另一方向的剪力墙相连。

剪力墙约束边缘构件的设计应符合下列要求：约束边缘构件沿墙肢方向的长度 $l_c$、箍筋配箍特征值 $\lambda_v$ 和纵向钢筋等配筋要求宜符合表 6 - 8 的要求。箍筋的配筋范围如图 6.35 中的阴影面积所示，体积配箍率为单位体积中所含箍筋体积的比率，体积配箍率 $\rho_v$ 应按下式计算。

$$\rho_v = \lambda_v \frac{f_c}{f_{yv}} \qquad (6 - 116)$$

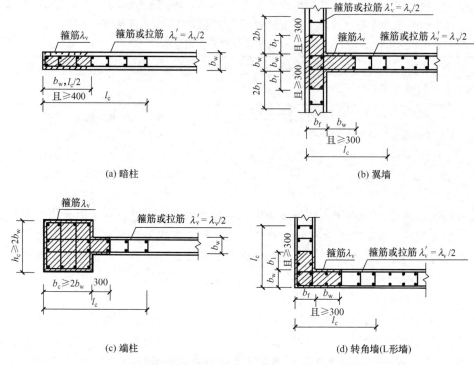

图 6.35　剪力墙的约束边缘构件（单位：mm）

式中：$\lambda_v$——约束边缘构件配箍特征值；

　　　$f_c$——混凝土轴心抗压强度设计值，当混凝土强度等级低于 C35 时，应取 C35 的混凝土轴心抗压强度设计值；

　　　$f_{yv}$——箍筋或拉筋的抗拉强度设计值。

表 6-8　约束边缘构件沿墙肢的长度 $l_c$、箍筋配箍特征值 $\lambda_v$ 和纵向钢筋等配筋要求

| 项　　目 | 一级（9 度） | | 一级（6、7、8 度） | | 二、三级 | |
|---|---|---|---|---|---|---|
| | $\mu_N\leqslant0.2$ | $\mu_N>0.2$ | $\mu_N\leqslant0.3$ | $\mu_N>0.3$ | $\mu_N\leqslant0.4$ | $\mu_N>0.4$ |
| $l_c$（暗柱） | $0.20h_w$ | $0.25h_w$ | $0.15h_w$ | $0.20h_w$ | $0.15h_w$ | $0.20h_w$ |
| $l_c$（翼墙和端柱） | $0.15h_w$ | $0.20h_w$ | $0.10h_w$ | $0.15h_w$ | $0.10h_w$ | $0.15h_w$ |
| $\lambda_v$ | 0.12 | 0.20 | 0.12 | 0.20 | 0.12 | 0.20 |
| 纵向钢筋（取较大值） | 0.012$A_c$，8φ16 | | 0.012$A_c$，8φ16 | | 0.010$A_c$，6φ16（三级 6φ14） | |

注：① $\mu_N$ 为墙肢在重力荷载代表值作用下的轴压比，$h_w$ 为剪力墙墙肢截面长度。

② $l_c$ 为约束边缘构件沿墙肢方向的长度，对暗柱尚不应小于墙厚 $b_w$ 和 400mm 二者中的较大值，有翼墙或端柱时尚不应小于翼墙厚度或端柱沿墙肢方向截面高度加 300mm。

③ $A_c$ 为图 6.35 中约束边缘构件阴影部分的截面面积。

④ 箍筋或拉筋沿竖向的间距，一级不宜大于 100mm，二、三级不宜大于 150mm；箍筋、拉筋沿水平方向的肢距不宜大于 300mm，不应大于纵向钢筋间距的 2 倍。

⑤ 符号 φ 为钢筋直径。

计算约束边缘构件的实际体积配箍率时，除了计入箍筋、拉筋外，还可计入在墙端有可靠锚固的水平分布钢筋，水平分布钢筋之间应设置足够的拉筋形成复合箍。由于水平分布钢筋同时为抗剪钢筋，且竖向间距往往大于约束边缘的箍筋间距，因此计入的水平分布钢筋的体积配箍率不应大于总体积配箍率的30%。

约束边缘构件长度的箍筋配置分为两部分，图 6.35 中的阴影部分为墙肢端部，其轴向压应力大，要求的约束程度高，其配箍特征值应符合表 6-8 的规定，且应配置箍筋；图 6.35 中的无阴影部分轴向压应力较小，其配箍特征值可为表 6-8 规定值的一半，且不必全部为箍筋，可以配置拉筋。

（2）构造边缘构件。

剪力墙构造边缘构件的设计宜符合下列要求。

① 构造边缘构件的范围和计算纵向钢筋用量的截面面积 $A_c$ 宜取图 6.36 中的阴影部分。

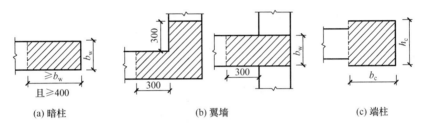

（a）暗柱　　（b）翼墙　　（c）端柱

**图 6.36　剪力墙的构造边缘构件范围（单位：mm）**

② 构造边缘构件的纵向钢筋应满足正截面受压（受拉）承载力要求，并应符合表 6-9 的构造要求，底部加强部位和底部加强部位以上的其他部位应分别对待。

**表 6-9　剪力墙墙肢构造边缘构件的配筋要求**

| 抗震等级 | 底部加强部位 | | | 其他部位 | | |
|---|---|---|---|---|---|---|
| | 纵向钢筋最小量（取较大值） | 箍筋 | | 纵向钢筋最小量（取较大值） | 箍筋或拉筋 | |
| | | 最小直径/mm | 沿竖向最大间距/mm | | 最小直径/mm | 沿竖向最大间距/mm |
| 一级 | $0.010A_c$、6φ16 | 8 | 100 | $0.008A_c$、6φ14 | 8 | 150 |
| 二级 | $0.008A_c$、6φ14 | 8 | 150 | $0.006A_c$、6φ12 | 8 | 200 |
| 三级 | $0.006A_c$、6φ12 | 6 | 150 | $0.005A_c$、4φ12 | 6 | 200 |
| 四级 | $0.005A_c$、4φ12 | 6 | 200 | $0.004A_c$、4φ12 | 6 | 250 |

注：① 对转角墙的暗柱，表中拉筋宜采用箍筋。
②　箍筋的配筋范围宜取图 6.36 中阴影部分，其配箍特征值 $\lambda_v$ 不宜小于 0.1。
③　符号 φ 表示钢筋直径。

③ 箍筋、拉筋沿水平方向的间距不宜大于 300mm，且不应大于纵向钢筋间距的 2 倍。当端柱承受集中荷载时，其纵向钢筋、箍筋直径和间距宜按框架柱的构造要求配置。

④ 非抗震设计时，剪力墙端部应按构造配置不少于 4φ12 的纵向钢筋，沿纵向钢筋应

配置直径不小于 φ6 的拉筋，间距不宜大于 250mm。

### 6.8.3 墙肢构造要求

剪力墙结构的混凝土强度等级不应低于 C20。

**1. 剪力墙的截面厚度要求**

（1）应符合《高规》附录 D 的墙体稳定验算要求。

（2）按一、二级抗震等级设计的剪力墙截面厚度，底部加强部位不应小于 200mm；其他部位不应小于 160mm。一字形独立剪力墙的底部加强部位截面厚度不应小于 220mm；其他部位不应小于 180mm。

（3）按三、四级抗震等级设计的剪力墙截面厚度不应小于 160mm；一字形独立剪力墙的底部加强部位截面厚度不应小于 160mm。

（4）非抗震设计的剪力墙，其截面厚度不应小于 160mm。

（5）剪力墙井筒中，分隔电梯井或管道井的墙肢截面厚度可适当减小，但不宜小于 160mm。

**【16G101平法图集之剪力墙竖向钢筋构造】**

**2. 剪力墙的其他构造要求**

（1）高层建筑剪力墙中竖向和水平分布钢筋不应采用单排配筋。当剪力墙截面厚度 $b \leqslant 400mm$ 时，可采用双排配筋；当 $700mm \geqslant b_w > 400mm$ 时，宜采用三排配筋；当 $b_w > 700mm$ 时，宜采用四排配筋。受力钢筋可均匀分布成数排。各排分布钢筋之间的拉接筋间距不应大于 600mm，直径不应小于 6mm，在底部加强部位，约束边缘构件以外的拉接筋间距尚应适当加密。

**【16G101平法图集之剪力墙水平钢筋构造】**

（2）剪力墙分布钢筋的配置应符合下列要求。

① 一般剪力墙竖向和水平分布筋的配筋率，一、二、三级抗震设计时均不应小于 0.25%，四级抗震设计和非抗震设计时不应小于 0.20%。

② 一般剪力墙竖向和水平分布钢筋间距均不宜大于 300mm；直径均不应小于 8mm。剪力墙竖向和水平分布钢筋的直径不宜大于墙肢截面厚度的 1/10。

③ 房屋顶层剪力墙、长矩形平面房屋的楼梯间和电梯间剪力墙、端开间的纵向剪力墙、端山墙的水平和竖向分布钢筋的最小配筋率不应小于 0.25%，钢筋间距不应大于 200mm。

（3）剪力墙钢筋锚固和连接应符合下列规定。

① 非抗震设计时，剪力墙纵向钢筋最小锚固长度应取 $l_a$；抗震设计时，剪力墙纵向钢筋最小锚固长度应取 $l_{aE}$。$l_a$、$l_{aE}$ 的取值应符合《高规》的有关规定（6.5.2 条及 6.5.3 条）。

② 剪力墙竖向及水平分布钢筋的搭接连接如图 6.37 所示，一、二级抗震等级剪力墙的底部加强部位，接头位置应错开，每次连接的钢筋数量不宜超过总量的 50%，错开净距不宜小于 500mm；其他情况剪力墙的钢筋可在同一部位连接。非抗震设计时，分布钢筋

的搭接长度不应小于 $1.2 l_a$；抗震设计时不应小于 $1.2 l_{aE}$。

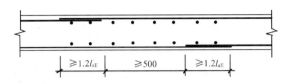

$$≥1.2l_{aE} \quad ≥500 \quad ≥1.2l_{aE}$$

**图 6.37  剪力墙竖向及水平分布钢筋的搭接连接（单位：mm）**

注：非抗震设计时图中 $l_{aE}$ 取 $l_a$。

③ 暗柱及端柱内纵向钢筋连接和锚固要求宜与框架柱相同，宜符合《高规》的有关规定（6.5 条）。

## 6.8.4  连梁构造要求

**1. 纵向钢筋配筋率**

（1）跨高比 $l/h_b ≤ 1.5$ 的连梁，非抗震设计时，其纵向钢筋的最小配筋率为 0.2%；抗震设计时，其纵向钢筋的最小配筋率宜符合表 6-10 的要求。跨高比大于 1.5 的连梁，其纵向钢筋的最小配筋率可按框架梁的要求采用。

**表 6-10  跨高比不大于 1.5 的连梁纵向钢筋最小配筋率**　　　　单位：%

| 跨高比 | 最小配筋率（采用较大值） |
|---|---|
| $l/h_b ≤ 0.5$ | 0.20、$45 f_t/f_y$ |
| $0.5 < l/h_b ≤ 1.5$ | 0.25、$55 f_t/f_y$ |

（2）非抗震设计时，连梁底面及顶面单侧纵向钢筋的最大配筋率不宜大于 2.5%；抗震设计时，连梁底面及顶面单侧纵向钢筋的最大配筋率宜符合表 6-11 的要求。如不满足，应按实配钢筋进行"强剪弱弯"验算。

**表 6-11  连梁纵向钢筋最大配筋率**　　　　单位：%

| 跨高比 | 最大配筋率 |
|---|---|
| $l/h_b ≤ 1.0$ | 0.6 |
| $1.0 < l/h_b ≤ 2.0$ | 1.2 |
| $2.0 < l/h_b ≤ 2.5$ | 1.5 |

**2. 连梁的配筋构造要求**

连梁的构造配筋（图 6.38）应符合下列规定。

（1）连梁顶面、底面纵向受力钢筋伸入墙内的锚固长度，抗震设计时不应小于 $l_{aE}$；非抗震设计时不应小于 $l_a$，且应均不小于 600mm。

（2）抗震设计时，沿连梁全长的箍筋最大间距和最小直径应与框架梁梁端箍筋加密区的箍筋构造要求相同；非抗震设计时，沿连梁全长的箍筋直径不应小于 6mm，间距不应大于 150mm。

（3）顶层连梁纵向钢筋伸入墙肢的长度范围内，应配置间距不宜大于 150mm 的构造箍筋，箍筋直径应与该连梁的箍筋直径相同。

（4）墙体水平分布钢筋应作为连梁的腰筋在连梁范围内拉通连续配置；当连梁截面高度大于 700mm 时，其两侧面沿梁高范围设置的纵向构造钢筋（腰筋）的直径不应小于 8mm，间距不应大于 200mm；对跨高比不大于 2.5 的连梁，梁两侧的纵向构造钢筋（腰筋）的面积配筋率不应小于 0.3%。

（5）建筑中布置管道有时需在连梁上开洞，在设计时需对削弱的连梁采取加强措施，对开洞处的截面进行承载力验算，并应满足下列要求：穿过连梁的管道宜预埋套管，洞口上、下的有效高度不宜小于梁高的 1/3，且不宜小于 200mm；洞口处宜配置补强纵向钢筋和箍筋，可在洞口两侧各配置 2Φ14 的钢筋，如图 6.39 所示。

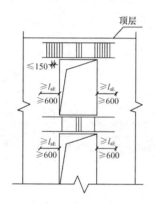

**图 6.38　连梁配筋构造示意（单位：mm）**
注：非抗震设计时图中 $l_{aE}$ 取 $l_a$。

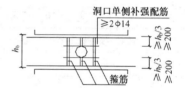

**图 6.39　连梁洞口补强配筋示意（单位：mm）**

## 本 章 小 结

本章主要讲述剪力墙结构内力与位移计算、墙肢和连梁截面设计及构造要求。

通过本章学习，熟悉了剪力墙的组成、布置要求，并根据洞口大小把剪力墙结构分为整截面剪力墙、整体小开口剪力墙、联肢剪力墙和壁式框架，并通过剪力墙结构简化分析方法的学习，加深对剪力墙结构的认识。

剪力墙结构的内力与位移的计算包括整截面剪力墙、整体小开口剪力墙、联肢剪力墙和壁式框架的内力与位移的计算。

剪力墙结构的截面设计分为墙肢设计和连梁设计。墙肢的设计包括正截面偏心受压承载力验算、正截面偏心受拉承载力验算及斜截面承载力计算；连梁的设计包括正截面和斜截面承载力计算。

最后对剪力墙结构的构造要求进行了介绍。

习 题

1. 思考题

(1) 什么叫剪力墙结构？其优点、缺点及适用范围是什么？

(2) 按剪力墙结构的几何形式可将其分为几种类型？

(3) 剪力墙的布置应满足哪些要求？

(4) 水平荷载作用下，水平剪力在各剪力墙上按照什么规律分配？

(5) 比较《混凝土规范》和《高层混凝土结构设计技术规程》在墙肢正截面偏心受压承载力设计时的差异。

(6) 墙肢斜截面承载力设计的思路是什么？

(7) 为什么要进行墙肢内力的调整？如何调整？

(8) 剪力墙墙肢的构造要求有哪些？

(9) 连梁的构造要求有哪些？

2. 计算题

(1) 某钢筋混凝土结构中间楼层的剪力墙墙肢，几何尺寸及配筋如图 6.40 所示，混凝土强度等级为 C30，竖向及水平分布钢筋采用 HRB335，该剪力墙抗震等级为三级，该墙肢考虑地震作用组合的内力设计值 $N_w = 2000\text{kN}$，$M_w = 250\text{kN} \cdot \text{m}$，$V_w = 180\text{kN}$，求水平分布钢筋的布置。

(2) 某剪力墙洞口连梁，其截面尺寸为 200mm×500mm，抗震等级为二级，净跨 $l_n = 2.0\text{m}$。混凝土强度等级为 C30，纵向受力钢筋采用 HRB335，箍筋采用 HPB300，$a'_s = a_s = 35\text{mm}$。在重力荷载代表值作用下按简支梁计算的梁端截面剪力设计值 $V_{Gb} = 19\text{kN}$，连梁左、右端逆时针或顺时针方向考虑地震作用组合的弯矩设计值 $M_b^l = M_b^r = 140\text{kN} \cdot \text{m}$，试给该梁配箍筋（已知该连梁跨高比大于 2.5，截面条件满足要求）。

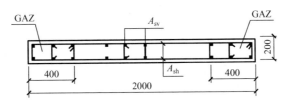

图 6.40 计算题 (1) 图（单位：mm）

(3) 某 16 层剪力墙结构，层高 3.2m，8 度抗震设防，Ⅱ类场地，C30 混凝土，墙肢分布钢筋和连梁箍筋采用 HPB300 级钢筋，墙肢端部纵向钢筋和连梁抗弯钢筋采用 HRB335 级钢筋。图 6.41 为该结构的一片剪力墙截面，剪力墙底部加强部位厚 200mm。墙肢 1 在重力荷载代表值作用下底截面轴压力为 4536.2kN，底截面最不利内力组合计算值：$M = 2684.6\text{kN} \cdot \text{m}$，$N = -551.8\text{kN}$，$V = 190.5\text{kN}$。连梁 1 高 900mm，最不利内力组合计算值为：$M=68.5\mathrm{kN}\cdot\mathrm{m}$，$V=152\mathrm{kN}$。计算墙肢 1 底部加强部位的配筋和连梁 1 配筋。

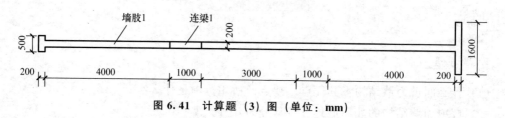

图 6.41　计算题（3）图（单位：mm）

# 第7章

# 高层建筑框架-剪力墙结构设计

 教学目标

本章主要讲述了框架-剪力墙结构的组成和布置要求、内力和位移计算及相关设计要求。学生通过本章的学习，应达到以下目标。

(1) 掌握框架-剪力墙结构的定义，理解其结构的布置要求。

(2) 理解框架-剪力墙结构的协同工作原理和计算简图。

(3) 了解框架-剪力墙铰接体系在水平荷载作用下的内力计算。

(4) 理解框架-剪力墙结构的受力和位移特征。

(5) 理解框架-剪力墙结构的设计规定。

 教学要求

| 知识要点 | 能力要求 | 相关知识 |
|---|---|---|
| 框架-剪力墙结构的组成和布置要求 | (1) 掌握框架-剪力墙结构的组成；<br>(2) 理解框架-剪力墙结构的布置要求 | (1) 框架-剪力墙结构的组成；<br>(2) 框架-剪力墙结构的布置要求 |
| 框架-剪力墙结构协同工作原理和计算简图 | (1) 理解框架-剪力墙结构的协同工作原理；<br>(2) 掌握框架-剪力墙结构的两种计算简图 | (1) 框架-剪力墙结构的协同工作原理；<br>(2) 框架-剪力墙结构的计算简图 |
| 框架-剪力墙结构在水平荷载作用下的计算 | (1) 掌握铰接体系刚度特征值的含义；<br>(2) 了解铰接体系的内力计算 | (1) 铰接体系刚度特征值的含义；<br>(2) 铰接体系的内力计算 |
| 框架-剪力墙结构的受力和位移特征 | (1) 理解框架-剪力墙结构的内力分布特征；<br>(2) 理解框架-剪力墙结构的侧向位移特征 | (1) 框架-剪力墙结构的内力分布特征；<br>(2) 框架-剪力墙结构的侧向位移特征 |
| 框架-剪力墙结构的设计规定 | (1) 掌握按照框架承受的倾覆力矩进行设计；<br>(2) 掌握总框架的剪力调整；<br>(3) 理解框架-剪力墙结构的截面设计及构造要求 | (1) 按框架承受的底部倾覆力矩占总地震倾覆力矩的比例，对结构进行区别设计；<br>(2) 对框架的抗震内力进行调整；<br>(3) 框架-剪力墙结构的截面设计及构造要求 |

**引例**

　　框架结构易于形成较大的自由灵活的使用空间，以满足不同建筑功能的要求，剪力墙则可提供很大的抗侧刚度，以减少结构在风荷载或水平地震作用下的侧向位移，有利于提高结构的抗震能力，如果将框架和剪力墙结合起来，即在框架中的某些部位布置剪力墙，则可使二者共同工作，形成框架-剪力墙结构（图 7.1）。

【框架-剪力墙
结构简介】

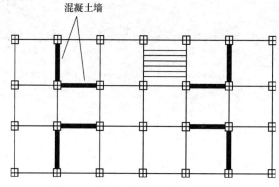

**图 7.1　框架-剪力墙结构平面布置**

　　框架-剪力墙结构具有很广泛的适用范围，由于侧向刚度增大，其在高层办公楼、宾馆、住宅等建筑中得到广泛应用，图 7.2 给出一组框架-剪力墙结构的布置方案实例。

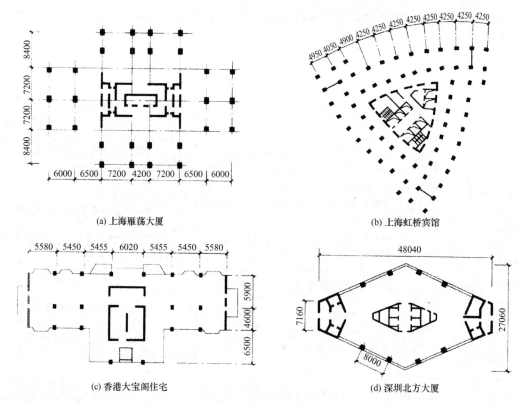

(a) 上海雁荡大厦　　　　　　　　　　　　(b) 上海虹桥宾馆

(c) 香港大宝阁住宅　　　　　　　　　　　(d) 深圳北方大厦

**图 7.2　框架-剪力墙结构的布置方案实例（单位：mm）**

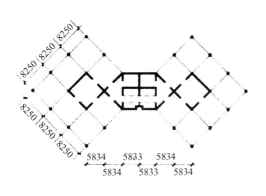

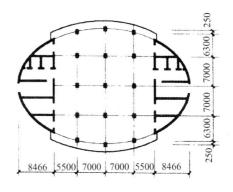

(e) 深圳渣打银行大厦            (f) 兰州工贸大厦

图 7.2 框架-剪力墙结构实例（单位：mm）（续）

# 7.1 框架-剪力墙结构的组成及布置要求

## 7.1.1 框架-剪力墙结构的组成

由前所述，框架-剪力墙结构是由框架和剪力墙组成的结构体系，结构的最大适用高度、高宽比限值、抗震等级等详见第 2 章。

剪力墙、框架柱及框架梁的布置一般由建筑师和结构工程师按照建筑的使用功能和结构的合理性共同商讨确定。框架与剪力墙可以分开布置在不同轴线上，也可在框架结构的若干跨内嵌入剪力墙，形成带边框剪力墙，还可以在单片抗侧力结构内连续分别布置框架和剪力墙，或采用以上形式的混合。

## 7.1.2 框架-剪力墙结构的布置要求

剪力墙在建筑平面上的布置宜均匀、对称，以减小在水平力作用下结构的扭转效应，并应符合以下要求。

（1）剪力墙宜均匀布置在建筑物（或结构区段）的两端或周边附近、楼梯间、电梯间、平面形状变化及恒荷载较大的部位。

剪力墙宜对称布置，各片墙的刚度宜接近，长度较长的剪力墙宜设置洞口与连梁形成双肢墙或多肢墙。楼（电）梯间由于楼板的刚度被削弱，在地震时往往由于应力集中而发生较严重的震害，布置剪力墙可予以加强。剪力墙宜布置在房屋的竖向荷载较大处，是因为其作为竖向薄壁柱具有较大的承受轴力的能力，利用剪力墙承受竖向荷载，可避免设置截面尺寸较大的柱子，有利于建筑布置。

（2）平面形状凹凸较大时，宜在凸出部分的端部附近布置剪力墙。

（3）纵、横剪力墙宜组成 L 形、T 形、[ 形、工形和井筒等形式，以使一个方向的墙成为另一方向墙的翼墙，以增大墙体的抗弯刚度。推荐设计周边有梁柱（或暗梁、暗柱）的带边框剪力墙，暗梁截面高度可取墙厚的 2 倍。

（4）单片剪力墙底部承担的水平剪力不应超过结构底部总水平剪力的 30％。

（5）剪力墙宜贯通建筑物的全高，并宜避免刚度突变；剪力墙开洞时，洞口宜上下对齐。

（6）楼（电）梯间等竖井宜尽量与其邻近的抗侧力结构结合布置。

（7）抗震设计时，剪力墙沿纵横两个方向都要布置，且宜使结构各主轴方向的侧向刚度接近，即应使各主轴方向的结构自振周期较为接近。

（8）横向剪力墙沿长度方向的间距不宜过大，需满足表 7-1 的要求，且当剪力墙之间的楼盖有较大开洞时，剪力墙的间距应适当减小。在框架-剪力墙结构中，楼盖起到传递水平推力，协同框架与剪力墙共同工作的作用。可以把楼盖看作支撑于相邻两片剪力墙上的深梁，为减小楼盖（深梁）的挠度，最有效的方法是减小其跨度，即减小剪力墙之间的间距。

此外，纵向剪力墙不宜集中布置在房屋的两个尽端。这是因为纵向剪力墙布置在平面尽端时，会对楼盖两端产生较大的约束作用，使楼盖中部梁板因混凝土收缩和温度变化而出现裂缝。

**表 7-1　框架-剪力墙结构中剪力墙的最大间距**

| 楼盖结构形式 | 非抗震设计 | 6、7 度 | 8 度 | 9 度 |
|---|---|---|---|---|
| 现浇板、叠合楼板 | 5B、60m | 4B、50m | 3B、40m | 2B、30m |
| 装配整体式楼盖 | 3.5B、50m | 3B、40m | 2.5B、30m | 不宜采用 |

注：① B 为剪力墙之间的楼盖宽度（m）。

② 叠合楼板要求其现浇层厚度大于 60mm。

③ 当房屋端部未布置剪力墙时，第一片剪力墙与房屋端部的距离不宜大于表中剪力墙间距的 1/2。

### 7.1.3　剪力墙的合理数量

在框架-剪力墙结构中，剪力墙的数量直接影响到结构的刚度，从而影响结构的抗震性能和土建造价。剪力墙布置得少，材料用量少，结构抗侧刚度小，侧向位移较大，对抵抗风荷载及地震作用的帮助很小。剪力墙布置得多，材料用量多，结构自重大，进而地震作用效应也大。尽管增加剪力墙会加大结构的地震反应，但刚度的增大更有效，对整个结构的抗震性能是有利的。日本曾分析十胜冲地震和宫城冲地震震害，发现剪力墙越多震害越轻。因此，确定剪力墙的合理数量比较复杂，需兼顾抗震性及经济性两方面的要求。以下介绍一些在方案设计、初步设计阶段剪力墙合理数量的参考经验。

1. 日本经验（适用于方案设计及初步设计阶段）

（1）壁率长度表示法（图 7.3）。

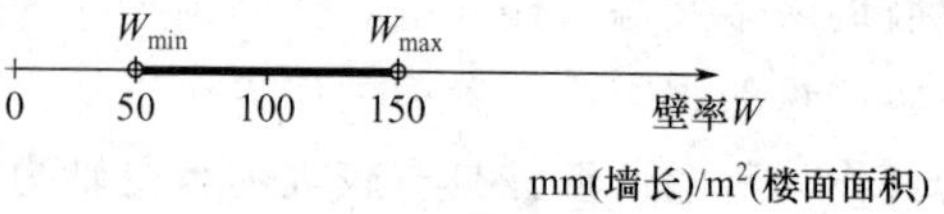

壁率即每单位面积上的剪力墙长度。日本属于抗震设防高烈度区，推荐的壁率取值区间

**图 7.3　框架-剪力墙结构壁率长度**

为 $50 \sim 150 \mathrm{mm}/\mathrm{m}^2$。该取值对中国的工程实践来说偏大。

（2）平均压应力-墙面积表示法。

壁率长度表示法不能反映墙厚、层数、重力等因素的影响，因此，日本后来改用平均压应力-墙面积率表示法（图7.4），平均压应力 $\sigma = \dfrac{G}{A_c + A_w}$，$G$ 为楼层以上的重力。图7.4中横坐标为墙面积率，纵坐标为墙体平均压应力，两次地震对比分析表明，随着竖向压应力的增加（层数增加），为达到轻微震害或无震害的目的，剪力墙和柱所需面积须增大。

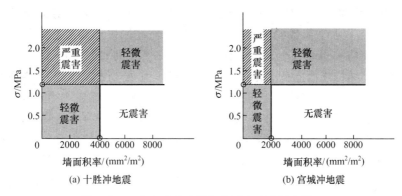

图 7.4　日本十胜冲地震和宫城冲地震震害情况

**2. 我国经验（适用于方案设计及初步设计阶段）**

根据国内已建的大量框架-剪力墙结构建筑，它们的底层结构截面面积 $A_w + A_c$ 与楼面面积 $A_f$ 之比，以及 $A_w$ 与 $A_f$ 之比在表7-2的范围内，可供设计参考。

表 7-2　国内已建框架-剪力墙结构剪力墙、框架柱面积与楼面面积百分比

| 设计条件 | $\dfrac{A_w + A_c}{A_f}$ | $\dfrac{A_w}{A_f}$ |
| --- | --- | --- |
| 7 度设防（Ⅱ类场地） | $3\% \sim 5\%$ | $1.5\% \sim 2.5\%$ |
| 8 度设防（Ⅱ类场地） | $4\% \sim 6\%$ | $2.5\% \sim 3\%$ |

**3. 按许可的层间位移确定剪力墙的合理数量（适用于初步设计及施工图设计阶段）**

剪力墙的数量应满足结构抗侧刚度的要求，即通过初步计算校核结构层间位移以满足表4-2的弹性层间位移角不大于 $1/800$ 的要求。同时，考虑到结构自振周期可以综合反映结构的刚度特征，一般认为当框架-剪力墙结构的第一振型自振周期 $T_1 \approx (0.06 \sim 0.08) n$（$n$ 为层数）时，剪力墙的数量较为合理。

**4. 按底层框架承受的地震倾覆力矩与结构总地震倾覆力矩的比值确定（适用于施工图设计阶段）**

随结构中布置的剪力墙数量的不同，总框架承受的地震剪力和地震倾覆力矩也不同，为使框架与剪力墙均发挥出较好的工作能力，一般限制框架承受的倾覆力矩与结构总地震倾覆力矩的比值不大于 $50\%$（具体见7.5.1节），该要求反过来也可作为剪力墙合理数量的指导。

【框架-剪力墙结构中剪力墙的一般布置原则】

## 7.2　框架-剪力墙结构协同工作原理和计算简图

### 7.2.1　协同工作思路与基本假定

框架-剪力墙结构是由框架和剪力墙组成的结构体系，其中，剪力墙的侧向刚度比框架大得多，承受了水平荷载的主要部分，框架的侧向刚度相对较小，但也能承受一定的水平荷载。它们各自承受多少水平荷载，取决于二者之间如何协同工作。从变形的角度看，单独的剪力墙结构在侧向荷载作用下以弯曲变形为主 [图 7.5(a)]，单独的框架结构在侧向荷载作用下以剪切变形为主 [图 7.5(b)]，二者被楼板连成一个整体结构后，变形曲线介于弯曲型和剪切型之间 [图 7.5(c)]。由图可以看出，在结构下部，框架-剪力墙结构的位移比单独的框架结构的位移要小，比单独的剪力墙结构的位移要大；在结构上部，框架-剪力墙结构的位移比单独的框架结构的位移要大，比单独的剪力墙结构的位移要小。可见，框架与剪力墙之间产生了相互作用力 (图 7.6)，且这些力自上而下并不相等，有时甚至会改变方向。因此，应按协同工作条件进行内力、位移的分析，不宜将楼层剪力简单地按某一比例在框架与剪力墙之间分配。

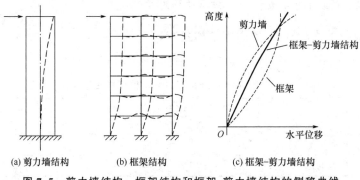

(a) 剪力墙结构　　(b) 框架结构　　(c) 框架-剪力墙结构

**图 7.5　剪力墙结构、框架结构和框架-剪力墙结构的侧移曲线**

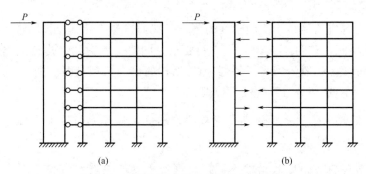

(a)　　　　　　　　　　(b)

**图 7.6　框架和剪力墙之间的相互作用力**

协同工作基本假定如下。

(1) 楼盖结构在其自身平面内的刚度为无穷大，平面外刚度很小，可以忽略。因此，在侧向力作用下，楼板为刚体平移或转动，各个平面抗侧力结构之间通过楼板互相联系并协同工作。

（2）结构规则，质量中心和刚度中心重合，结构在侧向力作用下不发生扭转，侧向力的合力通过结构的抗侧刚度中心。

（3）框架及剪力墙只在其自身平面内有刚度，平面外刚度很小，可以忽略。因此，框架或剪力墙只能抵抗其自身平面内的侧向力。整个结构可以划分成若干个平面结构，共同抵抗与其平行的侧向荷载，垂直于该方向的结构不参加受力。

（4）框架与剪力墙的结构刚度参数沿高度方向均为常数。

由前三条假定可以推出，在侧向力作用下，框架-剪力墙结构仅发生沿外力作用方向的平移，在同一楼层标高处，各榀框架和各片剪力墙的侧移量都相等，这样，就可以把结构单元内所有框架合并为总框架，所有连梁合并为总连梁，所有剪力墙合并为总剪力墙，并将总剪力墙和总框架移到同一平面内进行分析。总框架、总连梁和总剪力墙的刚度分别为各单个结构构件刚度之和。结构承受的风荷载及水平地震作用由总框架（包括连梁）和总剪力墙共同分担。由空间协同工作分析，可求出总剪力墙和总框架（包括连梁）上的水平荷载及水平地震作用的大小，然后再按刚度比将总剪力墙上的风荷载和水平地震作用分配给每一片剪力墙，将总框架上的风荷载和水平地震作用分配给每一榀框架。

## 7.2.2　计算简图

框架-剪力墙结构的计算简图，主要是确定如何合并总剪力墙、总框架，以及确定总剪力墙与总框架之间的连接和相互作用方式。剪力墙和框架之间的连接有两种方式：一种是仅通过楼板连接，形成框架-剪力墙铰接体系（图 7.7）；另一种是通过楼板和连梁进行连接，形成框架-剪力墙刚接体系（图 7.8）。

在图 7.7(a) 中，刚性楼板保证了在水平力作用下，同一楼层标高处剪力墙和框架的水平位移是相同的。另外，因楼板平面外刚度为零，其对各平面抗侧力结构不会产生约束弯矩，因此在计算简图 ［图 7.7(b)］ 中将楼板表示为链杆。

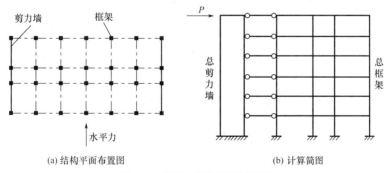

(a) 结构平面布置图　　　　　　　　　　　　　　(b) 计算简图

**图 7.7　框架-剪力墙铰接体系**

图 7.8(a) 表示的结构平面是另一种情况。该结构横向抗侧力结构有 2 片双肢墙（共 4 片墙）和 5 榀框架。计算简图 ［图 7.8(b)］ 中总框架与总连杆间用铰接，表示楼盖链杆的作用。总剪力墙与总连杆间用刚接，表示剪力墙平面内的连梁对墙的转动有约束。连梁一般有两种形式：一种是双肢墙的连梁，其会对墙肢产生约束弯矩；另一种是一端与墙连

接，另一端与框架柱连接的梁，当其跨高比小于 5 时，称为连梁，该梁对墙和柱都会产生转动约束，对柱的转动约束已经反映在柱的 D 值中，对墙的转动约束仍以刚接的形式反映。

在计算风荷载和水平地震作用对结构的影响时，纵横两个方向都需考虑。计算横向水平地震作用时，应考虑沿横向布置的抗震墙和横向框架；计算纵向水平地震作用时，应考虑沿纵向布置的抗震墙和纵向框架，取墙截面时，另一方向的墙可以作为翼缘，取一部分有效宽度，具体取法参见第 6 章。

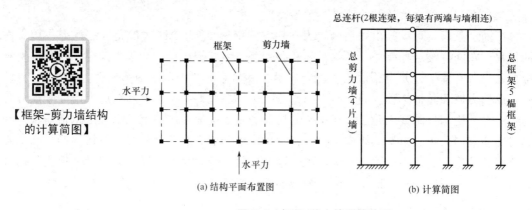

**【框架-剪力墙结构的计算简图】**

(a) 结构平面布置图　　(b) 计算简图

**图 7.8　框架-剪力墙刚接体系**

## 7.3　框架-剪力墙结构在水平荷载下的计算

### 7.3.1　框架的抗推刚度

框架抗推刚度的定义是使框架产生单位剪切变形（不是柱两端产生单位相对位移）所需要的剪力，即使框架产生单位层间转角所需要的剪力 $C_f$。

如图 7.9 所示，由 D 值法可知框架第 $i$ 层抗推刚度

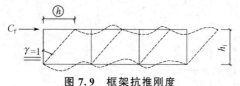

**图 7.9　框架抗推刚度**

$$C_{fi} = D_i h_i \qquad (7-1)$$

式中：$D_i$——第 $i$ 层柱的总抗侧刚度，$D_i = 12E_c \sum_j \alpha_{cj} \dfrac{I_j}{h^3}$，其中 $\alpha_{cj}$ 为与梁柱线刚度比有关的系数，按框架的 D 值法计算；

$\quad\quad h_i$——第 $i$ 层的层高。

当各层层高及刚度相等时，$C_f = C_{fi}$；当框架各层的层高及各层柱抗侧刚度不等时，可取其平均值计算，即

$$C_f = \overline{D}\,\overline{h} \qquad (7-2)$$

式中

$$\overline{D} = \frac{D_1 + D_2 + \cdots + D_n}{n}; \quad \overline{h} = \frac{h_1 + h_2 + \cdots + h_n}{n}$$

### 7.3.2　剪力墙的抗弯刚度

每片剪力墙的抗弯刚度按材料力学方法计算，具体参见第 6 章。总剪力墙的抗弯刚度为各片剪力墙抗弯刚度的总和。当剪力墙的抗弯刚度沿房屋的高度不等时，可取沿高度加权平均的方法计算，即

$$\overline{EI}=\frac{(EI)_1 h_1+(EI)_2 h_2+\cdots+(EI)_n h_n}{H} \tag{7-3}$$

式中：$(EI)_i$——剪力墙在第 $i$ 层的抗弯刚度；

$\quad\quad\ h_i$——第 $i$ 层的层高；

$\quad\quad\ H$——房屋总高。

### 7.3.3　框架-剪力墙铰接体系的协同工作分析

框架-剪力墙结构协同工作计算采用连续化方法，即把原来只在每一楼层标高处的剪力墙与框架变形相同的变形连续条件简化为沿整个结构高度范围内的剪力墙与框架变形都相同的变形连续条件，连梁连续化计算简图如图 7.10 所示。当楼层数较多时，这一由集中变为连续的简化不会带来很大误差。沿着连杆切开后剪力墙和框架上作用的水平力分别为 $p_w$ 和 $p_f$，如图 7.11 所示。

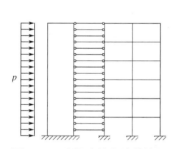
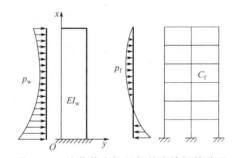

　图 7.10　连梁连续化计算简图　　　　图 7.11　外荷载在框架与剪力墙间的分配

1. 基本方程及其解

静力平衡条件

$$p=p_w+p_f \tag{7-4}$$

变形协调条件

$$y_f=y_w=y \tag{7-5}$$

此外，对于框架而言有

$$\frac{\mathrm{d}y}{\mathrm{d}x}=\frac{V_f}{C_f}\quad 或\quad V_f=C_f\frac{\mathrm{d}y}{\mathrm{d}x} \tag{7-6}$$

微分一次得

$$-p_f=\frac{\mathrm{d}V_f}{\mathrm{d}x}=C_f\frac{\mathrm{d}^2 y}{\mathrm{d}x^2} \tag{7-7}$$

框架上作用的荷载分布曲线朝 $y$ 方向凹。

对剪力墙而言，当不考虑剪切变形影响时有

$$M_w = EI_w \frac{d^2 y}{dx^2} \tag{7-8}$$

$$V_w = -EI_w \frac{d^3 y}{dx^3} \tag{7-9}$$

$$p_w = EI_w \frac{d^4 y}{dx^4} \tag{7-10}$$

把 $p_f$ 和 $p_w$ 代入静力平衡条件中，并进行整理得

$$\frac{d^4 y}{dx^4} - \frac{C_f}{EI_w} \times \frac{d^2 y}{dx^2} = \frac{1}{EI_w} p \tag{7-11}$$

为了简化，设 $\xi = \frac{x}{H}$ 和 $\lambda = H\sqrt{\frac{C_f}{EI_w}}$。

式中：$\lambda$——结构刚度特征值，与剪力墙和框架的刚度比相关，由下文分析可知其对剪力墙的受力和变形状态有很大影响。

引入上述符号后，上述微分方程可写为

$$\frac{d^4 y}{d\xi^4} - \lambda^2 \frac{d^2 y}{d\xi^2} = \frac{pH^4}{EI_w} \tag{7-12}$$

这是一个非齐次四阶常微分方程，它的全解为

$$y = C_1 + C_2\xi + Ash\lambda\xi + Bch\lambda\xi + y_1 \tag{7-13}$$

其中：$sh\lambda\xi$ 和 $ch\lambda\xi$ 为双曲线函数，即

$$sh\lambda\xi = \frac{e^{\lambda\xi} - e^{-\lambda\xi}}{2}; \quad ch\lambda\xi = \frac{e^{\lambda\xi} + e^{-\lambda\xi}}{2} \tag{7-14}$$

$A$、$B$、$C_1$ 及 $C_2$ 为积分常数，由边界条件确定。

① 当 $x=0$（$\xi=0$）时，剪力墙底部位移为零，即 $y=0$。

② 当 $x=0$（$\xi=0$）时，剪力墙底部转角为零，即 $\frac{dy}{d\xi}=0$。

③ 当 $x=H$（$\xi=1$）时，剪力墙顶部弯矩为零，即 $\frac{d^2 y}{d\xi^2}=0$。

④ 当 $x=H$（$\xi=1$）时，在倒三角形及均布荷载作用下，框架-剪力墙顶部总剪力为零，即 $V_f + V_w = -\frac{EI_w}{H^3} \times \frac{d^3 y}{d\xi^3} + \frac{C_f}{H} \times \frac{dy}{d\xi} = 0$；在顶部集中水平力 $P$ 的作用下，$V_f + V_w = P$，即 $V_f + V_w = -\frac{EI_w}{H^3} \times \frac{d^3 y}{d\xi^3} + \frac{C_f}{H} \times \frac{dy}{d\xi} = P$。

在给定荷载作用下，可求出式(7-13)的任意特解。再利用以上 4 个边界条件，可确定 4 个任意常数，从而求出 $y$。求出位移 $y$ 后，剪力墙任意截面的弯矩 $M$ 和剪力 $V$ 可由微分关系式(7-8)～式(7-10)求得。

2. 三种典型水平荷载作用下总剪力墙的位移和内力的计算公式

(1) 倒三角形荷载。

$$\frac{y(\xi)}{y_0} = \frac{120}{11} \times \frac{1}{\lambda^2} \left[ \left(1 + \frac{\lambda sh\lambda}{2} - \frac{sh\lambda}{\lambda}\right) \frac{ch\lambda\xi - 1}{\lambda^2 ch\lambda} + \left(\frac{1}{2} - \frac{1}{\lambda^2}\right)\left(\xi - \frac{sh\lambda\xi}{\lambda}\right) - \frac{\xi^3}{6} \right] \tag{7-15}$$

其中：$y_0 = \frac{11pH^4}{120EI_w}$ 表示剪力墙本身单独承受倒三角形荷载时的顶部位移。

$$\frac{M_w(\xi)}{M_0} = \frac{3}{\lambda^2} \left[ \left( 1 + \frac{\lambda sh\lambda}{2} - \frac{sh\lambda}{\lambda} \right) \frac{ch\lambda\xi}{ch\lambda} - \left( \frac{\lambda}{2} - \frac{1}{\lambda} \right) sh\lambda\xi - \xi \right] \quad (7-16)$$

其中：$M_0 = \frac{1}{3} pH^2$ 表示倒三角形荷载对底部的总弯矩。

$$\frac{V_w(\xi)}{V_0} = -\frac{2}{\lambda^2} \left[ \left( \lambda + \frac{\lambda^2 sh\lambda}{2} - sh\lambda \right) \frac{sh\lambda\xi}{ch\lambda} - \left( \frac{\lambda^2}{2} - 1 \right) ch\lambda\xi - 1 \right] \quad (7-17)$$

其中：$V_0 = \frac{1}{2} pH$ 表示倒三角形荷载对底部的总剪力。

（2）均布荷载。

$$\frac{y(\xi)}{y_0} = \frac{8}{\lambda^2} \left[ \left( \frac{1 + \lambda sh\lambda}{ch\lambda} \right) (ch\lambda\xi - 1) - \lambda sh\lambda\xi + \lambda^2 \xi \left( 1 - \frac{\xi}{2} \right) \right] \quad (7-18)$$

其中：$y_0 = \frac{pH^4}{8EI_w}$ 表示剪力墙本身单独承受均布荷载时的顶部位移。

$$\frac{M_w(\xi)}{M_0} = \frac{2}{\lambda^2} \left[ \left( \frac{1 + \lambda sh\lambda}{ch\lambda} \right) ch\lambda\xi - \lambda sh\lambda\xi - 1 \right] \quad (7-19)$$

其中：$M_0 = \frac{1}{2} pH^2$ 表示均布荷载对底部的总弯矩。

$$\frac{V_w(\xi)}{V_0} = \frac{1}{\lambda} \left[ \lambda ch\lambda\xi - \left( \frac{1 + \lambda sh\lambda}{ch\lambda} \right) sh\lambda\xi \right] \quad (7-20)$$

其中：$V_0 = pH$ 表示均布荷载对底部的总剪力。

（3）顶点集中荷载。

$$\frac{y(\xi)}{y_0} = 3 \left[ \frac{sh\lambda}{\lambda^3 ch\lambda} (ch\lambda\xi - 1) - \frac{1}{\lambda^3} sh\lambda\xi + \frac{1}{\lambda^2} \xi \right] \quad (7-21)$$

其中：$y_0 = \frac{PH^3}{3EI_w}$ 表示剪力墙本身单独承受顶点集中荷载时的顶部位移。

$$\frac{M_w(\xi)}{M_0} = \frac{sh\lambda}{\lambda ch\lambda} ch\lambda\xi - \frac{1}{\lambda} sh\lambda\xi \quad (7-22)$$

其中：$M_0 = PH$ 表示顶点集中荷载对底部的总弯矩。

$$\frac{V_w(\xi)}{V_0} = ch\lambda\xi - \frac{sh\lambda}{ch\lambda} sh\lambda\xi \quad (7-23)$$

其中：$V_0 = P$ 表示顶点集中荷载对底部的总剪力。

式（7-15）～式（7-23）中，$y$、$M_w$ 和 $V_w$ 都是 $\lambda$ 和 $\xi$ 的函数。为方便计算，将 3 种水平荷载作用下的框架-剪力墙结构的位移 $y$、总剪力墙承受的弯矩 $M_w$ 及剪力 $V_w$，即式（7-15）～式（7-23）中等式左侧部分画成曲线（图 7.12～图 7.20），计算时可以根据该结构的 $\lambda$ 值和所求截面的坐标 $\xi$ 从曲线中查出系数，代入式（7-24）～式（7-26）即可求得该结构任一高度的侧移及总剪力墙的弯矩和剪力。

$$y(\xi) = \left[ \frac{y(\xi)}{y_0} \right] y_0 \quad (7-24)$$

$$M_w(\xi) = \left[ \frac{M_w(\xi)}{M_0} \right] M_0 \quad (7-25)$$

$$V_w(\xi) = \left[ \frac{V_w(\xi)}{V_0} \right] V_0 \quad (7-26)$$

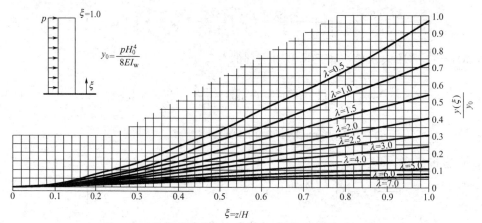

图 7.12　均布荷载作用下框架-剪力墙结构的位移系数

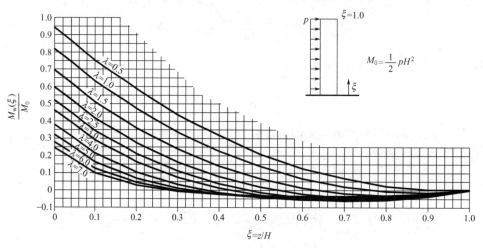

图 7.13　均布荷载作用下总剪力墙的弯矩系数

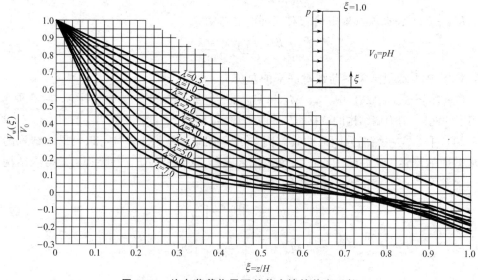

图 7.14　均布荷载作用下总剪力墙的剪力系数

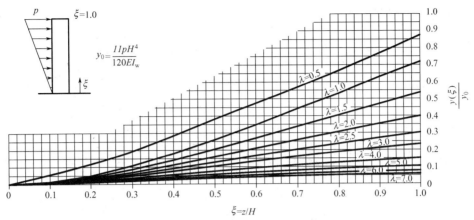

图 7.15 倒三角形荷载作用下框架-剪力墙结构的位移系数

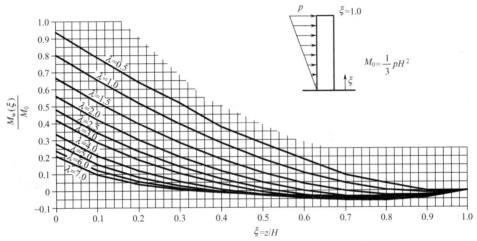

图 7.16 倒三角形荷载作用下总剪力墙的弯矩系数

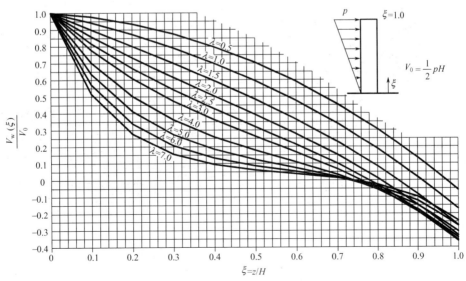

图 7.17 倒三角形荷载作用下总剪力墙的剪力系数

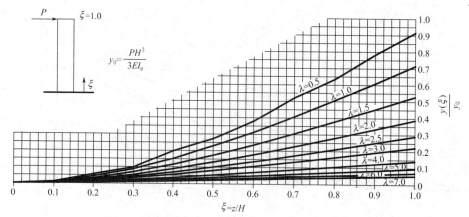

图 7.18　集中荷载作用下框架–剪力墙结构的位移系数

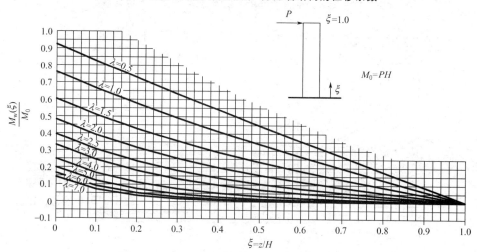

图 7.19　集中荷载作用下总剪力墙的弯矩系数

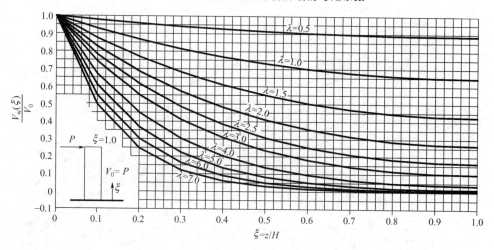

图 7.20　集中荷载作用下总剪力墙的剪力系数

**3. 总框架内力计算**

在任一标高处总框架所承受的总剪力 $V_f$ 可由整个结构水平截面内的剪力平衡条件得到，即

$$V_f = V_p - V_w \qquad (7-27)$$

式中：$V_p$——框架-剪力墙结构承受的总剪力；

$V_w$——总剪力墙承受的总剪力。

用式（7-27）计算所得的总框架所承受的剪力，还需考虑形成两级抗震防线，按 7.5.2 节的要求进行调整。

**4. 单片剪力墙、单榀框架的内力**

总剪力墙的内力 $M_w$ 和 $V_w$ 按各单片剪力墙的等效刚度 $EI_w$ 分配给每一片剪力墙，总框架的总剪力按柱的抗侧刚度分配给各柱，则可得到各片剪力墙、各框架柱在水平荷载作用下的内力，继而可求出相关其他构件的内力。

【框架-剪力墙铰接
模型的解题思路】

### 7.3.4　框架-剪力墙刚接体系的协同工作分析

进行框架-剪力墙刚接体系的协同工作分析时，其基本方法、微分方程都与铰接体系相同。由于考虑总连梁对总剪力墙的约束弯矩，其刚度特征值

$$\lambda = H\sqrt{\frac{C_f + C_b}{EI_w}} \qquad (7-28)$$

式中：$C_b$——总连梁的等效剪切刚度。

除刚度特征值与铰接体系不同外，总剪力墙、总框架及总连梁的内力计算也比铰接体系略为复杂，具体计算过程可参考文献（谭文辉等，2013）进行。

# 7.4　框架-剪力墙结构的位移和受力特征

### 7.4.1　结构的侧向位移特征

框架-剪力墙结构的侧向位移形状与刚度特征值 λ 有很大关系，而 λ 与框架的抗推刚度与剪力墙的抗弯刚度的比值有关。图 7.21 给出了不同刚度特征值的框架-剪力墙结构的侧移曲线。

当 λ 很小（如 λ≤1）时，总框架的抗推刚度较小，总剪力墙的等效抗弯刚度较大，侧移曲线像独立的悬臂梁，曲线凸形朝向原始位置，结构的侧移曲线接近弯曲型，最大层间位移在结构的顶层。

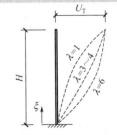

图 7.21　不同刚度特征值的
框架-剪力墙结构的侧移曲线

当λ较大（如λ≥6）时，总框架的抗推刚度较大，总剪力墙的等效抗弯刚度较小，结构的侧移曲线凹形朝向原始位置，接近于剪切型，最大层间位移在结构的底层。

当λ＝1～6时，结构的侧移曲线介于弯曲型与剪切型之间，下部略带弯曲型，上部略带剪切型，称为弯剪型。此时，最大层间位移在结构的中部，且随刚度特征值的增大，最大层间位移的位置由高至低逐渐下降。

### 7.4.2 结构的内力分布特征

框架-剪力墙结构的剪力分配与刚度特征值也有很大关系，图7.22给出了均布荷载作用下框架-剪力墙结构的剪力分配。当λ很小时，剪力墙几乎承担了全部剪力；当λ很大（剪力墙弱）时，框架几乎承担了全部剪力。

图7.23给出了框架-剪力墙结构的荷载分配，结合图7.22和图7.23可知以下4点规律。

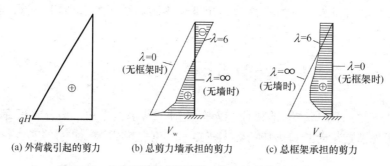

(a) 外荷载引起的剪力　　(b) 总剪力墙承担的剪力　　(c) 总框架承担的剪力

图7.22　均布荷载作用下框架-剪力墙结构的剪力分配

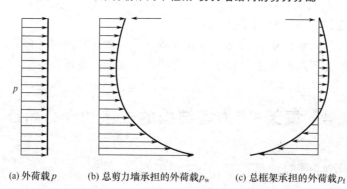

(a) 外荷载p　　(b) 总剪力墙承担的外荷载$p_w$　　(c) 总框架承担的外荷载$p_f$

图7.23　框架-剪力墙结构的荷载分配

【框架-剪力墙结构的侧向变形特征】

（1）剪力墙下部承受的荷载大于外荷载，其下部承受了大部分剪力。剪力墙的剪力随高度向上迅速减小，到顶部时出现负剪力（即剪力墙上部的剪力作用方向与下部相反）。

（2）框架下部的荷载与外荷载的作用方向相反。其剪力分布特征则是中间某层最大（承担了较大的正剪力），向上向下都逐渐减小。框架的剪力最大值在结构的中部（$\xi＝x/H＝0.3～0.6$处），且最大值位置随结构刚度特征值λ的增大而下移。

（3）框架和剪力墙的顶部剪力都不为零，这是由于相互间在顶部有集中力作用的缘故。

（4）框架底部剪力为零，全部剪力均由剪力墙承担，这是由计算方法近似所造成的，并不符合实际。

## 7.5 框架-剪力墙结构的设计规定

### 7.5.1 框架承受的倾覆力矩要求

如 7.1.3 节所述，随结构中布置的剪力墙数量不同，总框架承受的地震剪力和地震倾覆力矩也不同，整体结构的抗震性能有较大差别。当框架部分承受的倾覆力矩与结构总地震倾覆力矩的比值在一定范围时，框架与剪力墙可发挥出较好的协同工作能力。《高规》要求，抗震设计的框架-剪力墙结构，根据在规定的水平力（采用振型组合后的楼层地震剪力换算的水平作用力）作用下，结构底层框架部分承受的地震倾覆力矩与结构总地震倾覆力矩的比值，把结构分成 4 种情况，分别满足不同的设计要求。

其中，框架承受的倾覆力矩按下式计算。

$$M_{\mathrm{c}} = \sum_{i=1}^{n} \sum_{j=1}^{m} V_{ij} h_i \tag{7-29}$$

式中：$M_{\mathrm{c}}$——框架-剪力墙结构在规定的水平力作用下框架部分承受的地震倾覆力矩；

$n$——结构层数；

$m$——框架第 $i$ 层的柱根数；

$V_{ij}$——第 $i$ 层第 $j$ 根柱承受的地震剪力；

$h_i$——第 $i$ 层层高。

（1）当框架部分承受的地震倾覆力矩不大于结构总地震倾覆力矩的10%时，整体结构按剪力墙结构进行设计，其中的框架部分应按框架-剪力墙结构的框架进行设计。这种情况下，结构的地震剪力绝大部分由剪力墙承担，工作性能接近于纯剪力墙结构。剪力墙部分的抗震等级按剪力墙结构的规定执行，侧向位移控制指标按剪力墙结构采用。框架部分仍按框架-剪力墙结构进行设计，即需要满足作为第二道抗震防线的地震剪力要求。

（2）当框架部分承受的地震倾覆力矩大于结构总地震倾覆力矩的10%但不大于50%时，按框架-剪力墙结构进行设计。此种情况为典型的框架-剪力墙结构倾覆力矩比。

（3）当框架部分承受的地震倾覆力矩大于结构总地震倾覆力矩的50%但不大于80%时，按框架-剪力墙结构进行设计，其最大适用高度可比框架结构适当增加，框架部分的抗震等级和轴压比限值宜按框架结构的规定采用。这种情况为在框架结构中设置少量剪力墙，往往是为了增大框架结构的刚度、满足层间位移角限值的要求。因结构中的剪力墙数量偏少，框架承担了较多的地震作用，框架部分的抗震等级及相关抗震要求按框架结构的规定执行，剪力墙部分的抗震等级及相关抗震要求按框架-剪力墙的要求执行。整体仍然属于框架结构范畴，层间位移角限值需按照底层框架部分承担倾覆力矩的大小，在框架结构和框架-剪力墙结构两者的层间位移角限值之间进行偏安全内插。

（4）当框架部分承受的地震倾覆力矩大于结构总地震倾覆力矩的80%时，按框架-剪力墙结构进行设计，但其最大适用高度宜按框架结构采用，框架部分的抗震等级和轴压比限值应按框架结构的规定采用。当结构的层间位移角不满足框架-剪力墙结构的规定时，可按性能设计的有关规定进行结构抗震性能分析和论证。

这种情况下，结构中的剪力墙数量极少，结构抗震性能更接近于框架，不主张采用。

## 7.5.2　总框架的剪力调整

在框架-剪力墙结构中，剪力墙承担主要地震作用，常作为第一道抗震防线。剪力墙出现塑性铰后其刚度突然降低，从而使一部分地震力向框架转移，框架分担的剪力增大，因此，框架作为框架-剪力墙结构的第二道抗震防线。为保证框架能发挥第二道抗震防线的作用，就有必要提高其抗震承载能力，使强度有较大的储备。

现行《抗震规范》通过限制总框架所承受的剪力予以保证，要求总框架对应于地震作用标准值的各层总剪力应符合下列规定。

$$V_f \geqslant 0.2V_0 \tag{7-30}$$

式中：$V_f$——对应于地震作用标准值且未经调整的各层（或某一段内各层）框架承担的地震总剪力；

$V_0$——对框架柱数量从下至上基本不变的规则建筑，应取对应于地震作用标准值的结构底部总剪力；若框架柱数量从下至上分段变化，应取每段最下一层结构对应于地震作用标准值的总剪力。

满足式（7-30）要求的楼层，其框架总剪力不必调整；不满足式（7-30）要求的楼层，其框架总剪力应按$0.2V_0$和$1.5V_{f,max}$二者的较小值采用。$V_{f,max}$的取值规定：对框架柱数量从上至下基本不变的规则建筑，$V_{f,max}$取对应于地震作用标准值且未经调整的各层框架承担的地震总剪力中的最大值；对框架柱数量从上至下分段变化的结构，$V_{f,max}$应取每段中对应于地震作用标准值且未经调整的各层框架承担的地震总剪力中的最大值。

【框架-剪力墙结构中框架所受内力的调整】

各层框架所承担的地震总剪力按上述要求调整后，应按调整前后总剪力的比值调整每根框架柱和与之相连的框架梁的剪力及端部弯矩标准值，框架柱的轴力标准值可不予调整。

## 7.5.3　框架-剪力墙结构的截面设计及构造要求

框架-剪力墙结构的截面设计及构造要求，除应符合框架结构的设计规定和剪力墙结构的设计规定外，还需满足框架-剪力墙结构的以下特别要求。

（1）框架-剪力墙结构，剪力墙的竖向和水平分布钢筋的配筋率，抗震设计时均不应小于0.25%，非抗震设计时不应小于0.20%，并应至少双排布置。各排分布筋之间应设置拉筋，拉筋的直径不应小于6mm、间距不应大于600mm。

剪力墙中配置竖向分布钢筋是为了防止墙体在受弯裂缝出现后立即达到极限受弯承载力，配置水平分布钢筋是为了防止斜裂缝出现后发生脆性的剪拉破坏。因框架-剪力墙结构中的剪力墙是承担水平作用的主要受力构件，因此其竖向和水平分布钢筋的配筋率较剪力墙结构中的剪力墙在抗震等级为四级时略有提高，抗震等级为一、二、三级时相同。

（2）带边框剪力墙，边框柱与嵌入的剪力墙共同承担各种作用，其刚度常常很大，承受的地震剪力、弯矩也很大，作为一种特殊的剪力墙，其构造应符合下列规定。

① 截面厚度应符合墙体稳定计算要求，且一、二级剪力墙的底部加强部位截面厚度不应小于 200mm；其他情况下不应小于 160mm。

② 剪力墙的水平钢筋应全部锚入边框柱内，锚固长度不应小于 $l_a$（非抗震设计）或 $l_{aE}$（抗震设计）。

③ 与剪力墙重合的框架梁可保留，亦可做成宽度与墙厚相同的暗梁，暗梁的配筋可按构造配置且应符合一般框架梁相应抗震等级的最小配筋要求。

④ 剪力墙截面宜按工字形设计，其端部的纵向受力钢筋应配置在边框柱截面内。

⑤ 边框柱截面宜与该榀框架其他柱的截面相同，边框柱应符合《高规》框架柱的构造配筋规定；剪力墙底部加强部位边框柱的箍筋宜沿全高加密；当带边框剪力墙上的洞口紧邻边框柱时，边框柱的箍筋宜沿全高加密。

## 本章小结

本章主要介绍了框架-剪力墙结构的组成及结构的布置要求，框架-剪力墙结构的协同工作原理和铰接体系、刚接体系计算简图，以框架-剪力墙结构铰接体系为代表，介绍了其在水平荷载作用下的内力计算；分析了框架-剪力墙结构的位移和受力特征；最后讨论了框架-剪力墙结构的设计规定。

## 习题

1. 何为框架-剪力墙结构的平面协同分析方法？如何区分其中的铰接体系和刚接体系？

2. 连续化方法的基本假定是什么？其适用范围是什么？

3. 什么是刚度特征值 $\lambda$？如何计算？它对内力分配和侧移变形有何影响？

4. 式(7-15)～式(7-23)中，$y(\xi)$、$M_w(\xi)$、$V_w(\xi)$表示什么，如何从图 7.12～图 7.20 给出的曲线中查这些值？

5. 某 10 层教学楼，采用框架-剪力墙结构，结构各层平面布置如图 7.24 所示，各层层高均为 3.6m，柱截面尺寸均为 600mm×600mm，剪力墙厚均为 200mm，混凝土强度等级为 C40。

（1）该结构在横向（Y 向）外荷载作用下的内力分析时，按协同工作原理，计算简图属于铰接体系还是刚接体系？计算简图中，总框架包括哪几个构件？总剪力墙包括哪几榀剪力墙?

（2）假定在横向外荷载作用下的内力分析时按铰接体系计算，请计算该结构的刚度特征值。

（3）根据刚度特征值分析该结构的侧移曲线具有哪些特点。

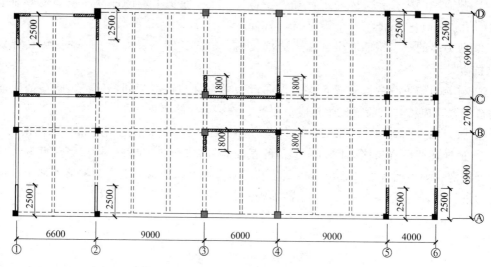

图 7.24　结构各层平面布置（单位：mm）

# 第8章

# 高层建筑筒体结构设计

 **教学目标**

本章简要介绍了筒体结构的主要类型和设计概念，阐述了筒体结构的设计原则、计算方法及截面设计构造要求。学生通过本章的学习，应达到以下目标。

（1）掌握筒体结构的概念、主要类型及适用范围。

（2）理解筒体结构的受力特点。

 **教学要求**

| 知识要点 | 能力要求 | 相关知识 |
|---|---|---|
| 筒体结构类型 | 了解筒体结构的不同类型 | 筒体结构的类型 |
| 筒体结构在侧向力作用下的受力特点及结构布置要点 | （1）理解筒体结构受力特点；<br>（2）理解筒体结构布置要点 | （1）筒体结构在侧向力作用下的受力特点；<br>（2）筒体结构布置要点 |
| 筒体结构简化计算方法 | 了解筒体结构内力简化计算方法 | （1）平面展开矩阵位移法；<br>（2）空间杆系-薄壁柱矩阵位移法；<br>（3）等效弹性连续体法 |
| 筒体结构的截面设计及构造要求 | （1）理解筒体结构设计基本要求；<br>（2）了解筒体结构设计的楼盖构造要求 | （1）筒体结构设计基本要求；<br>（2）楼盖构造要求；<br>（3）筒中筒结构构造要求；<br>（4）框架-核心筒构造要求 |

 **引例**

广州国际金融中心高 432m（图 8.1），矗立在城市的新中轴线上，其所在的广场距珠江最近只有约 200m。该结构设计新颖、造型优美、线条流畅、结构独特，具有很强的观赏性。广州国际金融中心不仅成为广州市的标志性建筑，也是当前世界经典建筑中具有时代性的标志性建筑。广州国际金融中心钢结构外筒是一个不规则网筒结构，其横截面沿整个建筑高度连续变化。主塔楼地面以上103层，高437.5m，其中1~3层为大厅，4~67层为办公室，67层以上是高级酒店及客房，最高处设有直升机平台。在办公楼层，采用钢管混凝土斜交网格柱外筒和钢筋混凝土内筒的筒中筒结构体系，上升至酒店层时，混凝土内筒不再向上延伸，而由钢柱锚入核心筒墙内，形成钢结构内框架-斜撑核心筒，结构体系为斜交网格柱外筒-内框架-斜撑。钢结构外筒是结构的主要抗侧力体系，钢管混凝土立柱共30根。柱钢管截面的直径与壁厚均沿高度变化，由底部外径1800mm、壁厚50mm缩至顶部外径700mm、壁厚20mm，钢材材质为Q345GJC钢、Q345B钢，管内充填高强混凝土。

图8.1　广州国际金融中心

# 8.1　筒体结构类型

### 8.1.1　概述

【筒体结构的定义与分类】

筒体结构是以竖向筒体为主组成的承受竖向和水平作用的高层建筑结构。筒体结构具有造型美观、使用灵活、受力合理、整体性强等优点，适用于较高的高层建筑。目前全世界最高的100幢高层建筑约有2/3采用筒体结构，国内百米以上的高层建筑约有一半采用钢筋混凝土筒体结构。筒体可以是由剪力墙组成的空间薄壁筒体，也可以是由密柱深梁形成的框筒。

筒体结构的类型很多，按构件形式可以分为实腹筒、框筒及桁架筒。用剪力墙围成的筒体称为实腹筒[图8.2(a)]；在实腹筒的墙体上开出许多规则的窗洞所形成的开孔筒体称为框筒[图8.2(b)]，它实际上是由密排柱和刚度很大的裙梁围成的筒体；如果筒体的四壁是由竖杆和斜杆形成的桁架组成，则称为桁架筒[图8.2(c)]。

按筒的组合形式、布置方式和数目，可以分为框筒[图8.3(a)]、筒中筒[图8.3(b)]、框架-核心筒[图8.3(c)]、成束筒[图8.3(d)]、多重筒[图8.3(e)]等。

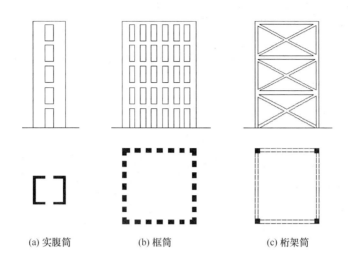

(a) 实腹筒　　　　　(b) 框筒　　　　　(c) 桁架筒

图 8.2　筒体构件形式

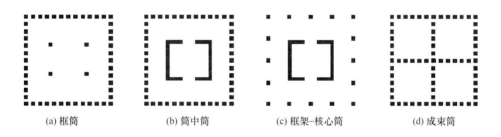

(a) 框筒　　　　　(b) 筒中筒　　　　　(c) 框架-核心筒　　　　　(d) 成束筒

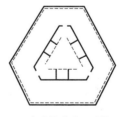

(e) 多重筒(此为三重筒)

图 8.3　筒体结构的平面布置形式

## 8.1.2　框筒结构

　　典型的框筒结构平面如图 8.3(a) 所示。当框筒单独作为承重结构时,一般在平面中间需布置柱子,以承受竖向荷载,减少楼盖结构的跨度。此时水平力全部由框筒结构承受,房屋中间的柱子所形成的框架对抵抗侧向力的作用很小,可忽略不计,认为其仅承受竖向荷载。

　　为保证翼缘框架充分发挥筒的空间工作性能以抵抗侧向力,一般要求各立面窗洞面积不宜大于墙面面积的 $60\%$;周边柱轴线间距为 $2.0\sim3.0\mathrm{m}$,不宜大于 $4.5\mathrm{m}$;框筒柱的截面长边应沿筒壁方向布置,必要时可采用 T 形截面;裙梁截面高度可取柱净距的 1/4，一般为 0.3～0.5m；整个结构的高宽比宜大于 3，结构平面的长宽比不宜大于 2。

框筒结构外筒框距较密，底部常常不能满足建筑的使用要求。为扩大底层柱距，需减少底层柱数，常用巨大的拱、梁或桁架等支撑上部的柱，如图 8.4 所示。

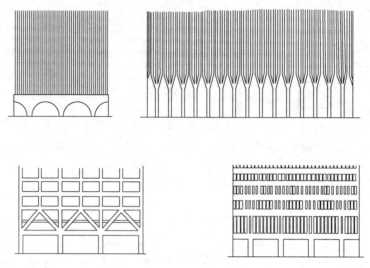

**图 8.4 框筒柱在底层的转换**

框筒结构中角柱对结构的抗侧刚度和整体抗扭具有十分重要的作用。在侧向力作用下，角柱内往往会产生较大的应力，因此应使角柱具有较大的截面面积和刚度，一般其截面面积可取中柱的 1～2 倍，有时甚至在角柱位置布置实腹筒（或称角筒）。

## 8.1.3　筒中筒结构

把核心筒结构布置于框筒结构的中间，便成为筒中筒结构，如图 8.3（b）所示。筒中筒结构平面可以为正方形、矩形、圆形、三角形或其他形状。建筑布置时一般把楼（电）梯间等服务性设施全部布置在核心筒内，而在内外筒之间提供环形的开阔空间，以满足建筑上的自由分隔、灵活布置的要求。因此，筒中筒结构常被用于商务办公中心，以便满足不同客户的需求。

筒中筒结构的高度不宜低于 80m，高宽比不宜小于 3，矩形平面的长宽比不宜大于 2，内筒和外筒之间的距离不宜大于 12m（抗震设计）或 15m（非抗震设计）。当内外筒之间的距离较大时，可另设柱作为楼面梁的支撑点，以减小楼盖结构的跨度。一般来说，内筒的边长为外筒相应方向边长的 1/3 左右较为合适，同时应为房屋高度的 1/15～1/12。如另外有角筒或剪力墙时，内筒平面尺寸还应适当减小。内筒宜贯通建筑物全高，竖向刚度宜均匀变化。

筒中筒结构为三角形平面时宜切除尖角，外筒的切角长度不宜小于相应边长的 1/8，其角部可设置刚度较大的角柱或者角筒。内筒的切角长度不宜小于相应边长的 1/10，切角的筒壁宜适当加厚。

### 8.1.4　框架-核心筒结构

为满足建筑立面及外形的要求，常将筒中筒结构中外框筒柱距加大（一般在 6～12m），并减小梁高，此时建筑物周边柱无法形成筒体，而只相当于空间框架，与内筒一起，组成框架-核心筒结构，如图 8.3（c）所示。框架-核心筒结构的周边框架与核心筒之间距离一般为 10～12m，使用空间大且灵活，广泛用于写字楼、多功能建筑。

【框架-核心筒建模】

【威利斯大厦】

框架-核心筒结构的周边框架为平面框架，没有框筒的空间作用，类似于框架-剪力墙结构。核心筒除了四周的剪力墙外，内部还有楼（电）梯间的分隔墙，核心筒的刚度和承载力都较大，成为抗侧力的主体，框架承受的水平剪力较小。

### 8.1.5　成束筒结构

两个以上框筒（或其他筒体）排列在一起成束状，称为成束筒，如图 8.3（d）所示。美国芝加哥的西尔斯大厦为典型的成束筒结构，如图 8.5 所示。该结构底层平面尺寸为 68.6m×68.6m；50 层以下为 9 个框筒组成的束筒，51～66 层为 7 个框筒，67～91 层为 5 个框筒，91 层以上为 2 个框筒。框筒的每条边都是由间距为 4.57m 的钢柱和桁架梁组成，在两个主轴方向上各有 4 个腹板框架和 4 个翼板框架。这样布置的好处是腹板框架间隔减小，可减少翼缘框架的剪力滞后现象，使翼缘框架中各柱所受轴力比较均匀。成束筒结构的刚度和承载能力比筒中筒结构有所提高，沿高度方向还可以逐渐减少筒的个数，使结构刚度逐渐变化，而又不打乱每个框筒中梁、柱和楼板的布置。

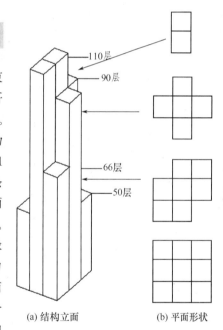

(a) 结构立面　　　　(b) 平面形状

**图 8.5**　西尔斯大厦结构立面与平面形状

### 8.1.6　多重筒结构

当建筑平面尺寸很大或当内筒较小时，内外筒之间的距离较大，使得楼盖结构的跨度较大，楼板厚度或楼面大梁的高度增加。为保证楼盖结构的合理性，降低楼盖结构的高度，可在筒中筒结构的内外筒之间增设一圈柱或剪力墙。如果将这些柱或剪力墙用梁联系起来可使其形成一个筒的作用，则可以认为是有 3 个筒共同作用来抵抗侧向力，即成为一个三重筒结构，如图 8.3(e) 所示。

# 8.2 筒体结构在侧向力作用下的受力特点及结构布置要点

## 8.2.1 筒体结构在侧向力作用下的受力特点

【框筒、筒中筒与空间结构】

在侧向力作用下,框筒结构的受力既与薄壁箱形结构相似,又有其自身的特点。从材料力学可知,当侧向力作用于箱形结构时,箱形结构截面内的正应力呈线性分布,其应力图形在翼缘方向为矩形,在腹板方向为一拉一压两个三角形;但当侧向力作用于框筒结构时,框筒结构底部柱内正应力沿框筒水平截面的分布不是呈线性关系,而是呈曲线分布,如图8.6所示。正应力在角柱中较大,在中柱中逐渐减小,这种现象称为剪力滞后现象。这是由翼缘框架中梁的剪切变形和梁、柱的弯曲变形造成的。同时,在框筒结构的顶部,角柱内的正应力反而小于翼缘框架中柱内的正应力,这一现象称为负剪力滞后现象。事实上,对于实腹的箱形截面,当考虑板内纵向剪切变形影响时,其横截面内的正应力分布也有剪力滞后现象或负剪力滞后现象的出现。

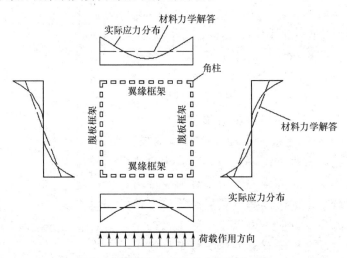

图8.6 框筒结构底部柱内正应力分布

受压翼缘框架变形示意如图8.7所示,角柱受压缩短,使与其相邻的裙梁承受剪力,因此相邻柱承受压力;第二柱受压使第二跨裙梁受剪,相邻柱又承受压力;依次传递;翼缘框架的裙梁和柱都承受其平面内的弯矩、剪力和轴力,由于梁的变形,使翼缘框架各柱压缩变形向中心逐渐递减,轴力也逐渐减小。同理,受拉翼缘框架也会产生轴向拉力的剪力滞后现象。翼缘框架的内力和变形都在平面内(由于翼缘框架各柱和裙梁内力由角柱传来),腹板框架的内力和变形也在其平面内,这使框筒结构在水平荷载作用下内力分布形成"筒"的空间特性。

影响剪力滞后现象的因素如下。

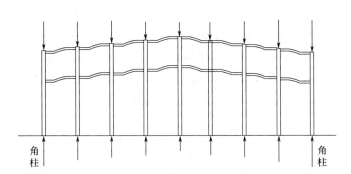

**图 8.7　受压翼缘框架变形示意**

1. 柱距与裙梁高度

影响剪力滞后现象的主要因素是裙梁剪切刚度 $\left(S_b = \dfrac{12EI_b}{l^3}\right)$ 与柱轴向刚度 $\left(S_c = \dfrac{EA_c}{h}\right)$ 的比值。裙梁的剪切刚度越大，剪力滞后现象越不明显。若裙梁高度受到限制，深梁的效果不足，可结合设备层、避难层设置沿框筒周圈的环向桁架。由于环向桁架的刚度大，可缓和翼缘框架和腹板框架的剪力滞后现象。

2. 角柱截面

角柱截面越大，承受的轴力也就越大，角柱和相邻柱的轴力会增大，翼缘框架的抗倾覆力矩也会变大。但角柱加大截面也会使其与中柱的轴力差变大。

3. 框筒结构高度

剪力滞后现象沿框筒高度是变化的，结构底部剪力滞后现象相对严重一些，越向上，柱轴力绝对值越小，剪力滞后现象越缓和，轴力趋于平均。框筒结构要达到相当的高度，才能充分发挥结构的作用，高度不大的框筒，剪力滞后现象相对严重一些。

4. 框筒平面形状

框筒平面过长过大或采用长方形平面都是不利的。正方形、圆形、正多边形是框筒结构最理想的平面形状。在长边的中部加一道横向密柱，可大大缓和剪力滞后现象，提高中柱的轴力。

由于剪力滞后现象的影响，在框筒的翼缘框架中，远离腹板框架的各柱轴力越来越小；在框筒的腹板框架中，远离翼缘框架的各柱轴力的递减速度比按直线规律递减得要快。但当柱距增大到与普通框架相似时，除角柱外，其他柱的轴力将很小，通常可忽略沿翼缘框架传递轴力的作用，而按平面结构进行分析。框筒中剪力滞后现象越严重，参与受力的翼缘框架柱越少，空间受力性能越弱。为了减小剪力滞后现象的影响，在结构布置时要采取一系列措施，如减小柱间距，加大裙梁的刚度，控制结构的高宽比，结构的平面外形宜选用圆形、正多边形等。研究表明，对正多边形来说，边数越多，剪力滞后现象越不明显，结构的空间作用越好；反之，边数越少，结构的空间作用越差。

在筒体结构中，侧向力所产生的剪力主要由其腹板部分承担。对于筒中筒结构，则主要由外筒的腹板框架和内筒的腹板部分承担。外力所产生的总剪力在内外筒之间的分配与内外筒之间的抗侧刚度比有关，且在不同的高度，侧向力在内外筒之间的分配比例不同。一般来说，在结构底部，内筒承担了大部分剪力，外筒承担的剪力很小。例如，深圳国贸中心大厦的分析结果表明，底层外筒承担的剪力占外荷载总剪力的27%，内筒承担的剪力占外荷载总剪力的73%。这一受力特点与框架-剪力墙结构相似。

侧向力所产生的弯矩则由内外筒共同承担。由于外筒柱离建筑平面形心较远，故外筒柱内的轴力所形成的抗倾覆力矩极大。在外筒中，翼缘框架又占了其中的主要部分，角柱也发挥了十分重要的作用，而外筒腹板框架及内筒腹板墙肢的局部弯曲所产生的抗倾覆力矩极小。例如，在深圳国贸中心大厦的底层，为平衡侧向力所产生的弯矩，外框筒柱内轴力所形成的弯矩占50.4%，内筒腹板墙肢轴力所形成的弯矩占40.3%，而外框筒柱和内筒腹板墙肢的局部弯曲所产生的弯矩仅占2.7%和6.6%。

由以上的分析可以看出，在框筒结构或筒中筒结构中，尽管受到剪力滞后现象的影响，翼缘框架柱内的应力比材料力学的计算结果要小，但翼缘框架对结构抵抗侧向力仍有十分重要的作用，这说明结构具有十分强的空间整体性能，从而可以达到节省材料、降低造价的目的。这就是框筒结构或筒中筒结构被广泛应用于高层建筑的主要原因。

框筒结构或筒中筒结构在侧向力作用下的侧向位移曲线呈弯剪型。这是因为在侧向力作用下，腹板框架将产生剪切型的变形曲线，而翼缘框架一侧受拉、一侧受压的受力状态将形成弯曲型的变形曲线，内筒也将产生弯曲型的变形曲线，共同工作的结果将使结构的侧向位移曲线呈弯剪型。

在高层建筑中，通常每隔数层就有一个设备层，用于布置水箱、空调机房、电梯机房或安置一些其他设备。这些设备层在立面上一般没有或很少有布置窗口的要求，因此，可以利用该设备层的高度布置一些强度和刚度都很大的水平构件（桁架或现浇钢筋混凝土大梁），即形成水平加强层或称为刚性层，这些水平构件既连接建筑物四周的柱，又将核心筒和外柱连接起来，可约束周边框架和核心筒的变形，减少结构在水平荷载作用下的侧移量，并使各竖向构件的变形趋于均匀，以减小楼盖结构的翘曲。这些大型水平构件如与布置在建筑物四周的大型柱或钢筋混凝土井筒整体连接，便形成具有强大抗侧刚度的巨型框架结构。这种巨型框架结构既可作为独立的承重结构，也可作为筒体结构中的加强构件。

## 8.2.2　结构布置要点

### 1. 平面外形

研究表明，对正多边形而言，边数越多，剪力滞后现象越不明显，结构的空间作用越大；反之，边数越少，结构的空间作用越小。例如，筒中筒结构的平面外形宜选用圆形、正多边形、椭圆形或矩形等，内筒宜居中。

假定5种外形［圆形、正六边形、正方形、正三角形及矩形（长宽比为2）］平面的面积和筒壁混凝土用量均相同，进行平面框筒的性能比较，如表8-1所示。

表 8-1 规则平面框筒的性能比较

| 平面形状 | | 圆形 | 正六边形 | 正方形 | 正三角形 | 矩形<br>(长宽比为 2) |
|---|---|---|---|---|---|---|
| 水平荷载<br>相同 | 筒顶位移 | 0.90 | 0.96 | 1.0 | 1.0 | 1.72 |
| | 最不利柱的<br>轴力 | 0.67 | 0.96 | 1.0 | 1.54 | 1.47 |
| 基本风压<br>相同 | 筒顶位移 | 0.48 | 0.83 | 1.0 | 1.63 | 2.46 |
| | 最不利柱的<br>轴力 | 0.35 | 0.83 | 1.0 | 2.53 | 2.69 |

对比可得如下结论。

(1) 在相同水平荷载作用下,以圆形平面框筒的侧向刚度和受力性能最佳,矩形(长宽比为 2)平面框筒最差。

(2) 在相同基本风压作用下,圆形平面框筒的风荷载体型系数和风荷载最小,优点更为明显;矩形平面框筒相对较差,但由于正方形和矩形平面的利用率较高,仍具有一定的实用性,但对矩形平面的长宽比应加以限制。

(3) 矩形的长宽比越接近 1,框筒翼缘框架角柱和中间柱的轴力比 $N_{角柱}/N_{中柱}$ 越小。一般而言,当长宽比 $L/B=1$(即正方形)时,$N_{角柱}/N_{中柱}=2.5\sim5$;当 $L/B=2$ 时,$N_{角柱}/N_{中柱}=6\sim9$;当 $L/B=3$ 时,$N_{角柱}/N_{中柱}>10$,此时,中柱已不能发挥作用,说明在设置筒中筒结构时,矩形平面的长宽比不宜大于 2。

(4) 正三角形平面的结构性能也较差,应通过切角使其成为六边形来改善外框筒的剪力滞后现象,以提高结构的空间作用。

(5) 外框筒的切角长度不宜小于相应边长的 1/8,其角部可设置刚度较大的角柱或角筒。

(6) 内筒的切角不宜小于相应边长的 1/10,切角处的筒壁宜适当加厚。

**2. 内筒布置**

内筒是筒中筒结构抗侧力的主要子结构,宜贯通建筑物全高,竖向刚度宜均匀变化,以免结构的侧移和内力发生急剧变化。

为使筒中筒结构具有足够的侧向刚度,内筒的刚度不宜过小,通常,内筒边长 =(1/3~1/2)外筒边长,其边长可取筒体结构高度的 1/15~1/12,一般不宜超过 15m;当外框筒内设置刚度较大的角筒或剪力墙时,内筒平面尺寸可适当减小。

**3. 外框筒布置**

(1) 框筒的开孔率。

当框筒孔洞的双向尺寸分别等于柱距和层高的 40%(即开孔率为 16%)时,截面应力分布接近实体墙,在水平荷载作用下,框筒同一横截面的竖向应力分布接近平截面假定;当孔洞的双向尺寸分别等于柱距和层高的 80%(即开孔率为 64%)时,框筒的剪力滞后现象相当明显。为满足实用需求，框筒的开孔率不宜大于 60%。

（2）孔洞的形状。

洞口的高宽比宜与层高和柱距之比接近。

（3）柱距与梁高。

计算分析表明，当框筒的开孔率和孔洞的形状一定时，框筒的刚度以柱距等于层高时最佳，考虑到高层建筑的标准层层高大多在 4m 以上，一般情况下，柱距不宜大于 4m。外框筒梁的截面高度可取柱净距的 1/4。

（4）角柱截面面积。

在侧向力作用下，框筒角柱的轴力明显大于端柱，为了减小各层楼盖的翘曲，角柱的截面面积可适当放大，可取中柱截面面积的 1～2 倍，必要时可采用 L 形角墙或角筒。一般角柱截面面积=1.5×中柱截面面积。

（5）高宽比。

结构总高度 $H$ 与宽度 $B$ 的比大于 3 时才能充分发挥框筒作用。

（6）楼盖梁系布置。

楼盖梁系的布置方式宜使角柱承受较大的竖向荷载，以平衡角柱中的拉力。

（7）柱截面。

框筒结构的柱截面宜做成正方形、扁矩形或 T 形。

# 8.3　筒体结构简化计算方法

## 8.3.1　平面展开矩阵位移法

通过对矩阵平面的框筒结构或筒中筒结构受力性能的分析可知，在侧向力作用下，筒体结构的腹板部分主要抗剪，翼缘部分的轴力形成弯矩作用主要抗弯；筒体结构的各榀平面单元主要在其自身平面内受力，而在平面外的受力则很小。因此，可采用如下两点基本假定。

（1）对筒体结构的各榀平面单元，可只考虑单元平面内的刚度，略去其平面外的刚度，因此，可忽略外筒的梁柱构件各自的扭转作用。

（2）楼盖结构在其自身平面内的刚度可视为无穷大，因此，当筒体结构受力变形时，各层楼板在水平面内做平面运动（产生水平移动或绕竖轴转动）。

对于图 8.8 所示的筒中筒结构，在对称侧向力作用下，整个结构不发生整体扭转，并且内外筒各个平面结构在自身平面外的作用及外筒的梁柱构件各自的扭转作用与筒中筒结构的主要受力作用相比，均小得多，可忽略不计。另外，又因楼盖结构平面外的刚度小，可略去它对内外筒壁的变形约束作用。因此，可进一步把内外筒分别展开到同一平面内，分别展开成带刚域的平面壁式刚架和带门洞的墙体，并分别由简化成楼盖连杆的楼面体系相连。由于大部分筒中筒结构在双向都为轴对称结构，因此，可取 1/4 平面的结构来分析。而对称轴上的有关边界条件则需按筒中筒结构的变形及其受力特点来确定。

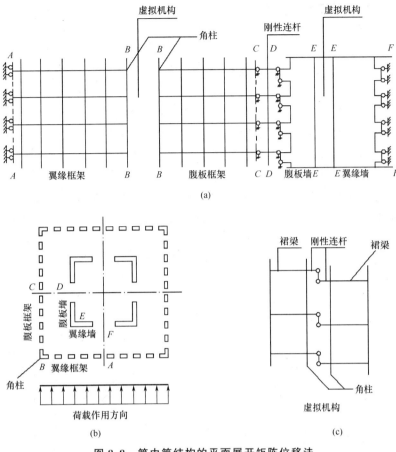

图 8.8 筒中筒结构的平面展开矩阵位移法

在对称侧向力作用下，翼缘框架的对称轴，即 $A$—$A$ 轴处，框架平面内没有水平位移，也不产生转角，只会出现竖向位移。因此，在各层的梁柱节点上，力学模式中应有两个约束。在内筒的翼缘墙的对称轴，即 $F$—$F$ 轴处，同样也设置如图 8.8(a) 所示的约束。在对称侧向力作用下的腹板框架的对称轴，即 $C$—$C$ 处，由于腹板框架这时的变形及其受力情况都是反对称的，因此，在对称轴 $C$—$C$ 处，柱的轴力应为零，但在此处会产生腹板框架平面内的侧向位移与相应的转角。故在各层的相应节点上，应设置一个竖向约束。同理，在内筒的腹板墙的对称轴 $D$—$D$ 处，也应设立相应的竖向约束。由于楼盖结构在其自身平面内的刚度为无限大，且忽略了筒壁出平面的作用，因此，作用在结构某层上的侧向力，其荷载作用点可简化到该层外筒的腹板框架或内筒的腹板墙上的任一节点。同理，把楼盖结构简化成轴向刚度为无穷大的、与内外筒以铰相连的连杆，以保证内外筒结构的侧向位移在各楼层处一一相同。

把筒中筒结构或框筒结构简化成平面结构后，可利用分析平面结构的矩阵位移法进行计算。框筒由深梁和宽柱组成，梁和柱应按两端带刚域的杆件建立单元刚度矩阵 $K_e$，再建立总刚度矩阵 $K$，然后用聚缩自由度的方法，求出只对应于腹板框架节点水平位移的侧向刚度矩阵 $K_x$，得

$$K_x \mathit{\Delta}_x = P_x \tag{8-1}$$

式中：$\mathit{\Delta}_x$——水平位移列向量；

$P_x$——作用在腹板框架上的水平力列向量。

按式(8-1)可求得 $\boldsymbol{\Delta}_x$，进而可求得框架全部节点位移及梁、柱内力。

## 8.3.2 空间杆系-薄壁柱矩阵位移法

筒体结构的计算分析应当采用较精确的三维空间分析方法。空间杆系-薄壁柱矩阵位移法是把一般的梁柱单元作为空间杆件考虑，而把内筒、角柱等部位的单元作为空间薄壁杆件，用矩阵位移法求解。对于一般的空间杆件单元，每个杆端有 6 个自由度，即沿 3 个轴的位移 $u$、$v$、$w$ 和绕 3 个轴的转角 $\theta_x$、$\theta_y$、$\theta_z$，如图 8.9 所示。

对于空间薄壁杆件单元，考虑其截面翘曲变形，每个杆端有 7 个自由度，比普通空间杆件单元增加了双力矩所产生的扭转角，即 $u$、$v$、$w$、$\theta_x$、$\theta_y$、$\theta_z$、$\theta_w$，如图 8.10 所示。此方法的优点是可以分析梁柱为任意布置的一般的空间框架结构或筒体结构，以及平面为非对称的结构或荷载，并可获得薄壁柱受约束扭转所引起的翘曲应力。

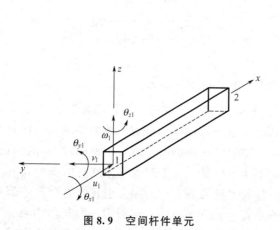

图 8.9　空间杆件单元　　　　　图 8.10　空间薄壁杆件单元

## 8.3.3 等效弹性连续体法

等效弹性连续体法是基于楼板在其平面内的刚度为无限大和框筒的筒壁在其自身平面外的作用很小，只考虑其平面内作用的基本假定，把框筒结构简化成由 4 榀等效正交异性弹性板所组成的实腹筒体，用能量法求解。

在实际工程中，梁和柱的间距沿建筑物高度方向常常保持不变。为了在分析中简化公式推导，同时假定梁和柱的横截面沿建筑物高度方向保持不变，于是由密集柱和裙梁所组成的每榀框架都可用一榀等厚的正交异性弹性板（以下简称"等效板"）来等效，从而把框筒结构等效成一个无孔实腹筒体，如图 8.11 所示，并可利用能量法来求解。等效板的刚度特征值可通过弹性板与实际结构的变形等效条件来求得。

在轴力作用情况下，如图 8.12 所示，对于每个开间，假定满足下式。

$$AE = dtE_c \qquad (8-2)$$

式中：$A$——每根柱的截面面积；

$\quad\quad E$——材料的弹性模量；

$\quad\quad d$——柱距；

$\quad\quad t$——等效板厚；

$\quad\quad E_c$——等效弹性模量。

若取等效板的截面面积 $dt$ 和柱子截面面积 $A$ 相等，则

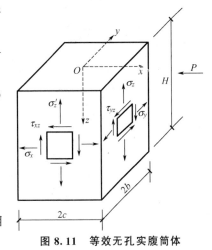

**图 8.11　等效无孔实腹筒体**

$$E_c = E \qquad (8-3)$$

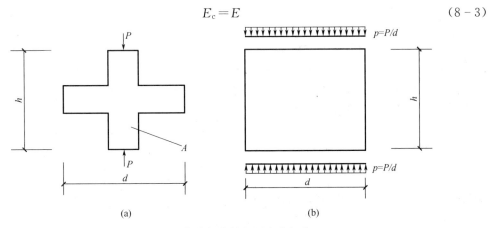

**图 8.12　等效板的轴向刚度特征值**

等效板的剪切模量应按壁式框架与等效板在承受相同的剪力 $V$ 时，两者具有相等的水平位移求得。壁式框架的作用可以用一个梁柱单元来表示，如图 8.13 所示，这个单元是假设每根梁在跨中有反弯点，每根柱在中点有反弯点，然后从反弯点截取出来。这样，整个壁式框架的受力与变形特性就可取一个梁柱单元来进行研究。由于柱的间距很小，裙梁的截面又相对很高，相对于柱的层高与梁的跨度来说，梁柱节点区的刚域必须加以考虑。这时，可假定梁柱单元在每个节点处存在短刚臂，其宽度等于柱宽，其高度等于梁高。

框架梁柱单元上的受力及边界约束条件如图 8.13(a) 所示。如果水平剪力值为 $V$，作用于节点 $D$，最终的水平位移是 $\Delta$，则可得出剪力与位移之间的关系为

$$V\frac{h}{2} = \frac{6EI_c}{e^2}\left(1+\frac{t_2}{e}\right)\frac{\Delta}{1+\dfrac{2\dfrac{I_c}{e}\left(1+\dfrac{t_2}{e}\right)^2}{\dfrac{I_{b1}}{l_1}\left(1+\dfrac{t_1}{l_1}\right)^2+\dfrac{I_{b2}}{l_2}\left(1+\dfrac{t_1}{l_2}\right)^2}} \qquad (8-4)$$

其中：$e=h-t_2$，$l_1=d_1-t_1$，$l_2=d_2-t_1$。

对于具有同样开间宽度，承受同样大小剪力 $V$ 的等效板，如图 8.13(b) 所示，它的荷载与位移间的关系为

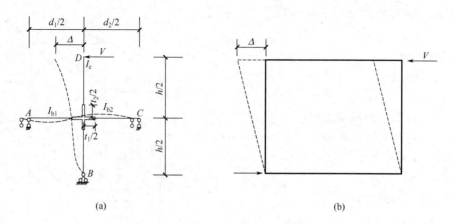

图 8.13　等效板的剪切刚度特征值

$$\Delta = \frac{V}{GA}h \qquad (8-5)$$

式中：$G$——等效板的剪切弹性模量；

$A$——每根柱的截面面积，亦即等效板的截面面积。

由式(8-4)和式(8-5)，可得等效板的剪切刚度为

$$GA = \frac{12EI_c}{e^2}\left(1+\frac{t_2}{e}\right)\cfrac{1}{1+\cfrac{2I_c\left(1+\dfrac{t_2}{e}\right)^2}{e\left[\dfrac{I_{b1}}{l_1}\left(1+\dfrac{t_1}{l_1}\right)^2+\dfrac{I_{b2}}{l_2}\left(1+\dfrac{t_1}{l_2}\right)^2\right]}} \qquad (8-6)$$

设其中一根梁的惯性矩为零，即可用于边柱。

一般来说，在实际结构工程中，常有 $I_{b1}=I_{b2}=I_b$，$d_1=d_2=d$，$l_1=l_2=d-t_1$，则

$$GA = \frac{12EI_c}{e^2}\left(1+\frac{t_2}{e}\right)\cfrac{1}{1+\cfrac{l}{e}\cdot\cfrac{I_c\left(1+\dfrac{t_2}{e}\right)^2}{I_b\left(1+\dfrac{t_1}{l}\right)^2}} \qquad (8-7)$$

等效板的总剪切刚度等于各单根柱的剪切刚度值之和。

这样，就把实际为密柱深梁的框筒结构等效为厚度为 $t$、等效弹性模量为 $E$、等效剪切模量为 $G$ 的封闭实腹筒，可根据能量法进一步求解。

# 8.4　筒体结构的截面设计及构造要求

## 8.4.1　筒体结构设计基本要求

筒体结构应采用现浇混凝土结构，混凝土强度等级不宜低于C30；框架节点核心区的混凝土强度等级不宜低于柱的混凝土强度等级，且应进行核心区斜截面承载力计算；特殊

情况下不应低于柱混凝土强度等级的70%，但应进行核心区斜截面承载力验算。当相邻层的柱不贯通时，应设置转换梁等构件。

### 8.4.2 筒体结构的楼盖构造要求

筒体结构的楼盖常采用双向密肋楼盖、单向密肋楼盖，或预应力楼盖，以获得较好的结构刚度，同时减小楼盖结构高度。当采用普通密肋梁楼盖时，楼盖主梁不宜搁置在核心筒或内筒的连梁上。

由于剪力滞后现象，筒体结构中各柱的竖向压缩量不同，角柱压缩变形最大，因而楼板四角下沉较多，出现翘曲现象。为防止板角开裂，结构的楼盖外角板宜设置双层附加构造钢筋，如图8.14所示，其单层单向配筋率不宜小于0.3%，钢筋的直径不应小于8mm，间距不应大于150mm，配筋范围不宜小于外框架（或外筒）至内筒外墙中距的1/3和3m。

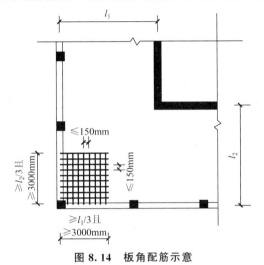

图 8.14 板角配筋示意

### 8.4.3 筒中筒结构的截面设计及构造要求

(1) 外框筒梁和内筒连梁的截面尺寸应符合下列规定。

持久、短暂设计状况

$$V_b \leqslant 0.25\beta_c f_c b_b h_{b0} \tag{8-8}$$

地震设计状况

跨高比大于 2.5 时

$$V_b \leqslant \frac{1}{\gamma_{RE}}(0.20\beta_c f_c b_b h_{b0}) \tag{8-9}$$

跨高比不大于 2.5 时

$$V_b \leqslant \frac{1}{\gamma_{RE}}(0.15\beta_c f_c b_b h_{b0}) \tag{8-10}$$

式中：$V_b$——外框筒梁或内筒连梁剪力设计值；

$\qquad b_b$——外框筒梁或内筒连梁截面宽度；

$\qquad h_{b0}$——外框筒梁或内筒连梁截面的有效高度；

$\qquad \beta_c$——混凝土强度影响系数。

(2) 外框筒梁和内筒连梁的构造配筋应符合下列要求。

非抗震设计时，箍筋直径不应小于8mm，箍筋间距不应大于150mm；抗震设计时，框筒梁和内筒连梁的端部反复承受正、负剪力，箍筋必须加强，箍筋直径不应小于10mm，箍筋间距不应大于100mm，由于梁跨高比较小，箍筋间距沿梁长不变。当梁内设置交叉暗撑时，箍筋间距不应大于 200mm。框筒梁上下纵向钢筋的直径均不应小于 16mm。为了避免混凝土收缩，以及温差等间接作用导致梁腹部过早出现裂缝，当梁高大于 450mm 时，应增设腰筋，腰筋的直径不应小于 10mm，腰筋间距不应大于 200mm。

（3）外框筒梁和内筒连梁的设置。

对跨高比不大于 2 的梁宜增配对角斜向钢筋，对跨高比不大于 1 的梁宜采用交叉暗撑（图 8.15），且应符合下列规定。

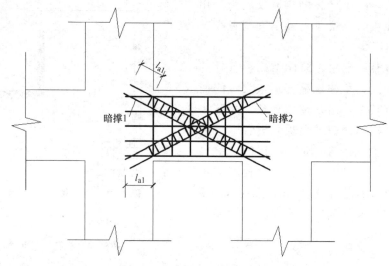

**图 8.15　梁内交叉暗撑的配筋**

① 梁的截面宽度不宜小于 400mm。

② 全部剪力应由暗撑承担，每根暗撑应由不少于 4 根纵筋组成，纵筋直径不应小于 14mm，其总面积 $A_s$ 应按下列公式计算。

持久、短暂设计状况

$$A_s \geqslant \frac{V_b}{2f_y \sin\alpha} \tag{8-11}$$

地震设计状况

$$A_s \geqslant \frac{\gamma_{RE} V_b}{2f_y \sin\alpha} \tag{8-12}$$

式中：$\alpha$——暗撑与水平线的夹角。

③ 两个方向暗撑的纵向钢筋应采用矩形箍筋或螺旋箍筋绑成一体，箍筋直径不应小于 8mm，箍筋间距不应大于 150mm。

④ 纵筋伸入竖向构件的长度不应小于 $l_{a1}$，非抗震设计时 $l_{a1}$ 可取 $l_a$，抗震设计时 $l_{a1}$ 宜取 $1.15l_a$。

【大连中心·裕景（公建）】

## 8.4.4　框架-核心筒结构的截面设计及构造要求

框架-核心筒结构中的核心筒或内筒中的剪力墙截面形状宜简单，截面形状复杂的墙体应按应力分布配置受力钢筋。核心筒和内筒由若干墙肢和连梁组成，墙肢宜均匀、对称布置，角部附近不宜开洞，当不可避免时，简角内壁至洞口的距离不应小于 500mm 和开洞墙截面厚度的较大值；为防止核心简或内简中出现小墙肢等薄弱环节，核心简或内简的外墙不宜在水平方向连续开洞，洞间墙肢的截面高度不宜小于 1.2m，对个别无法避免的小墙肢，当洞间墙肢的截面高度与厚度之比小于 4 时，宜按框架柱进行设计，以加强其抗震能力。简体墙应验算墙体稳定性，且外墙厚度不应小于 200mm，内墙厚度不应小于 160mm，必要时可设置扶壁柱或扶壁墙。

抗震设计时，核心简墙体底部加强部位主要墙体的竖向和水平分布钢筋的配筋率均不宜小于 0.30%；底部加强部位约束边缘构件沿墙肢的长度宜取墙肢截面高度的 1/4，约束边缘构件范围内应主要采用箍筋；底部加强部位以上角部墙体宜设置约束边缘构件。

【框架-核心简
结构施工】

对内简偏置的框架-简体结构，其质心与刚心的偏心距较大，会导致结构在地震作用下的扭转反应增大。对这类结构，应控制结构在考虑偶然偏心影响的规定地震力作用下，最大楼层水平位移和层间位移不应大于该楼层平均值的 1.4 倍，以结构扭转为主的第一自振周期 $T_t$ 与以平动为主的第一自振周期 $T_1$ 之比不应大于 0.85，且 $T_1$ 的扭转成分不宜大于 30%。

对框架-核心简结构，内简采用双简可增强结构的扭转刚度，减小结构在水平地震作用下的扭转效应。因此，当内简偏置、长宽比大于 2 时，宜采用框架-双简结构。当框架-双简结构的双简间楼板开洞时，其有效楼板宽度不宜小于楼板典型宽度的 50%，洞口附近楼板应加厚，并应采用双层双向配筋，每层单向配筋率不应小于 0.25%；双简间楼板宜按弹性板进行细化分析。

## 本 章 小 结

框简、简中简和框架-核心简都是常用的高层建筑结构形式，除了符合高层建筑结构的一般布置原则外，简体布置应从平面形状、高宽比、框简的开孔率、柱距、框简柱和裙梁截面、楼盖形式等方面考虑，以缓和剪力滞后现象，便于空间受力的合理设计。

## 习 题

思考题

（1）简体结构的类型有哪些？分别有哪些特点？

（2）简体结构在侧向力作用下的受力特点有哪些？

（3）什么是剪力滞后现象？采取哪些措施能缓和剪力滞后现象？

（4）框简结构外框简的布置原则有哪些？

（5）简中简结构中内简的布置原则有哪些？

# 第9章
# 复杂高层建筑结构设计

 教学目标

　　本章简要介绍了复杂高层建筑结构的主要类型与设计概念，阐述了复杂高层建筑结构的设计原则和相应的计算方法。学生通过本章的学习，应达到以下目标。

（1）了解复杂高层建筑结构的概念、主要分类及适用范围。

（2）了解复杂高层建筑结构的各种计算、设计方法及设计要求。

　　教学要求

| 知识要点 | 能力要求 | 相关知识 |
| --- | --- | --- |
| 带转换层的高层建筑结构 | （1）了解转换层的功能及主要结构形式；<br>（2）理解梁式转换层结构设计 | （1）转换层的功能及主要结构形式；<br>（2）梁式转换层结构设计及相关构造 |
| 带加强层的高层建筑结构 | （1）了解加强层的三种构件形式；<br>（2）理解加强层的作用及布置；<br>（3）了解加强层结构的设计加强措施 | （1）加强层结构的三种构件形式；<br>（2）加强层的作用及布置；<br>（3）加强层结构的设计加强措施 |
| 错层结构 | （1）了解错层结构的适用范围；<br>（2）了解错层结构的结构分析方法；<br>（3）了解错层结构的设计加强措施 | （1）错层结构的适用范围；<br>（2）错层结构的分析过程及软件的应用；<br>（3）错层结构的设计加强措施 |
| 连体结构 | （1）了解连体结构的两种形式及适用范围；<br>（2）了解连体结构的分析方法；<br>（3）了解连体结构的设计加强措施 | （1）连体结构形式：凯旋门式和连廊式；<br>（2）连体结构的设计加强措施 |
| 多塔楼结构 | （1）理解多塔楼结构的布置要求；<br>（2）了解多塔楼结构的结构分析方法；<br>（3）了解多塔楼结构的设计加强措施 | （1）多塔楼结构的布置要求；<br>（2）多塔楼结构的结构分析方法；<br>（3）多塔楼结构的设计加强措施 |

**引例**

现代高层建筑高度不断增加，建筑功能日趋复杂，高层建筑竖向立面造型日趋多样化。例如，连体结构就是一种复杂高层建筑结构形式，它是指在两个建筑之间设置若干个连廊的结构。当两个主体结构为对称的平面形式时，也常把两个主体结构的顶部若干层连接成整体楼层，这种复杂高层建筑结构形式称为凯旋门式。高层建筑的连体结构在全国许多城市中都可以见到，如上海证券大厦、苏州东方之门（图 9.1）。

东方之门位于中国江苏省苏州市，总高度为 301.8m。东方之门分北楼、南楼两部分，是一个外形为门的超高层建筑，在层高 238m 处北楼、南楼两部分建筑相连。

图 9.1　苏州东方之门

由于复杂高层结构建筑形式变化多样，要根据具体的结构体系和上下布置合理选择、灵活处理，具体设计时还要遵循相应规范与规程的要求进行。《高规》第 10 章中列出了比较常见的复杂高层建筑结构，包括带转换层的高层建筑结构、带加强层的高层建筑结构、错层结构、连体结构、多塔楼结构等。

【苏州东方之门】

# 9.1　带转换层的高层建筑结构

近年来，高层建筑变得体型复杂且功能多样，向综合性发展，如上部楼层为住宅、酒店；中部为办公用房；下部为商店、餐馆、文化娱乐设施。不

【转换层】

同用途的楼层需要大小不同的开间、进深及不同的结构形式，因此在结构转换的楼层处需设置转换结构构件以形成转换层，大致可分为内部形成大空间和外部形成大入口两大类。这就要求结构自下而上增加竖向构件，这样的结构布置与结构合理的传力机制正好相反，部分竖向构件必须要支承在水平构件上，形成大跨度的水平转换构件来完成上下不同柱网、不同开间、不同结构形式的转换，如图 9.2 所示。

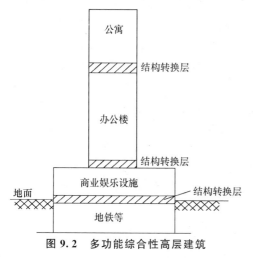

图 9.2　多功能综合性高层建筑

在现代高层建筑中，转换层的应用越来越多，它增加了结构的复杂程度，主要表现在：转换层的上部、下部结构布置或体系有变化，

容易形成下部刚度小、上部刚度大的不利结构，易出现下部变形过大的软弱层，或承载力不足的薄弱层，而软弱层本身又十分容易发展成为承载力不足的薄弱层而在大震时倒塌。因此，传力通畅、克服和改善结构沿高度方向的刚度和质量不均匀是带转换层高层建筑结构设计的关键。

## 9.1.1　转换层的基本功能及结构形式

**1. 转换层的基本功能**

转换层的基本功能就是把上部小柱网结构的竖向荷载传递到下部大柱网的结构上，从结构的角度看，转换层可实现下列转换。

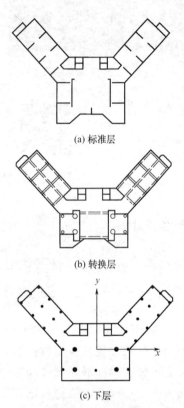

(a) 标准层

(b) 转换层

(c) 下层

**图 9.3　北京南洋饭店示意**

（1）上层和下层结构类型转换。

这种转换层广泛用于剪力墙结构和框架-剪力墙结构，它将上部剪力墙转换为下部的框架，以创造一个较大的内部活动空间。

图 9.3 为北京南洋饭店（24 层，总高 85m）示意。该结构第 1～4 层为框架结构，第 6 层以上为剪力墙结构，第 5 层为转换层，剪力墙的托梁高 4.5m，底柱最大直径为 1.6m。

剪力墙直接支承在柱子上形成框支剪力墙，它的转换层形式很简单，框支柱上一层的剪力墙就是转换部位，但是这部分墙的应力分布十分复杂，要进行特殊设计。在转换层全部或部分高度将剪力墙加厚，这种加厚的剪力墙称为"托梁"。

（2）上下层的柱网尺寸、轴线改变。

转换层上下的结构形式没有改变，但是通过转换层可以使下层柱的柱距放大，完成上下层不同柱网轴线布置的转换。具有这类转换构件的结构上下层的刚度相差不会很大，只是由于下层跨度较大，上柱传来的竖向荷载要通过刚度及承载力大的水平构件作为转换构件进行传递。转换层的刚度与其他层有所差别，设计时要尽量选择适当的转换构件，以减少刚度突变。

图 9.4 为香港新鸿基中心示意，该结构采用筒中筒结构体系，高 178.6m，51 层，5 层以上是办公楼，外框筒柱距为 2.4m，第 1～4 层为大空间商业用房。为解决底层入口问题，该结构采用截面为 2.0m×5.5m 的预应力大梁进行结构轴线转换，将下层柱距扩大为 16.8m 和 12m。

（3）结构形式和结构轴线布置同时转换。

当建筑物上部与下部建筑布置完全不同，竖向构件不能贯通，无法直接传力，结构的传力途径被破坏，转换构件设计和结构自身设计都十分困难时，通常采用的方案是用箱形转换构件或厚板转换构件进行间接传力。采用钢筋混凝土厚板作为转换构件，是典型的沿高度刚度和质量不均匀的结构，对抗震十分不利。箱形板实际上是在厚板中间挖掉部分混凝土，形成交叉梁系构成的转换层。相对于厚板，箱形板的重力和刚度均减小，但是，交叉梁并非正交，构造仍然十分复杂，目前还没有很完善的厚板转换层的设计和计算方法。

图 9.5 为捷克基辅饭店厚板转换层示意，该楼高 60.50m，共 19 层，上层为密柱网框架结构，下层为大空间剪力墙结构，中间通过厚度为 1.4m 的钢筋混凝土厚板转换，从而满足了建筑功能的要求。

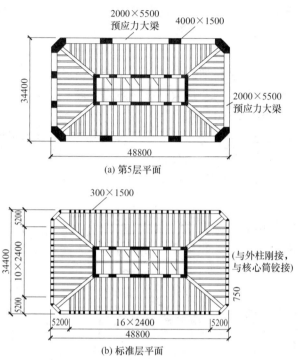

(a) 第5层平面

(b) 标准层平面

图 9.4　香港新鸿基中心示意（单位：mm）

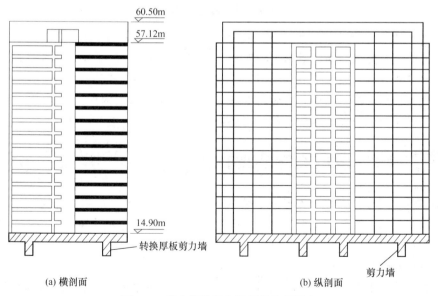

(a) 横剖面

(b) 纵剖面

图 9.5　捷克基辅饭店厚板转换层示意

2. 转换层的结构形式

目前工程中应用的转换层的结构形式有梁式、板式、箱式、桁架式及空腹桁架式，如

图 9.6 所示。

（1）梁式转换层，如图 9.6(a)、(b) 所示。

梁式转换层多用于上层为剪力墙结构、下层为框架结构的转换。其受力明确，设计和施工简单，应用最为广泛。当需要纵横墙同时转换时，则需设置双向转换梁。

（2）板式转换层，如图 9.6(c) 所示。

当上下柱网、轴线有较大的错位，不便用梁式转换层时，可以改用板式转换层。板的厚度一般很大，以形成厚板式转换层。它的优点在于下层柱网可以灵活布置，不必严格与上层结构对齐，但由于板很厚，自重增大，材料消耗很多。

（3）箱式转换层，如图 9.6(d) 所示。

单向托梁或双向托梁连同上下层较厚的楼板共同工作，可以形成刚度很大的箱式转换层，以实现从上层向更大跨度的下层进行转换。

（4）桁架式和空腹桁架式转换层，如图 9.6(e)、(f) 所示。

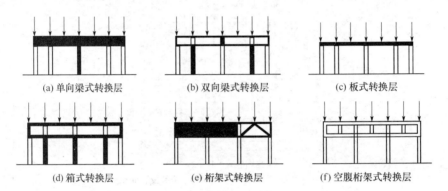

图 9.6　转换层的结构形式

这两种形式的转换层的最大优点是构造简单、受力合理，同时可减少材料和降低自重，能适应较大跨度的转换。只不过桁架式转换层具有斜撑杆，而空腹桁架式转换层的杆件都是水平或垂直的，在室内空间利用上比桁架式转换层和箱式转换层好。

由于建筑使用功能的需要，有时也存在外围结构或内部结构单独设置加强层的结构。在满足功能的同时也可以使结构合理，造型美观。

## 9.1.2　带转换层高层建筑结构布置

由于结构转换往往形成复杂结构，在进行带转换层结构的初步设计时就要与建筑配合，采取措施，调整布置，使上下刚度、质量分布尽量接近。带转换层结构的布置及设计应注意以下原则。

（1）减少转换。

在布置转换层上下主体竖向结构时，要注意尽可能多地布置成上下主体竖向结构连续贯通，尤其是在核心筒框架结构中，核心筒宜尽量上下贯通。

（2）传力直接。

在布置转换层上下主体竖向结构时，要注意尽可能使水平转换结构传力直接，尽量避免多级复杂转换，更应避免传力复杂、抗震不利、质量大、耗材多、不经济、不合理的厚板转换。一般而言，非抗震设计和 6 度抗震设防时转换构件可采用厚板，7、8 度抗震设防时地下室的转换构件可采用厚板。

（3）强化下部、弱化上部。

为保证下部大空间主体结构有适宜的刚度、强度、延性和抗震能力，应尽量强化转换层下部主体结构刚度，弱化转换层上部主体结构刚度，使转换层上下部主体结构的刚度及变形特征尽量接近。常见的措施有加大筒体尺寸、加厚下部筒壁厚度、提高混凝土强度等级，上部剪力墙开洞、开口、短肢、薄墙等。

当转换层设置在 1、2 层时，可近似采用转换层上下层结构等效侧向刚度比 $\gamma$ 表示转换层上下层结构刚度的变化。$\gamma$ 宜接近 1，非抗震设计时 $\gamma$ 不应大于 2.5，抗震设计时 $\gamma$ 不应大于 2。

一般 $\gamma$ 可按下列公式计算。

$$\gamma = \frac{G_2 A_2}{G_1 A_1} \times \frac{h_1}{h_2} \tag{9-1}$$

$$A_i = A_{wi} + C_i A_{ci} \qquad (i=1,2) \tag{9-2}$$

$$C_i = 2.5(h_{ci}/h_i)^2 \qquad (i=1,2) \tag{9-3}$$

式中：$G_1$、$G_2$——底层和转换层上层的混凝土剪切模量；

　　　$A_1$、$A_2$——底层和转换层上层的折算抗剪截面面积；

　　　$A_{wi}$——第 $i$ 层全部剪力墙在计算方向的有效截面面积（不包括翼缘面积）；

　　　$A_{ci}$——第 $i$ 层全部柱的截面面积；

　　　$h_i$——第 $i$ 层层高；

　　　$h_{ci}$——第 $i$ 层柱沿计算方向的截面高度。

（4）优化转换结构。

研究表明：转换层位置较高的高层建筑不利于抗震设计，当因建筑功能需要进行高位转换时，应做专门分析。转换结构宜优先选择不会引起框支柱（边柱）柱顶弯矩过大、柱剪力过大的结构形式，如斜腹杆桁架（包括支撑）、空腹桁架和宽扁梁等，并满足强度、刚度要求，避免框支层发生脆性破坏。

（5）计算全面准确。

必须将转换结构作为整体结构中的一个重要组成部分，采用符合实际受力变形状态的正确计算模型进行三维空间整体结构计算分析。采用有限元方法对转换结构进行局部补充计算时，转换结构以上至少取两层结构进入局部计算模型，同时应考虑转换层及所有楼层楼盖平面内刚度、实际结构三维空间盒子效应，采用比较符合实际边界条件的正确计算模型。整体结构宜进行弹性时程分析补充计算和弹塑性时程分析校核，还应注意对整体结构进行重力荷载下的施工模拟计算。

## 9.1.3　梁式转换层结构设计

**1. 转换梁的受力机理**

梁式转换层结构是通过转换梁将上部墙（柱）承受的力传至下部框支柱 [图 9.7(a)]。

图 9.7(b)、(c)、(d) 分别为竖向荷载作用下转换层（包括转换梁及上部墙体）的竖向压应力 $\sigma_y$、水平应力 $\sigma_x$ 和剪应力 $\tau$ 的分布图。可见，在转换梁及上部墙体的界面上，竖向压应力在支座处最大，在跨中截面处最小；转换梁中的水平应力 $\sigma_x$ 为拉应力。形成这种受力状态的主要原因有两点：① 拱的传力作用，即上部墙体上的大部分竖向荷载沿拱轴线直接传至支座，转换梁为拱的拉杆；② 上部墙体与转换梁作为一个整体共同受力，转换梁处于整体弯曲的受拉区，由于上部剪力墙参与受力而使转换梁承受的弯矩大大降低。因此，转换梁一般为偏心受力构件。

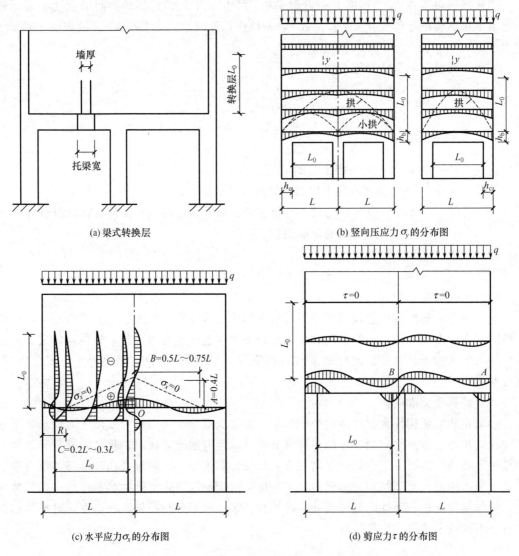

(a) 梁式转换层

(b) 竖向压应力 $\sigma_y$ 的分布图

(c) 水平应力 $\sigma_x$ 的分布图

(d) 剪应力 $\tau$ 的分布图

**图 9.7 框支剪力墙转换层的应力分布**

2. 结构分析

梁式转换层结构有两种形式，即托墙形和托柱形。这里仅简要介绍托墙形梁式转换层结构的内力计算方法。托墙形梁式转换层结构的内力计算方法主要有梁杆系模型分析方法和有限元模型分析方法两种。

（1）梁杆系模型。

对带梁式转换层的高层建筑结构进行分析时，可直接用三维空间分析程序（空间杆系、空间杆-薄壁杆系、空间杆-墙元及其他组合有限元等计算模型）进行整体结构内力分析，求得转换梁的内力作为设计依据。按梁杆系模型进行分析时，剪力墙肢作为柱单元考虑，转换梁按一般梁杆系模型处理，计算时在上部剪力墙和下部柱之间设置转换梁，墙肢和转换梁连接，而不考虑转换梁与上部墙体的共同工作，如图9.8所示。

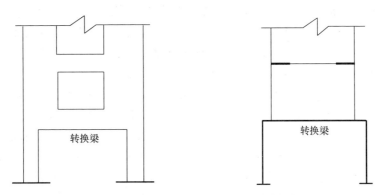

图 9.8　转换梁的杆系模型

分析表明，采用杆系模型分析得到的转换梁的内力与按高精度平面有限元计算的结果相差很大，往往是异常的。为此，构建图9.9所示转换梁的修正杆系模型，以正确反映结构中转换梁上部墙肢的实际受力途径。图中横梁刚度为无穷大，虚柱截面宽度为转换梁上部墙体厚度，截面高度为转换梁下部支撑柱的截面高度。这样转换梁上部结构各楼层竖向荷载通过"刚性梁"按墙肢和虚柱刚度分配给各墙肢及虚柱，再向下部框支柱传递。采用这种转换梁的修正杆系模型计算高层建筑中转换梁内力的算例表明，该模型能够满足工程设计的要求，但要取得更精确的结果，还必须采用高精度的有限元分析程序计算。

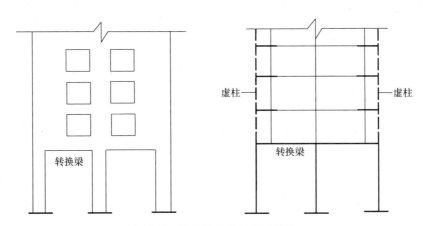

图 9.9　转换梁的修正杆系模型

（2）有限元模型。

梁式转换层结构在进行有限元分析时，为考虑转换梁与上部墙体的共同工作，一般将转换梁及上部 3~4 层墙体和下部 1~2 层框支柱取出，合理确定其荷载和边界条件。这时可采用下列平面有限元法：① 全部采用高精度平面有限元法；② 上部墙体和转换梁采用高精度平面有限元法，下部采用杆系有限元法；③ 采用分区混合有限元法。

3. 底部加强部位结构内力的调整

剪力墙底部加强部位的高度可取框支层加上框支层以上两层的高度及房屋总高度的 1/10 二者的较大值。剪力墙底部加强部位包括落地剪力墙和转换构件上部 2 层的剪力墙。

高位转换对结构抗震不利。当转换层的位置设置在 3 层及 3 层以上时，其框支柱、剪力墙底部加强部位的抗震等级宜按规定提高一级采用，已经为特一级时可不再提高。对底部带转换层的框架-核心筒结构和外围为密柱框架的筒中筒结构，因其受力情况和抗震性能比部分框支剪力墙结构有利，故其抗震等级不必提高。

带转换层的高层建筑结构属于竖向不规则结构，其薄弱层的地震剪力应乘以增大系数 1.15。对抗震等级为特一、一、二级的转换构件，其水平地震内力应分别乘以增大系数 1.9、1.6 和 1.3；同时 7 度（0.15g）、8 度抗震设防时大跨度、长悬臂的高层结构除考虑竖向荷载、风荷载和水平地震作用外，还应考虑竖向地震作用的影响；9 度抗震设防时的高层建筑应计算竖向地震作用。转换构件的竖向地震作用，可采用反应谱法或动力时程分析法计算，也可近似地将转换构件在重力荷载标准值作用下的内力乘以增大系数 1.1。

由底层大空间剪力墙住宅模型试验及大量程序计算结果得知：转换层以上部分，水平力大体上按各片剪力墙的等效刚度比例分配；转换层以下部分，一般落地墙的刚度远远大于框支柱，落地墙几乎承受全部地震作用，框支柱的剪力非常小。考虑到实际工程中，转换层楼面可能会有较大的面内变形，从而导致较大的框支柱剪力，且落地墙出现裂缝后刚度下降，也会导致框支柱剪力增加，所以实际设计中应按转换层位置的不同、框支柱数目的多少对框支柱的剪力做相应调整，同时也应相应调整框支柱的弯矩及柱端梁的剪力和弯矩。

带转换层的高层建筑结构，其框支层柱承受的地震剪力标准值应按下列规定采用。

（1）每层框支柱数目不多于 10 根的场合，当框支层为 1~2 层时，每根柱所受的剪力应至少取基底剪力的 2%；当框支层为 3 层及 3 层以上时，每根柱所受的剪力应至少取基底剪力的 3%。

（2）每层框支柱的数目多于 10 根的场合，当框支层为 1~2 层时，每层框支柱承受剪力之和应取基底剪力的 20%；当框支层为 3 层及 3 层以上时，每层框支柱承受剪力之和应取基底剪力的 30%。

框支柱剪力调整后，应相应调整框支柱的弯矩及柱端框架梁的剪力和弯矩，但框支梁的剪力和弯矩、框支柱的轴力可不调整。

4. 转换梁截面设计和构造要求

（1）截面设计方法。

当转换梁承托上部剪力墙且满跨不开洞时，转换梁与上部墙体共同工作，其受力特征和破坏形态表现为深梁，可采用深梁截面设计方法进行配筋计算，并采取相应的构造措施。

当转换梁承托上部普通框架柱或承托的上部墙体为小墙肢时，在转换梁的常用尺寸范围内，其受力性能和普通梁相同，可按普通梁截面设计方法进行配筋计算。当转换梁承托上部斜杆框架时，转换梁会产生轴向拉力，此时应按偏心受拉构件进行截面设计。

（2）框支梁截面尺寸和构造要求。

① 框支梁与框支柱截面中线宜重合。

② 框支梁截面宽度 $b_b$ 不宜小于上层墙体厚度的 2 倍，且不宜小于 400mm；当梁上托柱时，尚不应小于梁宽方向的柱截面边长。梁截面高度 $h_b$，抗震设计时不应小于计算跨度的 1/6，非抗震设计时不应小于计算跨度的 1/8，也可采用加腋梁。

③ 框支梁截面组合的最大剪力设计值应符合下列条件。

无地震作用组合时

$$V \leqslant 0.20\beta_c f_c bh_0 \tag{9-4}$$

有地震作用组合时

$$V \leqslant 1/\gamma_{RE}(0.15\beta_c f_c bh_0) \tag{9-5}$$

④ 梁纵向钢筋接头宜采用机械连接，同一截面内接头钢筋截面面积不应超过全部纵向钢筋截面面积的 50%，接头位置应避开上部墙体开洞部位、梁上托柱部位及受力较大部位。

⑤ 梁上下部纵向钢筋的最小配筋率在非抗震设计时均不应小于 0.30%；抗震设计时，特一、一、二级分别不应小于 0.60%、0.50%、0.40%。

⑥ 框支梁支座处（离柱边 1.5 倍梁截面高度范围内）箍筋应加密，加密区箍筋直径不应小于 10mm，间距不应大于 100mm。加密区箍筋最小面积含箍率在非抗震设计时不应小于 $0.9f_t/f_{yv}$；抗震设计时，特一、一、二级分别不应小于 $1.3f_t/f_{yv}$、$1.2f_t/f_{yv}$、$1.1f_t/f_{yv}$。

⑦ 偏心受拉的框支梁，其支座上部纵向钢筋至少应有 50% 沿梁全长贯通，下部纵向钢筋应全部直通到柱内；沿梁高应配置间距不大于 200mm、直径不小于 16mm 腰筋。

⑧ 框支剪力墙结构中的框支梁上下部纵向钢筋和腰筋应在节点处可靠锚固，如图 9.10 所示，水平段应伸至柱边，且非抗震设计时不应小于 $0.4l_{ab}$，抗震设计不应小于 $0.4l_{abE}$，梁上部第一排纵向钢筋应向柱内弯曲锚固且应延伸过梁底不小于 $l_a$（非抗震设计）或 $l_{aE}$（抗震设计）；当梁上部配置多排纵向钢筋时，其内排钢筋锚固于柱内的长度可适当减小，但水平段长度和弯下段长度之和不应小于钢筋锚固长度 $l_a$（非抗震设计）或 $l_{aE}$（抗震设计）。

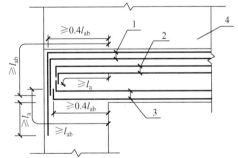

1—梁上部纵向钢筋；2—梁腰筋；
3—梁下部纵向钢筋；4—上部剪力墙

**图 9.10　框支梁主筋与腰筋的锚固**

注：抗震设计时图中 $l_a$、$l_{ab}$ 分别取为 $l_{aE}$、$l_{abE}$。

⑨ 框支梁不宜开洞，若需开洞时，洞口位置宜远离框支柱边，以减小开洞部位上下弦杆的内力值。被洞口削弱的截面应进行承载力计算，因开洞形成的上下弦杆应加强纵向

钢筋和抗剪箍筋的配置。

5. 框支柱的截面设计和构造要求

(1) 框支柱的截面尺寸。

框支柱的截面尺寸主要由轴压比控制并应满足剪压比要求。框支柱截面宽度 $b_c$ 宜和梁宽 $b_b$ 相等，也可比梁宽大 50mm。非抗震设计时，$b_c$ 不宜小于 400mm，框支柱截面高度 $h_c$ 不宜小于梁跨度的 1/15；抗震设计时，$b_c$ 不应小于 450mm，$h_c$ 不宜小于梁跨度的 1/12。

(2) 框支柱截面设计和相应构造要求。

① 框支柱截面的组合最大剪力设计值应符合下列条件。

无地震作用组合时

$$V \leqslant 0.20\beta_c f_c bh_0 \qquad (9-6)$$

有地震作用组合时

$$V \leqslant 1/\gamma_{RE}(0.15\beta_c f_c bh_0) \qquad (9-7)$$

② 一、二级框支层的柱上端和底层的柱下端截面的弯矩组合值应分别乘以增大系数 1.5、1.3；框支角柱的弯矩设计值和剪力设计值应分别在上述基础上再乘以增大系数 1.1。

③ 有地震作用组合时，一、二级框支柱由地震作用引起的轴力应分别乘以增大系数 1.5、1.2，但计算柱轴压比时不宜考虑该增大系数。

④ 框支柱设计应符合下列要求：柱内全部纵向钢筋配筋率应符合《高规》6.4.3 条的规定；抗震设计时，框支柱箍筋应采用复合螺旋箍或井字复合箍，箍筋直径不应小于 10mm，箍筋间距不应大于 100mm 和 6 倍纵向钢筋直径中的较小值，并应沿柱全高加密；抗震设计时，一、二级柱加密区的配箍特征值应比普通框架柱要求的数值增加 0.02，且柱箍筋体积配箍率不应小于 1.5%。

6. 转换层上下部剪力墙的构造要求

布置上部剪力墙、筒体时，应注意其整体空间的完整性和延性，注意外墙尽量设置转角翼缘，门窗洞尽量居于框支梁跨中，应尽量避免无连梁相连延性较差的秃墙。

(1) 框支梁上部墙体的构造要求。

试验研究及有限元分析结果表明，在竖向及水平荷载作用下，由于框支边柱上墙体的端部及中间柱上 0.2 倍框支梁净跨宽度和高度范围内有大的应力集中，这些部位的墙体和配筋应予以加强。

(2) 剪力墙底部加强部位的构造要求。

落地剪力墙几乎承受全部地震剪力，为了保证其抗震承载力和延性，截面设计时，特一、一、二、三级落地剪力墙底部加强部位的弯矩设计值应分别按墙底截面有地震作用效应组合的弯矩乘以增大系数 1.8、1.5、1.3、1.1 后采用。落地剪力墙的墙肢不宜出现偏心受拉。对部分框支剪力墙结构，剪力墙底部加强部位墙体水平和竖向分布钢筋最小配筋率，抗震设计时不应小于 0.3%，非抗震设计时不应小于 0.25%；抗震设计时钢筋间距不应大于 200mm，钢筋直径不应小于 8mm。

## 9.2　带加强层的高层建筑结构

钢筋混凝土筒体结构体系是高层公共建筑最常用的结构体系之一。结构高度的加大，使得结构的高宽比较大，而结构的抗侧刚度较小。实腹墙内筒体作为结构最主要的抗侧力结构，由于长度较短，抗侧刚度相对较弱，周边框架的梁柱截面尺寸需增大较多以抵抗倾覆力矩，以至于超过经济合

**【带刚性加强层的结构】**

理的范围。设置加强层可以使外柱参与整体抗弯，核心筒与外柱连成整体共同工作，并使核心筒与外柱因外力作用而产生的竖向变形得到协调，核心筒弯曲时由于受到外柱轴向变形的限制，各个界面不能自由转动，从而减小了结构的层间位移和顶点位移，增强了结构体系的整体抗侧能力，减小了内筒的弯矩和结构的侧移。加强层的作用如图 9.11 所示。图 9.11 表示了框架-核心筒结构体系未设置与设置一道加强层及设置两道加强层对芯筒弯矩 $M$ 的影响。

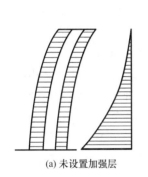
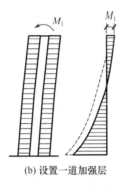
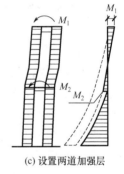

(a) 未设置加强层　　　　(b) 设置一道加强层　　　　(c) 设置两道加强层

图 9.11　加强层的作用

### 9.2.1　加强层的三种构件类型

加强层构件有三种类型，一是伸臂，二是环向构件，三是腰桁架和帽桁架。三者功能不同，不一定同时设置，但如果同时设置，一般设置在同一层。

1. 伸臂

伸臂是指刚度很大、连接内筒和外柱的实腹梁或桁架，通常沿高度选择一至几层布置伸臂。高层建筑结构内设置伸臂的主要目的是增大外框架柱的轴力，从而增大外框架的抗倾覆力矩，增大结构抗侧刚度，减小侧移。由于伸臂本身刚度较大，又加强了结构抗侧力刚度，有时就把设置伸臂的楼层称为加强层或刚性加强层。在高层建筑中都需要有避难层和设备层，通常都将伸臂、避难层和设备层设置在同一层。因此，设计者布置伸臂时必须综合考虑建筑布置和设备层布置的要求，了解伸臂设置对结构受力的影响，并明确其合理的位置，才能从结构的角度提出建议，制订各方面合理的综合优化布置方案。

2. 环向构件

环向构件是指沿结构周围布置一层楼（或两层楼）高的桁架，其作用如同加在结构身上的一道"箍"，可将结构外圈的各竖向构件紧密联系在一起，以增强结构的整体性。随着结构高度的增加，也可设置两道或三道"箍"。环向构件多采用斜杆桁架或空腹桁架形式，它的刚度很大，可以协调周圈竖向构件的变形，减小竖向变形差，加强角柱与翼缘柱的联系，使竖向构件受力均匀。在框筒结构中，环向构件可加强深梁作用，减小剪力滞后效应。在框架-核心筒结构中，环向构件也能加强外圈柱的联系，减小稀柱之间的剪力滞后效应，增大翼缘框架柱的轴力。在框架-核心筒-伸臂结构中，通常伸臂只和一根柱相连，设置环向构件后，可将伸臂产生的轴力分散到其他柱，让较多的柱共同承受轴力，使相邻框架柱轴力均匀化，因此环向构件常常和伸臂结合使用。设置环向构件还可以减小伸臂的刚度，环向构件与伸臂结合应用有利于减小框架柱和内筒的内力突变。

3. 腰桁架和帽桁架

腰桁架和帽桁架是设置在内筒和外柱间的桁架或大梁，其自身具备很大的刚度，可减小内筒和外柱间的竖向变形差。大量工程实践和理论研究表明，内筒和外柱的竖向应力不同，加之温度差别、徐变等因素的影响，常常导致内外构件竖向变形不同，使楼盖大梁产生变形和相应应力。如果变形引起的应力较大，会使结构较早出现裂缝，影响结构的承载力，不利于抗震。设置刚度很大的桁架或大梁，可以限制内外竖向变形差，从而减小楼盖大梁的变形。一般在高层建筑高度较大时，需要设置限制内外竖向变形差的桁架或大梁。

如果仅仅考虑减小重力荷载、温度、徐变产生的竖向变形差，在30～40层的结构中，一般在顶层设置一道桁架效果最为明显，此桁架即为帽桁架（图9.12）。当结构高度很大时，也可在中间某层设置一道桁架，此桁架即为腰桁架。

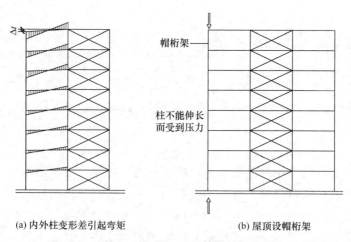

(a) 内外柱变形差引起弯矩    (b) 屋顶设帽桁架

图 9.12　设置帽桁架减小竖向变形差

伸臂和帽桁架、腰桁架的形式相同，作用却不同。在较高的高层结构中，可以将减小侧移的伸臂与减小竖向变形差的帽桁架或腰桁架结合在一起使用，在顶部及（0.5～0.6）$H$ 处各设置一道伸臂，综合效果较好。

## 9.2.2　加强层布置

**1. 结构形式**

与转换层类似，常见的加强层结构形式有梁式、桁架式、空腹桁架式、箱式等。

**2. 加强层的层数**

从理论上讲，这是一个优化设计问题。如图 9.11 所示，设置加强层的确对改善结构刚度有利，但大量研究表明，加强层的层数并非越多越好，加强层为一层时减小侧移的效率最高，随着层数增多，减小侧移的绝对值虽在加大，但减小侧移的效率却在降低。当加强层多于 3 层时，其侧移减小效果已很微弱，故建议加强层的设置不应超过 3 层。

**3. 加强层的平面布置**

在平面上布置加强层的刚臂应横贯建筑全宽，在内侧与核心筒连接，在外侧与外围框架柱连接。

**4. 加强层的竖向布置**

在竖直方向上，加强层设在什么位置效果最好，目前的设计理论还不成熟，主要是因为理论分析的简化假定与工程实际还有较大差异，一般都倾向于以减小侧移为目标函数来研究其最优位置。实际应用中应针对具体建筑，建立多个接近工程实际的计算模型，做多方案的比较分析，以求得加强层实际的最优层位。综合目前国内外的研究成果，归纳如下。

(1) 当只设置一道伸臂时，最佳位置在底部固定端以上 $0.60H$ 附近（$H$ 为结构总高度），即大约在结构的 2/3 高度处设置伸臂能较好地发挥其抗侧作用。

(2) 设置两道伸臂的效果会优于一道伸臂，侧移会更小。当设置两道伸臂时，如果其中一道设置在 $0.7H$ 以上（也可在顶层），则另一道宜设置在 $0.5H$ 处，可以得到较好的效果。

(3) 设置多道伸臂时，会进一步减小侧移，但侧移减小量并不与伸臂数量成正比。设置伸臂多于 4 道时，减小侧移的效果基本稳定。当设置多道伸臂时，一般可沿高度均匀布置，且宜在两个主轴方向都设置刚度较大的水平外伸构件。

**5. 加强层的刚度**

现有的工程分析及研究资料表明：加强层的刚度太小，达不到减小侧移的目的；但若加强层刚度过大，则会导致在加强层处抗侧刚度和质量产生过大突变，对结构受力及抗震均不利，故加强层的刚度没有必要太大。建议在满足有关规范对侧移限值要求的前提下，宜尽量选用刚度相对较小的加强层。

### 9.2.3 设计措施

（1）抗震要求与轴压比限值。带加强层的高层建筑结构，为避免结构在加强层附近形成薄弱层，使结构在罕遇地震作用下能呈现强柱弱梁、强剪弱弯的延性机制，要求在设置加强层后，带加强层高层建筑的抗震等级符合 A 级和 B 级高度的高层建筑结构抗震等级的规定，但加强层及其相邻层的框架柱和核心筒剪力墙的抗震等级应提高一级采用，特一级的不再提高。必须注意加强层上下外围框架柱的强度及延性设计，箍筋全柱段加密，框架柱轴压比应按其他楼层框架柱的数值减去 0.05 采用。加强层及其相邻层核心筒剪力墙应设置约束边缘构件。

（2）提高加强层及其相邻上下层楼盖的整体性，混凝土强度等级不宜低于 C30，楼板应采用双层双向配筋，每层各方向钢筋均应拉通，且配筋率不宜小于 0.35％。

（3）加强层水平外伸构件宜设施工后浇带，待主体结构完成后再行浇筑成整体，以消除施工阶段在重力荷载作用下加强层水平外伸构件、水平环带构件应力集中的影响。

（4）加强层构件（伸臂）与外框柱的连接可以是刚接，也可以是铰接。为刚接时，对加强层的作用不明显，计算中一般假定与外框柱铰接。

（5）柱纵向钢筋总配筋率在抗震等级为一级时不应小于 1.6％，二级时不应小于 1.4％，三、四级及非抗震设计时不应小于 1.2％。总配筋率不宜大于 5％。柱箍筋应全高加密，间距不大于 100mm，箍筋体积配箍率在抗震等级为一级时不应小于 1.6％，二级时不应小于 1.4％，三、四级及非抗震设计时不应小于 1.2％，箍筋应采用复合箍或螺旋箍。

# 9.3　错　层　结　构

### 9.3.1 错层结构及其适用范围

**1. 错层结构简介**

为满足人们日益增长的生活空间要求及生活质量要求，在住宅建筑设计中，常利用台阶的错位，使一套住宅的不同房间处于不同高度，即形成错层结构，以增加房屋的高度，使视野更加开阔。

**2. 错层结构的适用范围**

错层结构有其特定的适用范围，《高规》第 10.4 节对错层结构的平面和立面布置、抗震设计构造等都给出了明确要求。当房屋两部分因功能不同而使楼层错开时，宜首先采用防震缝或伸缩缝分为两个独立的结构单元。有错层而又未设置伸缩缝、防震缝分开，结构各部分楼层柱（墙）高度不同，形成错层结构，应视为对抗震不利的特殊建筑，在计算和构造上必须采取相应的加强措施。抗震设计时，B 级高度的高层建筑物不宜采用错层结构，9 度抗震设防时不应采用错层结构，8 度抗震设防时错层结构房屋高度不应大于 60m，

7 度抗震设防时错层结构房屋高度不应大于 80m。

错层结构应尽量减小扭转影响，错层两侧宜设计成抗侧刚度和变形性能相近的结构体系；以减小错层处的墙柱内力。

### 9.3.2　结构分析

错层结构属于竖向布置不规则结构，错层附近的竖向抗侧力结构受力复杂，容易形成众多应力集中部位。在地震作用下，错层结构加上扭转效应的影响，可能给建筑物造成比较严重的破坏。错层结构的楼板有时会受到较大的削弱。剪力墙结构错层后会使部分剪力墙的洞口布置不规则，形成错洞剪力墙或叠合错洞剪力墙。框架结构错层则更为不利，往往形成许多短柱与长柱混合的不规则体系。当在平面规则的剪力墙结构中有错层，且纵横墙体能直接传递各错层楼面的楼层剪力时，可不做错层考虑；同时，墙体布置应力求刚度中心与质量中心重合，计算时每一个错层可视为独立楼层。

当错层高度不大于框架梁的截面高度时，可以作为同一楼层参加结构计算，这一楼层的标高可取两部分楼面标高的平均值。当错层高度大于框架梁的截面高度时，各部分楼板应作为独立楼层参加整体计算，不宜归并为一层计算；此时每一错层部分可视为独立楼层，独立楼层的楼板可视为在楼板平面内刚度无限大。关于程序计算有如下规定：当必须采用错层结构时，应采用三维空间分析程序进行计算。目前三维空间分析程序 TAPS、ETAPS、TBSA、TBWE、TAT、SATWE、TBSAP 等均可进行错层结构的计算。错层结构的突出特点是在同一楼层平面内，部分区域有楼板，部分区域没有楼板。在没有楼板的区域内，有些竖向构件可能与梁连接，也可能是越层构件。软件会自动将错层构件在楼层平面内的节点设为独立的弹性节点，不受楼板计算假定限制，并能准确确定越层柱计算长度系数。而框架柱和平面外受力的剪力墙，其抗震等级的提高需要设计人员交互定义，程序不能自动处理。

对于错层剪力墙结构，当因楼层错层使剪力墙洞口不规则时，在结构整体分析后，对洞口不规则的剪力墙宜进行有限元补充分析计算，其边界条件可根据整体分析结果确定。

### 9.3.3　设计措施

错层结构在错层处的构件要采取加强措施，如图 9.13 所示。关于错层柱、墙构造有如下规定。

（1）错层处框架柱的截面高度不得小于 600mm，混凝土强度等级不应低于 C30，箍筋全柱段加密。抗震等级应提高一级采用，已为特一级的，不再提高。

（2）错层处平面外受力的剪力墙，其截面厚度，非抗震设计时不应小于 200mm，抗震设计时不应小于 250mm，并均应设置与之垂直的墙肢或扶壁柱，抗震等级应提高一级采用。错层处剪力墙的混凝土强度等级不应低于 C30。水平和竖向分布钢筋的配筋率在非

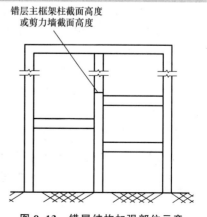

**图 9.13　错层结构加强部位示意**

抗震设计时不应小于 0.3%，抗震设计时不应小于 0.5%。

（3）在设防烈度地震作用下，错层处框架柱的截面承载力宜符合不屈服的要求。

# 9.4　连　体　结　构

## 9.4.1　连体结构的形式及适用范围

连体高层建筑是指两个或多个塔楼由设置在一定高度的连廊或天桥相连而组成的建筑物。连体结构的特点：一方面通过设置连体，将不同建筑物连在一起，使其在功能上取得联系；另一方面由于连体结构独特的外形，带来建筑上强烈的视觉效果。连体高层建筑结构主要有两种形式：① 凯旋门式，即在两个主体结构（塔楼）的顶部若干层连成整体楼层，连体的宽度与主体结构的宽度相等或相近，两个结构一般采用对称的平面形式。② 连廊式，即在两个主体结构之间的某些部位设一个或多个连廊，连廊的跨度可达几米到几十米，连廊的宽度一般在 10m 以内。图 9.14 为上海证券大厦。它的连体在 10 层和 18 层之间，跨度达 63m。通常认为连体结构是一种抗震性能较差的复杂结构形式。《高规》规定，连体结构各独立部分宜有相同或相近的体型、平面和刚度。7、8 度抗震设防时，层数和刚度相差悬殊的建筑不宜采用连体结构。特别是对于第一种形式的连体结

图 9.14　上海证券大厦

构，其两个主体宜采用双轴对称的平面形式，否则在地震中将出现复杂的相互耦联的振动，扭转影响大，对抗震不利。

## 9.4.2　结构分析

目前，国内一般的高层建筑实际采用的是整体计算分析方法（如三维杆件空间分析方法和协同工作分析方法），基本上都假定楼板在平面内刚度无限大，建筑物为线弹性结构，并可离散化为多质点体系。

连体结构存在多个塔楼，塔楼之间存在相对位移，连体能协调塔楼间变形，减小结构整体变形，但开裂后也可能在塔楼间引起严重的碰撞，导致连接功能迅速丧失，动力特性与连体结构完全不同。采用延性较好的结构形式，增加连体抗御变形和耗能的能力，以使连体结构有较好的抗震性能是高层连体结构设计的关键。连体结构通过连体将各塔楼连成一个整体，使建筑物的工作特点由竖向悬臂梁变成巨型框架，建筑物的振动特性也将相应发生变化。这种变化必将影响建筑物的地震反应。另外，如果连体刚度较小，连体建筑在总体上将趋向于空间薄壁杆，其在地震作用下的抗扭性能是一个必须考虑的问题。

同济大学等单位进行的振动台试验表明：连体结构振型较为复杂，前几个振型与单体建筑有明显不同，除同向振型外，还会出现反向振型，因此要进行详细的计算分析。试验还表明：对于连体结构，无论对称与否，都存在大量的参与系数很小甚至为零的低阶振型，所以在进行振型组合时应选择足够多的振型来满足设计的精度要求。连体结构总体为一开口薄壁构件，扭转性能较差，扭转振型丰富，当第一扭转频率与场地卓越频率接近时，容易引起较大的扭转反应，易使结构发生脆性破坏。连体结构中部刚度小，而此部位混凝土强度等级又低于下部结构，从而使结构薄弱部位由结构的底部转为连体结构中塔楼的中下部，这是连体结构设计时应注意的问题。

架空的连体对竖向地震的反应比较敏感，尤其是跨度、自重较大的连体受竖向地震的影响更为明显。因此《高规》10.5.2 条规定，7 度（0.15g）和 8 度抗震设防时，连体结构的连体部分应考虑竖向地震的影响。《高规》10.5.3 条规定，6 度和 7 度（0.10g）抗震设防时，高位连体结构的连体部分宜考虑竖向地震作用的影响。

### 9.4.3　设计措施

（1）连体结构的抗震等级。

抗震设计时，连体及连体相邻的结构构件在连体高度范围及其上下层的抗震等级应提高一级采用，若原抗震等级为特一级则不再提高。

（2）主体与连体的连接。

连体结构中主体结构与连体结构宜采用刚性连接。若采用非刚性连接时，支座滑移量应能满足两个方向在罕遇地震作用下的位移要求，并应采取防坠落、撞击措施。

（3）连体结构的加强措施。

连体应加强构造措施。作用于连体楼面中的内力相当于作用在一个主体部分的楼层水平拉力和面内剪力。连体的边梁截面宜加大，楼板厚度不宜小于 150mm，采用双层双向钢筋网，每层每方向钢筋网的配筋率不宜小于 0.25%。连体结构可设置钢梁、钢桁架和混凝土梁，混凝土梁在楼板标高处宜设加强型钢，该型钢伸入主体部分至少一跨，并可靠锚固。当有多层连体时，应特别加强其最下面一个楼层和顶层的设计和构造。

# 9.5　多塔楼结构

近年来，随着高层建筑的迅速发展，出现了越来越多的大底盘多塔楼结构，即底部几层布置为大底盘，上部采用两个及两个以上的塔楼作为主体结构。这种多塔楼结构的主要特点有：① 每个塔楼都有独立的迎风面，在计算风荷载时，不考虑各塔楼间的相互影响；② 每个塔楼都有独立的变形，各塔楼变形仅与塔楼本身因素、与底盘的连接关系和底盘的受力特性有关，各塔楼之间没有直接影响，但都通过底盘间接影响其他塔楼。多塔楼结构的特性随着塔楼间连接方式的变化而变化。大部分多塔楼结构在结构布置和体型等方面已超过我国现行规范的规定，属于"超限高层建筑"范畴。

## 9.5.1　结构布置

带大底盘的多塔楼结构，结构在大底盘上一层突然收进，属竖向不规则结构；大底盘上有两个或多个塔楼时，会产生扭转振动，使结构振型复杂。如果结构布置不当，竖向刚度突变、扭转振动反应及高振型影响将会加剧。因此，在多塔楼结构（含单塔楼）设计中应遵守下述结构布置要求。

（1）多塔楼结构中各塔楼的层数、平面和刚度宜接近；塔楼对底盘宜对称布置，多塔楼结构的综合质心与底盘结构质心的距离不宜大于底盘相应边长的20%。试验和计算分析结果表明：当各塔楼的质量和刚度相差较大、分布不均匀时，结构的扭转振动反应大，高振型对内力的影响较为突出。如各塔楼层数和刚度相差较大，宜将裙房用防震缝分开。试验研究和计算分析还表明：塔楼在底盘上部突然收进已造成结构竖向刚度和抗力的突变，如结构布置上又使塔楼与底盘偏心，则会加剧结构的扭转振动反应。因此，结构布置上应注意尽量减小塔楼与底盘的偏心。

（2）抗震设计时，带转换层塔楼的转换层不宜设置在底盘屋面的上层塔楼内，多塔楼结构转换层不适宜位置如图9.15所示。

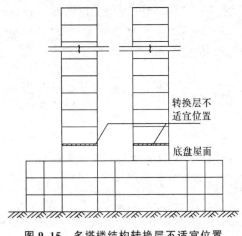

转换层不适宜位置
底盘屋面

**图 9.15　多塔楼结构转换层不适宜位置**

## 9.5.2　结构分析

对于大底盘多塔楼结构，如果把裙房部分按塔楼的形式切开计算，则下部裙房及基础的误差较大，且各塔楼之间的相互影响无法考虑，因此应先进行整体计算，按规定取够振型数，并考虑塔楼与塔楼之间的相互影响。在结构整体计算时，一般假定楼板分块平面内刚度无限大。

当塔楼的质量、刚度等分布悬殊时，整体计算反映出的前若干个振型可能大部分均为某一个塔楼（一般为刚度较弱的塔楼）的振动特性，而由于耦联振型的存在，判断某一振型反映的是哪一个塔楼的某一主振型比较困难。同时《高规》也要求分别验算整体结构和分塔楼的周期比和位移比限值，为验证各独立单塔的正确性及合理性，还需将多塔楼结构分开进行计算分析。对多塔楼结构，宜按整体模型和单个塔楼分开的模型分开计算，并采用较不利的结构进行设计。当塔楼周边的裙房超过两跨时，分塔楼结构模型宜至少带两跨裙房结构进行计算。整体计算应采用三维空间分析方法，大底盘裙房和上部各塔楼均应参与整体计算。可以应用SATWE、ETABS等程序对结构进行整体建模，对上部多塔楼进行多塔定义。抗震计算时，宜考虑平扭耦联计算结构的扭转效应，振型数不应小于15，多塔楼结构的振型数不应小于塔楼数的9倍，且计算振型数应使各振型参与质量之和不小于总质量的90%。大底盘多塔楼结构会产生复杂的扭转振动，所以设计时应减小扭转的影响，要求按整体和分塔楼计算模型分别验算整体结构和各塔楼结构扭转为主的第一周期与平动为主的第一周期的比值都不应大于 0.85。

### 9.5.3　设计措施

多塔楼结构的设计除需符合《高规》中对一般结构的有关规定外，尚应满足下列补充加强措施。

（1）为保证多塔楼（含单塔楼）结构底盘与塔楼的整体作用，底盘屋面楼板厚度不宜小于 150mm，并应加强配筋构造，板面负弯矩配筋宜贯通。底盘屋面的上下层结构的楼板也应加强构造措施。当底盘楼层为转换层时，其底盘屋面板的加强措施应符合《高规》关于转换层楼板的规定。

（2）抗震设计时，对多塔楼（含单塔楼）结构的底部薄弱部位应予以特别加强，图 9.16 所示为多塔楼结构加强部位。各塔楼之间的底盘屋面梁应予以加强。各塔楼与底部裙房相连的外围柱、剪力墙，从固定端至裙房屋面上一层的高度范围内，柱纵向钢筋的最小配筋率宜适当提高，柱箍筋宜在裙房屋面上下层的范围内全高加密。剪力墙宜设置约束边缘构件。

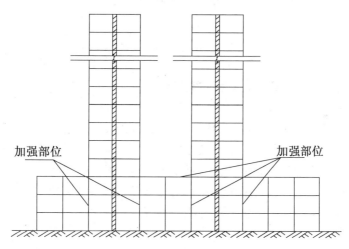

**图 9.16　多塔楼结构加强部位**

## 本章小结

　　本章针对几种复杂高层结构的设计进行了介绍。复杂高层建筑不应采用严重不规则的结构体系；复杂高层建筑应具备必要的承载能力、刚度和变形能力，避免连续性倒塌。对可能出现的薄弱部位，应采取有效措施，宜具有多道抗震防线。不同形式的复杂高层结构应注意的方面分别有：① 带转换层结构。a. 竖向力的传递途径改变，应使传力直接，受力明确；b. 结构沿高度方向的刚度和质量分布不均匀，属竖向不规则结构，应通过合理的结构布置减少薄弱部位的不利影响；c. 转换构件的选型、设计计算和构造，一般采用桁架形式的转换构件比实腹梁形式好，箱形板形式比厚板形式好。② 设置伸臂的加强层。a. 伸臂的设置位置及数量一般以控制侧移为目标而确定；b. 伸臂结构宜采用桁架或空腹桁架，其中钢桁架是较为理想的结构形式；c. 与加强层相邻的上下层刚度和内力突变，应尽量采用桁架、空腹桁架等整体刚度大而杆件刚度不大的伸臂构件来减小这种不利影响。③ 错层结构。a. 错层两侧的结构侧向刚度和结构布置应尽量相近，避免产生较大的扭转反应；b. 错层结构的计算模型一般应采用三维空间分析模型；c. 错层处的构件应采取加强措施。④ 连体结构和多塔楼结构。a. 连体（连体结构中的连廊或天桥、多塔楼结构的裙房连体）是这种结构的关键构件，其受力复杂，地震时破坏较重；b. 沿高度方向结构的刚度和质量分布不均匀，连体附近容易产生应力集中，形成薄弱部位；c. 对扭转地震反应比较敏感。

## 习　题

### 1. 思考题

(1) 常见的复杂高层建筑结构有哪些类型？

(2) 转换层有哪几种类型？

(3) 加强层的结构形式有哪些？伸臂、环梁、帽桁架和腰桁架的作用是什么？

(4) 加强层平面布置有什么要求？试分析加强层数量与位置的合理分布。

(5) 分析错层结构的特点，为什么高层建筑结构宜避免错层？

(6) 连体结构的常见形式有哪两种？其结构布置有哪些规定？

(7) 什么是多塔楼结构？布置上有哪些基本规定？

### 2. 计算题

(1) 某带加强层高层框架-核心筒结构，高度 200m，假定受均布水平荷载 90kN/m，顶部设置一道加强层，加强层产生的约束弯矩为 $6.0 \times 10^5$ kN·m，忽略外围框架柱自身由于弯曲引起的弯矩，试求结构底部筒体承受的倾覆力矩。

(2) 某带转换层的高层建筑结构，转换层总数为 5 层，总基底剪力设计值为 10000 kN，框支柱总数为 11 根，试求 1～5 层框支柱的剪力设计值。

(3) 某带转换层的高层建筑结构，转换层总数为 2 层，转换层层高 5m，转换层上部层高 3m，转换柱截面 1.0m×1.0m，共 12 根，转换层以下墙截面面积 15m²，转换层以上墙体截面面积为 40m²，转换层上下混凝土强度相同，试求转换层上下刚度比。是否满足抗震要求？

# 第10章
# 高层建筑钢结构与混合结构设计

 教学目标

　　本章简要介绍了高层建筑钢结构和混合结构的设计方法。学生通过本章的学习，应达到以下目标。

　　(1) 掌握高层建筑钢结构体系和设计的一般规定，熟悉高层建筑钢结构的结构布置原则和连接构造，了解结构计算方法和构件设计。

　　(2) 掌握高层建筑混合结构体系和设计的一般规定，熟悉高层建筑混合结构的结构布置原则和计算要求，了解型钢混凝土构件和钢管混凝土柱的设计。

教学要求

| 知识要点 | 能力要求 | 相关知识 |
|---|---|---|
| 高层建筑钢结构设计 | (1) 掌握高层建筑钢材料要求、结构体系、布置原则、抗震等级、构件长细比限值和宽厚比限值等；<br>(2) 熟悉高层建筑钢结构梁与柱的连接、柱与柱的连接、梁与梁的连接、支撑连接、柱脚等节点连接的构造要求；<br>(3) 了解高层建筑钢结构体系的近似计算方法，结构中梁、柱、支撑等构件的强度和整体稳定性计算 | (1) 高层建筑钢结构体系与布置；<br>(2) 高层建筑钢结构的结构计算；<br>(3) 高层建筑钢结构的构件设计；<br>(4) 高层建筑钢结构的连接设计 |
| 高层建筑混合结构设计 | (1) 掌握高层建筑混合结构体系最大适用高度、抗震等级等；<br>(2) 熟悉高层建筑混合结构的结构布置原则和计算要求；<br>(3) 了解型钢混凝土构件的计算要求和构造；<br>(4) 了解钢管混凝土柱设计的计算要求和构造 | (1) 高层建筑混合结构体系与布置；<br>(2) 高层建筑混合结构的计算要求；<br>(3) 型钢混凝土构件的构造要求；<br>(4) 钢管混凝土柱的构造要求 |

**引例**

钢结构具有自重轻、强度高、施工快、抗震性能好等优点，近年来在高层、大跨度建筑中得到广泛应用。1931年建成的102层、高381m的美国纽约帝国大厦，1974年建成的110层、高443m的美国芝加哥西尔斯大厦，1996年建成的88层、高452m的马来西亚石油双塔等都是钢结构超高层建筑。近年来我国钢结构建筑得到快速发展。20世纪80年代以来，我国开始陆续建造以钢结构为主要抗侧力构件的高层建筑。我国第一座超高层钢结构是1987年建成的深圳发展中心大厦，高165.3m；第一座全钢结构超高层建筑是1989年建成的上海国际贸易中心大厦，高146.45m。

钢和混凝土混合结构体系在降低结构自重，减小结构断面尺寸，提高施工速度等方面具有优势。近年来我国的高层和超高层建筑较多采用这种结构体系，如北京京广中心、北京国贸三期、上海森茂大厦、上海环球金融中心、广州西塔等。

随着高层和超高层建筑的大量出现，高层建筑钢结构和混合结构会越来越多。本章主要介绍与高层建筑钢结构和混合结构设计相关的基础知识。

# 10.1 高层建筑钢结构设计简介

本节主要介绍高层建筑钢结构设计的一般规定、结构计算、构件计算与连接设计。

## 10.1.1 一般规定

【高层钢结构
施工动画】

### 1. 材料要求

高层建筑钢结构的钢材宜采用 Q235 钢、Q345 钢、Q390 钢、Q420 钢、Q460 钢和 Q345 结构钢，一般构件宜选用 Q235 钢。主要承重构件所用较厚的板材宜选用高性能建筑用钢板。外露承重钢结构可选用 Q235NH、Q355NH 或 Q415NH 等牌号的焊接耐候钢。承重构件选用钢材的质量等级不宜低于 B 级；抗震等级为二级及以上的高层民用建筑钢结构，其框架梁、柱和抗侧力支撑等主要抗侧力构件钢材的质量等级不宜低于 C 级。选用 Q235A 或 Q235B 级钢时应选用镇静钢。

承重构件选用钢材应具有屈服强度、抗拉强度、伸长率等力学性能和冷弯试验的合格保证；同时尚应具有碳、硫、磷等化学成分的合格保证。焊接结构选用钢材尚应具有良好的焊接性能。

高层建筑中按抗震设计的框架梁、柱和抗侧力支撑等主要抗侧力构件，其钢材抗拉性能应有明显的屈服台阶，其断后伸长率不应小于 20%；钢材屈服强度波动范围不应大于 120N/mm²，钢材实物的实测屈强比不应大于 0.85，并具有良好的焊接性和合格的冲击韧性。偏心支撑框架中的耗能梁段所用钢材的屈服强度不应大于 345N/mm²，屈强比不应大于 0.8；钢材屈服强度波动范围不应大于 100N/mm²。

焊接材料熔敷金属的力学性能不应低于母材性能。当两种强度级别的钢材焊接时宜选用与强度较低钢材相匹配的焊接材料。

普通螺栓宜采用 4.6 级或 4.8 级 C 级螺栓。高强度螺栓可选用大六角高强度螺栓或扭剪型高强度螺栓。

组合结构所用圆柱头焊钉（栓钉）的屈服强度不应小于 $320\text{N}/\text{mm}^2$，抗拉强度不应小于 $400\text{N}/\text{mm}^2$，伸长率不应小于 14%。

锚栓钢材可采用 Q235 钢、Q345 钢、Q390 钢或强度更高的钢材。

2. 结构体系与结构布置原则

高层建筑钢结构体系分为框架结构、框架-支撑结构（包括框架-中心支撑、框架-偏心支撑和框架-屈曲约束支撑结构）、框架-延性墙板结构、筒体结构（包括框筒、筒中筒、桁架筒和束筒结构）和巨型框架结构。房屋高度不超过 50m 的钢结构房屋可采用框架、框架-中心支撑或其他体系的结构；超过 50m 的钢结构房屋，抗震设防烈度为 8、9 度时宜采用框架-偏心支撑、框架-屈曲约束支撑或框架-延性墙板等结构。高层民用建筑钢结构不应采用单跨框架结构。非抗震设计和抗震设防烈度为 6~9 度的乙类和丙类高层建筑钢结构适用的最大高度见表 10-1。高层建筑钢结构布置原则与钢筋混凝土高层建筑结构布置原则相同。

表 10-1　高层建筑钢结构适用的最大高度　　　　　　单位：m

| 结构体系 | 非抗震设防 | 抗震设防烈度（设计基本地震加速度） | | | | |
|---|---|---|---|---|---|---|
| | | 6 度（0.05g）、7 度（0.10g） | 7 度（0.15g） | 8 度（0.20g） | 8 度（0.30g） | 9 度（0.40g） |
| 框架 | 110 | 110 | 90 | 90 | 70 | 50 |
| 框架-中心支撑 | 240 | 220 | 200 | 180 | 150 | 120 |
| 框架-偏心支撑 框架-屈曲约束支撑 框架-延性墙板 | 260 | 240 | 220 | 200 | 180 | 160 |
| 筒体（框筒、筒中筒、桁架筒、束筒） 巨型框架 | 360 | 300 | 280 | 260 | 240 | 180 |

注：① 房屋高度指室外地面到主要屋面板板顶的高度（不包括局部突出屋顶部分）。
　　② 超过表内高度的房屋应进行专门研究和论证，采取有效的加强措施。
　　③ 表中筒体不包括混凝土筒体。
　　④ 框架柱包括全钢柱和钢管混凝土柱。
　　⑤ 甲类建筑，抗震设防烈度为 6~8 度时宜按本地区抗震设防烈度提高 1 度符合本表要求，抗震设防烈度为 9 度时应专门研究。

高层建筑钢结构布置还应注意以下问题。

（1）为保证结构在侧向作用下的稳定性，高层建筑钢结构适用的最大高宽比宜满足表 10-2 的要求。

表 10 - 2　高层建筑钢结构适用的最大高宽比

| 烈度 | 6、7 度 | 8 度 | 9 度 |
|---|---|---|---|
| 最大高宽比 | 6.5 | 6.0 | 5.5 |

注：当塔形建筑底部有大底盘时，计算高宽比的高度应从大底盘顶部算起。

（2）当需要设置防震缝时，考虑到高层建筑钢结构的侧向变形较大，缝的宽度不应小于钢筋混凝土框架防震缝缝宽的 1.5 倍，且应使上部结构完全分开。

（3）楼盖的整体性是影响高层建筑钢结构竖向构件内力分配的关键。高层建筑钢结构的楼盖宜采用压型钢板现浇钢筋混凝土组合楼板、现浇钢桁架混凝土楼板或钢筋混凝土楼板，楼板应与钢梁可靠连接；抗震设防烈度为 6、7 度时房屋高度不超过 50m 的高层建筑钢结构，也可采用装配整体式钢筋混凝土楼板、装配式楼板或其他轻型楼盖，并应将楼板预埋件与钢梁焊接，或采取其他措施保证楼板的整体性。当转换楼层楼盖或楼板有大洞口时，宜在楼板内设置钢水平支撑。

（4）高层建筑钢结构应具有足够的侧向刚度，避免产生过大的侧向位移。在风荷载或多遇地震标准值作用下，按弹性方法计算的楼层层间最大水平位移与层高之比不宜大于 1/250。为防止高层建筑钢结构在罕遇地震作用下发生倒塌，对需要进行罕遇地震作用下结构薄弱层弹塑性变形验算的高层建筑钢结构，其薄弱层或薄弱部位弹塑性层间位移不应大于层高的 1/50。

3. 抗震等级

抗震设计时，结构或构件的抗震等级是确定抗震计算参数和抗震构造措施的依据。应根据抗震设防分类、抗震设防烈度和房屋高度确定钢结构房屋的抗震等级。丙类钢结构房屋的抗震等级按表 10 - 3 确定。一般情况下，构件的抗震等级应与结构的抗震等级相同。当某个部位各构件的承载力均满足 2 倍地震作用组合下的内力要求时，抗震设防烈度为 7～9 度的构件抗震等级可以按抗震设防烈度降低 1 度确定。

表 10 - 3　丙类钢结构房屋的抗震等级

| 房屋高度 | 抗震设防烈度 | | | |
|---|---|---|---|---|
| | 6 度 | 7 度 | 8 度 | 9 度 |
| ≤50m | 一 | 四 | 三 | 二 |
| >50m | 四 | 三 | 二 | 一 |

4. 构件长细比限值

框架柱是高层建筑钢结构的一类重要的抗侧力构件，框架柱的长细比关系到钢框架的整体稳定性，中心支撑框架的支撑杆件长细比越大越容易压屈，因此需限定框架柱和中心支撑框架支撑杆件的长细比，具体限值如表 10 - 4 所示。偏心支撑框架的支撑杆件的长细比不应大于 $120\sqrt{235/f_y}$。

表 10-4　构件长细比限值

| 构件类型 | 抗震等级 | | | | 非抗震设计 |
|---|---|---|---|---|---|
| | 一级 | 二级 | 三级 | 四级 | |
| 框架柱 | 60 | 70 | 80 | 100 | 100 |
| 中心支撑框架支撑杆件 | 120（压杆） | 120（压杆） | 120（压杆） | 180（拉杆）<br>120（压杆） | 180（拉杆）<br>120（压杆） |

注：表列数值适用于 Q235 钢，其他钢材应乘以 $\sqrt{235/f_y}$。

5. 板件的宽厚比限值

地震作用时，梁端允许出现塑性铰，部分柱端也会出现塑性铰。为了保证梁柱出现塑性铰后板件的局部稳定，应对梁柱构件的宽厚比加以限定。中心支撑框架的支撑杆件在轴力作用下，有可能在杆件丧失整体稳定或强度破坏前，组成杆件的板件先出现局部屈曲，因此应限制其宽厚比。梁柱构件和中心支撑框架支撑杆件的宽厚比限值按现行《高层民用建筑钢结构技术规程》（JGJ 99—2015）执行。

偏心支撑框架的支撑杆件，其宽厚比应按现行《钢结构设计标准》（GB 50017—2017）规定的轴心受压构件在弹性设计时的宽厚比限值执行。耗能梁段是偏心支撑钢框架中的主要耗能构件，为了防止耗能梁段及与耗能梁段处于同一跨内的构件局部屈曲，该梁板件的宽厚比限值要求应更严格一些。

6. 基础设计的基本要求

（1）根据上部结构情况、地下室情况、工程地质、施工条件等因素综合确定高层建筑钢结构的基础类型，通常采用筏形基础、箱形基础、桩基础或复合基础。

（2）房屋高度超过 50m 的钢结构宜设置地下室。当采用天然地基时，基础埋置深度不宜小于房屋总高度的 1/15；当采用桩基础时，不宜小于房屋总高度的 1/20。

（3）钢框架柱应至少延伸至计算嵌固端以下一层，并且宜采用型钢混凝土柱。

（4）在高层建筑钢结构与钢筋混凝土基础或地下室的钢筋混凝土结构层之间，宜设置型钢混凝土结构层。

（5）当主楼与裙房之间设置沉降缝时，应采用粗砂等松散材料将沉降缝地面以下部分填实，以确保主楼基础四周的可靠侧向约束；当不设沉降缝时，在施工中宜预留后浇带。

## 10.1.2　结构计算

高层建筑钢结构属空间结构体系，一般应采用空间结构计算模型。为便于计算，常简化为考虑平面抗侧力结构的空间协同计算模型。当结构布置规则、质量及刚度沿高度分布均匀、不考虑扭转效应时，可进一步简化为平面结构计算模型。

【钢结构】

对满足刚性楼盖要求的钢结构，可假定楼盖在其自身平面内为无限刚性；当楼盖整体性较差，或开孔面积较大，不能保证楼面的整体刚度时，应采用楼板平面内的实际刚度。

当楼板与钢梁间有可靠连接时,可以考虑钢梁与楼板的共同工作。结构弹性计算时,中梁的惯性矩可放大 1.5 倍,边梁的惯性矩可放大 1.2 倍。弹塑性计算时,不应考虑楼板对钢梁惯性矩的增大作用。

在竖向荷载、风荷载及多遇地震作用下,高层建筑钢结构的内力和位移可采用弹性方法计算;在罕遇地震作用下,高层建筑钢结构的弹塑性变形可采用弹塑性时程分析法或静力弹塑性分析法计算。

多遇地震下的阻尼比,对高度不大于 50m 的钢结构采用 0.04;对高度大于 50m 且小于 200m 的钢结构采用 0.03;对高度不小于 200m 的钢结构宜采用 0.02。进行罕遇地震下的结构分析时,阻尼比应采用 0.05。

框架结构、框架-支撑结构、框架-延性墙板结构和框筒结构的弹性内力和位移均可采用矩阵位移法计算。筒体结构可按位移相等原则转化为连续的竖向悬臂筒体,采用薄壁杆件理论、有限元法或其他有效方法进行计算。

高层建筑钢结构在截面预估时,可以采用近似方法计算荷载效应。不同结构体系采用不同的近似计算方法,下面对高层建筑钢结构不同体系的近似计算方法进行介绍。

1. 框架结构

在竖向荷载作用下,框架内力可以采用分层法进行简化计算。在水平荷载作用下,框架内力和位移可采用 $D$ 值法进行简化计算。

2. 框架-支撑结构

框架-支撑结构是指由普通框架和支撑框架所组成的结构体系。平面布置规则的框架-支撑结构,在水平荷载作用下常常可以被简化为平面抗侧力体系进行分析,将所有框架合并为总框架,并将所有竖向支撑合并为总支撑,然后进行协同工作分析,其模型如图 10.1 所示。总支撑可视作一根弯曲杆件,其等效惯性矩 $I_{eq}$ 可按式(10-1)计算。

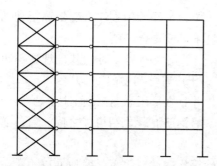

图 10.1  框架-支撑结构的协同分析模型

$$I_{eq} = \mu \sum_{j=1}^{m} \sum_{i=1}^{n} A_{ij} a_{ij}^2 \qquad (10-1)$$

式中: $\mu$——折减系数,对中心支撑可取 $0.8 \sim 0.9$;

$A_{ij}$——第 $j$ 榀竖向支撑第 $i$ 根柱的截面面积;

$a_{ij}$——第 $i$ 根柱到第 $j$ 榀竖向支撑的柱截面形心轴的距离;

$n$——第 $j$ 榀竖向支撑的柱数;

$m$——水平荷载作用方向竖向支撑的榀数。

3. 框架-延性墙板结构

平面布置规则的框架-延性墙板结构,在水平荷载作用下可以将所有框架合并为总框架,所有剪力墙合并为总剪力墙,然后进行协同工作分析。

4. 框筒结构

平面为矩形或其他规则形状的框筒结构,可采用等效角柱法、展开平面框架法或等效截面法，转化为平面框架进行近似计算。

## 10.1.3　构件计算

高层建筑钢结构计算包括静力计算和地震作用效应验算，计算内容包括弹性条件下的强度和变形验算及弹塑性条件下的变形验算。本节主要介绍梁、柱、支撑等的强度和整体稳定性计算，构件的局部稳定性通过限定构件中板件的宽厚比来满足。

### 1. 梁

高层建筑钢结构梁应满足抗弯强度、抗剪强度和整体稳定性要求。
梁的抗弯强度应满足

$$\frac{M_x}{\gamma_x W_{nx}} \leqslant f \qquad (10-2)$$

式中：$M_x$——梁对 $x$ 轴的弯矩设计值；

$W_{nx}$——梁对 $x$ 轴的净截面抵抗矩；

$\gamma_x$——截面塑性发展系数，按现行《钢结构设计标准》取用，抗震设计时取 $1.0$；

$f$——钢材强度设计值，抗震设计时应除以构件承载力抗震调整系数 $0.75$。

在主平面内受弯的实腹梁的抗剪强度应满足

$$\tau = \frac{VS}{I t_w} \leqslant f_v \qquad (10-3)$$

框架梁端部截面的抗剪强度应满足

$$\tau = \frac{V}{A_{wn}} \leqslant f_v \qquad (10-4)$$

式中：$V$——计算截面沿腹板平面作用的剪力；

$S$——计算剪应力处以上毛截面对中和轴的面积矩；

$I$——毛截面惯性矩；

$t_w$——腹板厚度；

$A_{wn}$——扣除焊接孔和螺栓孔后的腹板受剪面积；

$f_v$——钢材抗剪强度设计值，抗震设计时应除以构件承载力抗震调整系数 $0.75$。

当梁设有刚性铺板时，可不验算稳定性，否则应按式（10-5）验算梁的稳定性。

$$\frac{M_x}{\varphi_b W_x} \leqslant f \qquad (10-5)$$

式中：$W_x$——梁的毛截面抵抗矩，单轴对称者以受压翼缘为准；

$\varphi_b$——梁的整体稳定性系数，按现行《钢结构设计标准》采用；

$f$——钢材强度设计值，抗震设计时应除以构件承载力抗震调整系数 $0.75$。

### 2. 轴心受压柱和框架柱

轴心受压柱按式（10-6）进行验算。

$$\frac{N}{\varphi A} \leqslant f \qquad (10-6)$$

式中：$N$——柱压力设计值；

   $A$——柱的毛截面面积；

   $\varphi$——轴心受压构件稳定性系数，按现行《钢结构设计标准》采用；

   $f$——钢材强度设计值，抗震设计时应除以构件承载力抗震调整系数 0.80。

框架柱应进行强度和稳定性计算，按现行《高层民用建筑钢结构技术规程》和《钢结构设计标准》执行。

### 3. 支撑

高层建筑钢结构中的支撑有中心支撑和偏心支撑两类。中心支撑类型如图 10.2 所示。但 K 形斜杆体系不能用于抗震设防的结构中。偏心支撑框架中的支撑斜杆应至少在一端与梁相连（不在柱节点处），另一端可连接在梁与柱相交处或在偏离另一支撑的连接点与梁连接，并在支撑与柱之间或在支撑与支撑之间形成耗能梁段。偏心支撑类型如图 10.3 所示。

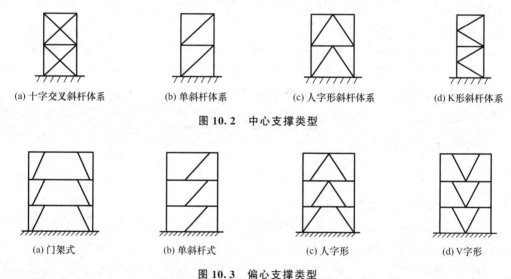

(a) 十字交叉斜杆体系　　(b) 单斜杆体系　　(c) 人字形斜杆体系　　(d) K形斜杆体系

**图 10.2　中心支撑类型**

(a) 门架式　　(b) 单斜杆式　　(c) 人字形　　(d) V字形

**图 10.3　偏心支撑类型**

中心支撑和偏心支撑中的支撑杆件按轴心受压或轴心受拉构件计算，除高强度螺栓摩擦型连接处外，其轴向承载力应满足式(10-7)的要求。

$$\frac{N_{br}}{\varphi A_{br}} \leqslant f \tag{10-7}$$

式中：$N_{br}$——支撑的轴力设计值；

   $A_{br}$——支撑截面面积；

   $\varphi$——由支撑长细比确定的轴心受压构件的稳定性系数，按现行《钢结构设计标准》采用；

   $f$——钢材的抗拉、抗压强度设计值，抗震设计时应除以构件承载力抗震调整系数 0.80。

耗能梁段是偏心支撑钢框架中塑性变形耗能的主要构件，耗能梁段的长度决定了结构的耗能能力。由于剪切变形耗能优于弯曲变形耗能，偏心支撑钢框架应尽可能采用短梁段。耗能梁段的净长 $a$ 符合式(10-8)者为剪切屈服型短梁段。

$$a \leqslant 1.6 M_p / V_p \tag{10-8}$$

式中：$M_p$、$V_p$——耗能梁段的塑性受弯承载力和塑性受剪承载力，分别按式(10-9a) 和式(10-9b) 计算。

$$M_p = W_p f_y \tag{10-9a}$$

$$V_p = 0.58 f_y h_0 t_w \tag{10-9b}$$

式中：$W_p$——梁段截面的塑性抵抗矩；

$f_y$——钢材的屈服强度；

$h_0$——梁段腹板计算高度；

$t_w$——梁段腹板厚度。

耗能梁段的截面与同一跨内框架梁相同。耗能梁段的设计按有关规范进行。与耗能梁段在同一跨内的框架梁按式(10-2)～式(10-4) 进行验算。

## 10.1.4 连接设计

高层建筑钢结构的节点连接主要包括梁与柱的连接、柱与柱的连接、梁与梁的连接、支撑连接、柱脚等。

节点连接方式包括焊接连接、高强度螺栓连接或栓焊混合连接。焊接连接根据受力情况又可分为全熔透焊接连接或部分熔透焊接连接。承重构件的螺栓连接应采用摩擦型高强度螺栓连接。

节点在非抗震设计时，应按结构处于弹性受力阶段设计；当抗震设防时，应按结构进入弹塑性阶段设计，节点连接的承载力应高于构件截面的承载力。

连接设计可按照现行《钢结构设计标准》和《高层民用建筑钢结构技术规程》的有关规定执行，本节主要介绍连接的构造要求。

### 1. 梁与柱的连接

框架梁与柱的连接一般采用柱贯通型，可分为刚接和铰接两类连接。抗震设计时梁与柱的连接常采用刚接。

当框架梁在互相垂直的两个方向都与柱刚接时，柱一般采用箱形截面。冷成型箱形柱应在梁对应位置设置隔板，并应采用隔板贯通式连接（图10.4）。柱段与隔板的连接应采用全熔透焊接连接，隔板宜伸出柱外且外伸长度宜为25～30mm，以便将相邻焊缝热影响区隔开。

梁与柱刚接时可采用梁翼缘扩翼式、梁翼缘局部加宽式、梁翼缘盖板式和梁翼缘板式等加强型刚接（图10.5）或骨式刚接（图10.6）。

梁与 H 形柱刚接时，应在梁翼缘对应位置设置水平加劲肋（隔板）（图10.7）。

当柱两侧的梁不等高时，各个梁翼缘对应位置均应设置柱的水平加劲肋。水平加劲肋间距不应小于150mm，且不应小于水平加劲肋的宽度 [图10.8(a)]。当不能满足此要求时，应调整梁的端部高度，可将截面高度较小的梁腹板高度局部加大，腋部翼缘的坡度不得大于1:3 [图10.8(b)]。当与柱相连的梁在柱的两个互相垂直的方向高度不等时，应

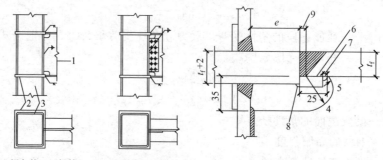

(a) 梁与柱工厂焊接    (b) 梁翼缘焊接腹板栓接    (c) 梁翼缘焊接详图

1—H 形钢梁；2—横隔板；3—箱形柱；4—大圆弧（半径约为 35mm）；5—小圆弧（半径约为 10mm）；6—衬板（厚度 8mm 以上）；7—圆弧端点至衬板边缘 5mm；8—隔板外侧衬板边缘采用连续焊缝；9—焊根宽度 7mm，坡口角度 35°

**图 10.4　框架梁与冷成型箱形柱隔板的连接（单位：mm）**

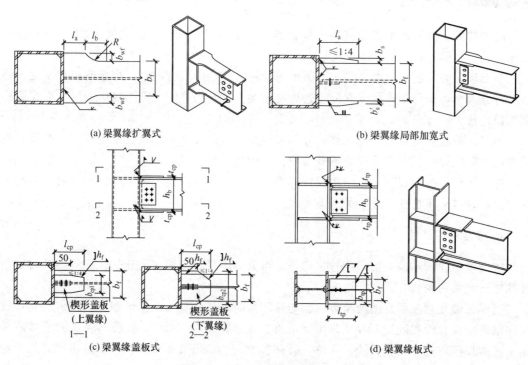

(a) 梁翼缘扩翼式        (b) 梁翼缘局部加宽式

(c) 梁翼缘盖板式        (d) 梁翼缘板式

**图 10.5　加强型刚接（单位：mm）**

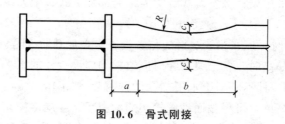

**图 10.6　骨式刚接**

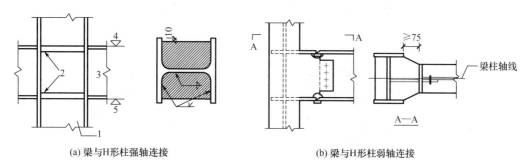

(a) 梁与H形柱强轴连接　　　　　　　　　(b) 梁与H形柱弱轴连接

1—柱；2—水平加劲肋；3—梁；4—强轴方向梁上端；5—强轴方向梁下端

**图 10.7　梁与 H 形柱刚接（单位：mm）**

分别设置柱的水平加劲肋 [图 10.8(c)]。

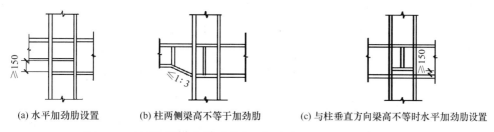

(a) 水平加劲肋设置　　　(b) 柱两侧梁高不等于加劲肋　　(c) 与柱垂直方向梁高不等时水平加劲肋设置

**图 10.8　柱两侧梁高不等时的水平加劲肋设置方案（单位：mm）**

当梁与柱铰接时，可采用图 10.9 所示的节点做法。此时与梁腹板相连的高强度螺栓，除应承受梁端剪力外，还应承受偏心弯矩的作用。当采用现浇钢筋混凝土楼板将主梁和次梁连成整体时，可不计算偏心弯矩的影响。

**2. 柱与柱的连接**

钢框架一般采用 H 形柱、箱形柱或圆管柱。框架柱的拼接处至梁面的距离应为 1.2～1.3m 或柱净高的一半，取二者的较小者。

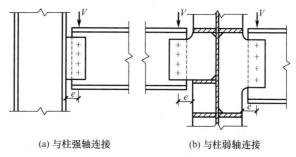

(a) 与柱强轴连接　　　　(b) 与柱弱轴连接

**图 10.9　梁与柱的铰接**

抗震设计时，框架柱的拼接应采用坡口全熔透焊缝。非抗震设计时，柱拼接也可以采用部分熔透焊缝。

箱形柱一般为焊接柱，其角部的组装焊缝一般采用部分熔透的 V 形坡口焊缝，焊缝厚度不应小于板厚的 1/3，且不小于 16mm，抗震设计时不小于板厚的 1/2，如图 10.10(a) 所示。当梁与柱连接采用刚接时，在梁上下各 500mm 范围（柱宽 600mm 时，范围为 600mm）内，柱应采用全熔透焊缝，如图 10.10(b) 所示。十字形柱应由钢板或两个 H 型钢焊接组合而成（图 10.11），组装焊缝均应采用部分熔透的 K 形坡口焊缝，每边焊接深度不应小于 1/3 板厚。

箱形柱的工地接头应全部采用焊接连接（图 10.12）。下节箱形柱的上端应设置隔板，与柱口平齐，厚度不小于 16mm，其边缘应与柱截面一起刨平。上节箱形柱安装单元的下部附近应设置上柱隔板，其厚度不宜小于 10mm。柱在工地的接头上下侧各 100mm 范围内，截面组装焊缝应采用坡口全熔透焊缝。

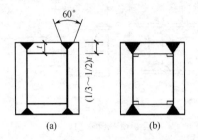

图 10.10　箱形组合柱的角部组装焊缝

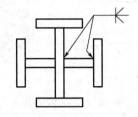

图 10.11　十字形柱的组装焊接

H 形柱在工地的接头，弯矩应由翼缘和腹板承受，剪力应由腹板承受，轴力应由翼缘和腹板承受。翼缘接头宜采用坡口全熔透焊缝，腹板可采用高强度螺栓连接。当采用全焊接接头时，上柱翼缘应开 V 形坡口，腹板应开 K 形坡口。

非抗震设防时，如果柱的弯矩较小且不产生拉力，可通过上下柱接触面直接传递 25% 的压力和 25% 的弯矩，可采用部分熔透的 V 形焊缝，但柱上下端应刨平顶紧，且端面与柱的轴线垂直。坡口焊缝的有效深度 $t_e$ 不宜小于板厚的 1/2（图 10.13）。

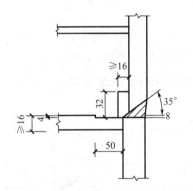

图 10.12　箱形柱的工地焊接（单位：mm）

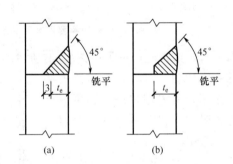

图 10.13　部分熔透焊缝（单位：mm）

变截面柱可通过改变截面尺寸或改变柱翼缘厚度来实现，通常多采用改变柱翼缘厚度的方法。当需要改变柱截面尺寸时，应采用如图 10.14(a)、(b) 所示的做法，且变截面上下端均应设置隔板。如果变截面位置位于梁柱接头处，则常采用如图 10.14(c) 所示的做法，且变截面两侧的梁翼缘不宜小于 150mm。

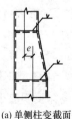

(a) 单侧柱变截面

(b) 双侧柱变截面

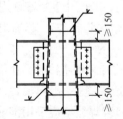

(c) 变截面位置位于梁柱接头处

图 10.14　柱的变截面连接（单位：mm）

十字形柱与箱形柱相连处，在两种截面过渡段中，十字形柱的腹板应伸入箱形柱内，其伸入长度应不小于钢柱截面高度加 200mm（图 10.15）。与上部钢结构相连的型钢混凝土柱，应沿其全高设栓钉，栓钉间距和列距在过渡段内宜采用 150mm，不大于 200mm；在过渡段外不大于 300mm。

3. 梁与梁的连接

梁的拼接常采用以下 3 种形式。

（1）翼缘采用全熔透焊缝连接，腹板采用摩擦型高强度螺栓连接。

（2）翼缘和腹板均采用摩擦型高强度螺栓连接。

（3）翼缘和腹板均采用全熔透焊缝连接。

主梁和次梁的连接宜采用简支连接，必要时也可采用刚接（图 10.16）。

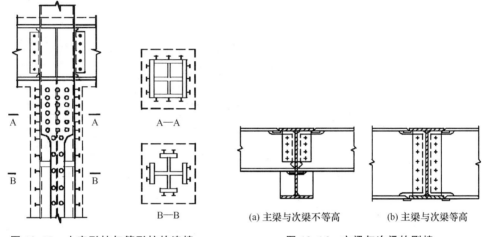

图 10.15　十字形柱与箱形柱的连接　　　　图 10.16　主梁与次梁的刚接

4. 支撑连接

支撑与框架的连接及支撑的拼接一般采用螺栓连接，如图 10.17 所示。柱和梁在支撑翼缘的连接处应设置加劲肋。支撑翼缘与箱形柱连接时在柱腹板的相应位置设置隔板。

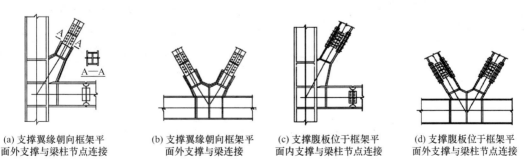

(a) 支撑翼缘朝向框架平面外支撑与梁柱节点连接　(b) 支撑翼缘朝向框架平面外支撑与梁连接　(c) 支撑腹板位于框架平面内支撑与梁柱节点连接　(d) 支撑腹板位于框架平面外支撑与梁柱节点连接

图 10.17　支撑与框架的连接

偏心支撑与耗能梁段相交时，支撑轴线与梁轴线的交点不应位于耗能梁段外。偏心支撑的剪切屈服型耗能梁段与柱翼缘的连接如图 10.18 所示。梁翼缘与柱翼缘间应采用坡口全熔透对接焊缝；梁腹板与柱间应采用角焊缝。耗能梁段一般不与工字形柱腹板连接。耗能梁段腹板应设加劲肋,加劲肋应与梁采用角焊缝连接。

5. 柱脚

高层建筑钢结构框架柱的柱脚一般采用埋入式或外包式。柱脚铰接时可以采用外露式柱脚。

(1)埋入式柱脚做法如图 10.19 所示。埋入式柱脚的埋深对轻型工字形柱,不得小于钢柱截面高度的 2 倍;对于大截面 H 形钢柱和箱形柱,不得小于钢柱截面高度的 3 倍。埋入部分的顶部必须设置水平加劲肋或隔板。埋入部分应设置栓钉,栓钉的数量和布置按有关规定采用。埋入式柱脚钢柱翼缘的混凝土保护层厚度对中柱不得小于 180mm,对边柱或角柱的外侧一般不小于 250mm。

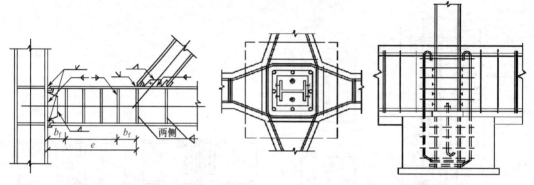

图 10.18  耗能梁段与柱翼缘的连接          图 10.19  埋入式柱脚做法

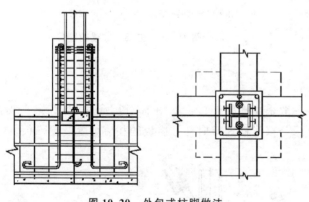

图 10.20  外包式柱脚做法

(2)外包式柱脚做法如图 10.20 所示。其混凝土外包高度与埋入式柱脚的埋入深度要求相同。外包处的栓钉数量和布置也与埋入式柱脚相同。

(3)外露式柱脚常采用锚栓固定柱脚。柱脚底部的水平反力由底板与基础混凝土间的摩擦力传递,当水平力超过摩擦力时,可采用底板下部焊接抗剪键和柱脚外包钢筋混凝土两种方法来加强。

# 10.2  高层建筑混合结构设计简介

高层建筑混合结构是在钢结构和钢筋混凝土结构的基础上发展起来的一种结构,它充分利用了钢结构和钢筋混凝土结构的优点,是结构工程领域近年来发展较快的一个方向。高层建筑混合结构是指由外围钢框架或型钢混凝土框架、钢管混凝土框架与钢筋混凝土核心筒所组成的框架-核心筒结构,以及由外围钢框筒或型钢混凝土、钢管混凝土框筒与钢筋混凝土核心筒所组成的筒中筒结构。

本节主要介绍混合结构设计的一般规定、结构布置、计算要求、型钢混凝土构件和钢管混凝土构件。

**10.2.1** 一般规定

1. 适用的最大高度

高层建筑混合结构适用的最大高度应符合表 10-5 规定。

表 10-5　高层建筑混合结构适用的最大高度　　　　　　单位：m

| 结 构 体 系 | | 非抗震设计 | 抗震设防烈度 | | | | |
|---|---|---|---|---|---|---|---|
| | | | 6 度 | 7 度 | 8 度 | | 9 度 |
| | | | | | 0.2g | 0.3g | |
| 框架-核心筒 | 钢框架-钢筋混凝土核心筒 | 210 | 200 | 160 | 120 | 100 | 70 |
| | 型钢（钢管）混凝土框架-钢筋混凝土核心筒 | 240 | 220 | 190 | 150 | 130 | 70 |
| 筒中筒 | 钢外筒-钢筋混凝土核心筒 | 280 | 260 | 210 | 160 | 140 | 80 |
| | 型钢（钢管）混凝土外筒-钢筋混凝土核心筒 | 300 | 280 | 230 | 170 | 150 | 90 |

注：房屋高度指室外地面标高至主要屋面高度，不包括突出屋面的水箱、电梯机房、构架等的高度；平面和竖向不规则的结构，适用的最大高度应适当降低。

2. 高宽比限值

高层建筑混合结构的高宽比限值应符合表 10-6 的规定。

表 10-6　高层建筑混合结构高宽比限值

| 结构体系 | 非抗震设计 | 抗震设防烈度 | | |
|---|---|---|---|---|
| | | 6、7 度 | 8 度 | 9 度 |
| 框架-核心筒 | 8 | 7 | 6 | 4 |
| 筒中筒 | 8 | 8 | 7 | 5 |

3. 抗震等级

抗震等级是确认抗震计算参数和构造措施的依据。高层建筑混合结构房屋应根据抗震设防分类、抗震设防烈度、结构类型和房屋高度采用不同的抗震等级。丙类建筑混合结构的抗震等级应按表 10-7 确定。

表 10-7　丙类建筑混合结构的抗震等级

| 结构类型 | | 抗震设防烈度 | | | | | | |
|---|---|---|---|---|---|---|---|---|
| | | 6 度 | | 7 度 | | 8 度 | | 9 度 |
| 房屋高度/m | | ≤150 | >150 | ≤130 | >130 | ≤100 | >100 | ≤70 |
| 钢框架-钢筋混凝土核心筒 | 钢筋混凝土核心筒 | 二 | 一 | 一 | 特一 | 一 | 特一 | 特一 |
| 型钢（钢管）混凝土框架-钢筋混凝土核心筒 | 钢筋混凝土核心筒 | 二 | 二 | 二 | 一 | 一 | 特一 | 特一 |
| | 型钢（钢管）混凝土框架 | 三 | 二 | 二 | 一 | 一 | 一 | 一 |
| 房屋高度/m | | ≤180 | >180 | ≤150 | >150 | ≤120 | >120 | ≤90 |
| 钢外筒-钢筋混凝土核心筒 | 钢筋混凝土核心筒 | 二 | 一 | 一 | 特一 | 一 | 特一 | 特一 |
| 型钢（钢管）混凝土外筒-钢筋混凝土核心筒 | 钢筋混凝土核心筒 | 二 | 二 | 二 | 一 | 一 | 特一 | 特一 |
| | 型钢（钢管）混凝土外筒 | 三 | 二 | 二 | 一 | 一 | 一 | 一 |

注：混合结构中钢结构构件的抗震等级，抗震设防烈度为 6、7、8、9 度时应分别取四、三、二、一级。

4. 承载力抗震调整系数

抗震设计时，型钢（钢管）混凝土构件和钢构件的承载力抗震调整系数 $\gamma_{RE}$ 应按表 10-8 和表 10-9 采用。

表 10-8　型钢（钢管）混凝土构件承载力抗震调整系数 $\gamma_{RE}$

| 正截面承载力计算 | | | | 斜截面承载力计算 |
|---|---|---|---|---|
| 型钢混凝土梁 | 型钢混凝土柱及钢管混凝土柱 | 剪力墙 | 支撑 | 各类构件及节点 |
| 0.75 | 0.80 | 0.85 | 0.80 | 0.85 |

表 10-9　钢构件承载力抗震调整系数 $\gamma_{RE}$

| 强度破坏（梁、柱、支撑、节点板件、螺栓、焊缝） | 屈曲稳定（柱、支撑） |
|---|---|
| 0.75 | 0.80 |

## 10.2.2　结构布置

高层建筑混合结构除应满足高层建筑结构布置的相关要求外，还应注意以下几点。

（1）根据钢框架分配的地震剪力的大小，钢框架-钢筋混凝土核心筒结构可分为双重抗侧力体系和非双重抗侧力体系。钢框架-钢筋混凝土核心筒结构宜做成双重抗侧力体系。一般认为钢框架按刚度计算分配的最大楼层地震剪力小于结构底部总地震剪力的 10% 时，钢框架-钢筋混凝土核心筒结构为非双重抗侧力体系,其最大适用高度宜降低,且地震总剪力应全部由混凝土核心筒墙体承担。

(2) 外围框架平面内梁与柱应采用刚接;楼面梁与钢筋混凝土筒体及外围框架柱的连接可采用刚接或铰接。

(3) 外围框架柱沿高度方向采用同类结构构件;当采用不同类型结构构件时,应设置过渡层,且单柱的抗弯刚度变化不应超过 30%。框架下部采用型钢混凝土柱、上部采用钢柱时,过渡层的柱刚度宜为上下楼层柱刚度之和的一半。

(4) 钢框架部分采用支撑时,最好采用偏心支撑和耗能支撑,支撑宜连续布置,且在相互垂直的两个方向均宜设置,并互相交接。支撑框架在地下的部分宜延伸至基础。

(5) 筒中筒结构体系中,当外围钢框架柱采用 H 形截面柱时,将柱截面强轴方向布置在外围筒体平面内;角柱采用十字形、方形或圆形截面。

(6) 楼盖体系应具有良好的水平刚度和整体性。楼面宜采用压型钢板现浇混凝土组合楼板、现浇混凝土楼板或预应力叠合楼板,楼板与钢梁应可靠连接;机房设备层、避难层及外伸臂桁架上下弦所在楼层宜采用钢筋混凝土楼板;转换层或有较大洞口楼面应采用现浇混凝土楼板。

(7) 当混合结构侧向刚度不足时,可设置伸臂桁架或同时布置周边带状桁架的加强层。伸臂桁架和周边带状桁架宜采用钢桁架;伸臂桁架应与核心筒体刚接,上下弦杆应延伸至墙体内且贯通,墙体内宜设置斜腹杆或暗撑;外伸臂桁架与外围框架柱的连接宜采用铰接或半刚接,周边带状桁架与外围框架柱的连接宜采用刚接;核心筒墙体与伸臂桁架连接处宜设置构造型钢柱,且延伸至伸臂桁架高度范围外上下各一层。当布有外伸桁架加强层时,应采取有效措施,减少由外柱与混凝土筒体竖向变形差异引起的桁架杆件内力的变化。

(8) 7 度抗震设防时,宜在楼面钢梁或型钢混凝土梁与钢筋混凝土筒体交接处及混凝土筒体四角墙内设置型钢柱。8、9 度抗震设防时,应在楼面钢梁或型钢混凝土梁与钢筋混凝土筒体交接处及混凝土筒体四角墙内设置型钢柱。

## 10.2.3　计算要求

混合结构计算模型与其他高层建筑结构的计算模型要求相似,但应注意以下几点。

(1) 在弹性阶段,楼板对钢梁刚度的加强作用不可忽视。在整体结构分析时宜考虑楼板对钢梁刚度的加强作用。弹性分析时,梁的刚度可取钢梁刚度的 1.5～2.0 倍,但应保证钢梁与楼板有可靠连接。弹塑性分析时,可以不考虑楼板与梁的共同作用。

(2) 在进行结构弹性阶段的内力和变形分析时,型钢混凝土构件、钢管混凝土柱的刚度可按照钢与混凝土两部分的刚度叠加计算,计算公式为

$$EI = E_c I_c + E_a I_a \tag{10-10}$$

$$EA = E_c A_c + E_a A_a \tag{10-11}$$

$$GA = G_c A_c + G_a A_a \tag{10-12}$$

式中:$E_c I_c$、$E_c A_c$、$G_c A_c$——钢筋混凝土部分的截面抗弯刚度、轴向刚度及抗剪刚度;

$E_a I_a$、$E_a A_a$、$G_a A_a$——型钢、钢管部分的截面抗弯刚度、轴向刚度及抗剪刚度。

无端柱型钢混凝土剪力墙可以不考虑端部型钢对截面刚度的影响,近似按相同截面的

混凝土剪力墙计算其轴向刚度、抗弯刚度和抗剪刚度。有端柱型钢混凝土剪力墙可以按 H 形混凝土截面计算其轴向刚度和抗弯刚度，端柱内型钢可以折算为等效混凝土面积计入 H 形截面的翼缘面积，墙的抗剪刚度可以不计入型钢作用。钢板混凝土剪力墙可以将钢板折算为等效混凝土面积计算其轴向刚度、抗弯刚度和抗剪刚度。

（3）对于设置伸臂桁架的楼层或楼板开大洞的楼层，如果采用楼板平面内刚度无限大的假定，则无法得到桁架弦杆或洞口周边构件的轴力和变形，因此在结构内力和位移计算时，设置外伸桁架的楼层及楼板开大洞的楼层应考虑楼板在平面内变形的不利影响。

（4）由于钢材和混凝土的竖向变形不一致，宜考虑钢柱、型钢（钢管）混凝土柱与钢筋混凝土核心筒竖向变形差引起的结构附加内力。

（5）当钢筋混凝土筒体先于钢框架施工时，必须控制混凝土筒体超前钢框架安装的层数，否则在风荷载及其他施工荷载作用下，会使混凝土筒体产生较大变形和内力。因此，应在浇筑混凝土之前，验算外围钢框架在施工荷载及可能的风荷载作用下的承载力、稳定性及位移，并据此确定钢框架安装与浇筑混凝土楼层的间隔层数。

（6）混合结构在多遇地震作用下的阻尼比可取为 0.04。风荷载作用下楼层位移验算和构件设计时，阻尼比可取为 0.02～0.04。

## 10.2.4 型钢混凝土构件

【型钢混凝土柱】

型钢混凝土构件是指在型钢周围配置钢筋并浇筑混凝土的构件。型钢混凝土构件的内部型钢部分与外包钢筋混凝土部分形成整体，共同受力，其受力性能优于型钢部分和钢筋混凝土部分的简单叠加。

型钢的形式有实腹式和空腹式两种。由于空腹式型钢混凝土构件的受力性能与普通混凝土构件基本相同，目前多采用实腹式型钢混凝土构件。常用实腹式型钢混凝土截面形式如图 10.21 所示。

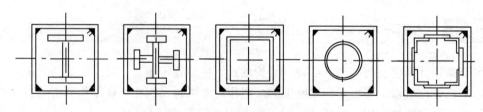

图 10.21　常用实腹式型钢混凝土截面形式

型钢混凝土构件中的材料有型钢、钢筋和混凝土。型钢宜采用 Q345、Q390、Q420 低合金高强度结构钢及 Q235 碳素结构钢，且宜采用镇静钢，质量等级不宜低于 B 级且应满足现行相关标准。纵向受力钢筋宜采用 HRB335、HRB400、HRB500 级热轧钢筋；箍筋宜采用 HPB300、HRB335、HRB400、HRB500 级热轧钢筋。混凝土强度等级不宜低于 C30；有抗震设防要求时，剪力墙不宜超过 C60；其他构件，抗震设防烈度为 9 度时不宜超过 C60，8 度时不宜超过 C70。

型钢混凝土梁中型钢的保护层厚度一般不小于 100mm，梁纵筋与型钢架的最小净距不应小于 30mm，且不小于粗骨料最大粒径的 1.5 倍及梁纵筋直径的 1.5 倍。梁的纵筋配筋率一般不小于 0.30%。

型钢混凝土柱的型钢保护层厚度一般不小于 150mm，柱纵筋与型钢的最小净跨不应小于 30mm 且不小于粗骨料最大粒径的 1.5 倍。柱中纵筋最小配筋率一般不小于 0.8%。型钢混凝土柱的型钢含钢率不宜小于 4%，也不宜大于 15%，合理的含钢率为 5%～8%。型钢混凝土柱的长细比不宜大于 80。

抗震设计时，型钢混凝土柱的轴压比限值对应于抗震等级一、二、三级分别为 0.70、0.80、0.90。轴压比按式（10 - 13）计算。

$$\mu_N = N/(f_c A_c + f_a A_a) \tag{10 - 13}$$

式中：$\mu_N$——型钢混凝土柱的轴压比；

$N$——考虑地震组合的柱轴力设计值；

$f_c$，$A_c$——混凝土的轴心抗压强度设计值和扣除型钢后的混凝土截面面积；

$f_a$，$A_a$——型钢的抗压强度设计值和型钢截面面积。

型钢混凝土剪力墙、钢板混凝土剪力墙在楼层标高处宜设置暗梁。端部配有型钢的混凝土剪力墙，型钢的保护层厚度一般不小于 100mm。钢板混凝土剪力墙体中钢板厚度一般不小于 10mm，也不宜大于墙厚的 1/15；钢板周围型钢构件宜采用焊接；钢板混凝土剪力墙的墙身分布筋配筋率不宜小于 0.4%，分布筋的间距不宜大于 200mm，且应与钢板可靠连接。

抗震设计时，型钢混凝土剪力墙、钢板混凝土剪力墙底部加强部位，其重力荷载代表值作用下墙肢的轴压比限值对应于抗震等级一级（9 度）、一级（6、7、8 度）、二级、三级分别为 0.4、0.5、0.6、0.6。轴压比按式（10 - 14）计算。

$$\mu_N = N/(f_c A_c + f_a A_a + f_{sp} A_{sp}) \tag{10 - 14}$$

式中：$N$——重力荷载代表值作用下墙肢的轴力设计值；

$f_c$，$A_c$——剪力墙混凝土的轴心抗压强度设计值和剪力墙截面面积；

$f_a$，$A_a$——剪力墙所配型钢的抗压强度设计值和型钢的全部截面面积；

$f_{sp}$，$A_{sp}$——剪力墙所配钢板的抗压强度设计值和钢板的横截面面积。

由于混凝土、箍筋及腰筋对型钢的约束作用，型钢混凝土中的型钢截面的宽厚比可比纯钢结构的适当放宽。型钢的钢板厚度一般不小于 6mm，当型钢板件的宽厚比满足表 10 - 10 的要求时，可不进行局部稳定性验算。型钢板件的宽厚尺寸如图 10.22 所示。

表 10 - 10　型钢板件宽厚比限值

| 钢　　号 | 梁 | | 柱 | | |
| --- | --- | --- | --- | --- | --- |
| | | | H、十、T 形截面 | | 箱形截面 |
| | $b/t_f$ | $h_w/t_w$ | $b/t_f$ | $h_w/t_w$ | $h_w/t_w$ |
| Q235 | 23 | 107 | 23 | 96 | 72 |
| Q345 | 19 | 91 | 19 | 81 | 61 |
| Q390 | 18 | 83 | 18 | 75 | 56 |

型钢混凝土梁、柱、剪力墙的计算包括承载力计算、裂缝宽度验算及挠度验算等。其计算和验算内容按现行相关规定执行。

型钢混凝土构件的连接包括梁柱节点、柱与柱连接、梁与梁连接、梁与墙连接和柱脚

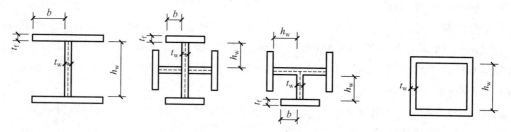

图 10.22　型钢板件宽厚尺寸

节点等。

### 1. 梁柱节点

梁柱节点设计时应做到构造简单，传力明确，便于混凝土浇筑和配筋。型钢混凝土结构的梁柱连接有以下几种形式。

（1）型钢混凝土柱与型钢混凝土梁的连接。

（2）型钢混凝土柱与钢筋混凝土梁的连接。

（3）型钢混凝土柱与钢梁的连接。

柱内型钢一般应采用贯通型，其拼接构造应满足钢结构的连接要求。型钢柱沿高度方向，在对应于梁的上下边缘处，应设计水平加劲肋，加劲肋形式应便于混凝土浇筑，如图 10.23 所示。

型钢柱与钢筋混凝土梁相连时，梁内纵筋应伸入柱节点，且应满足钢筋锚固要求。设计上应减少梁纵筋穿过柱内型钢柱的数量，且一般不穿过型钢翼缘，也不应与柱内型钢直接焊接连接，如图 10.24 所示。

型钢混凝土柱与型钢混凝土梁或钢梁连接时，其节点做法与高层建筑钢结构的梁柱节点类似。

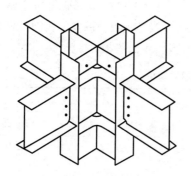

图 10.23　型钢混凝土内型钢梁柱节点构造

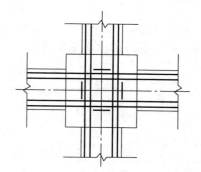

图 10.24　型钢混凝土梁柱节点穿筋构造

### 2. 柱与柱连接

当结构下部采用型钢混凝土柱，上部采用钢筋混凝土柱时，两者间应设置结构过渡层。过渡层应是下部型钢混凝土柱向上延伸一层或两层，过滤层柱的纵向配筋应按钢筋混凝土柱计算，且箍筋沿柱全高加密。过渡层内的型钢应设置栓钉，栓钉的直径和间距应满足相应规程要求。

当结构下部采用型钢混凝土柱，上部采用钢结构柱时，两者间也应设置结构过渡层。过渡层应在下部型钢混凝土柱向上延伸一层，过渡层中的型钢应按上部钢结构设计要求的截面配置，且向下一层延伸到梁下部至两倍柱型钢截面高度。过渡层内的型钢应设置栓钉，栓钉的直径和间距应满足相应规程要求。

型钢混凝土柱中的型钢柱截面改变时，一般应保持型钢截面高度不变，而改变翼缘的宽度、厚度或腹板的厚度。如果要改变柱截面高度，应设过渡层且在变截面上下端设置加劲肋。

3. 梁与梁连接

当型钢混凝土梁与钢筋混凝土梁连接时，型钢混凝土梁中的型钢一般应延伸至钢筋混凝土梁的 1/4 跨处，在伸长段型钢上下翼缘处设置栓钉，且梁端到伸长段外两倍梁高范围内应加密箍筋。

当主梁为型钢混凝土梁，而次梁为钢筋混凝土梁时，次梁中的钢筋应穿过或绕过型钢混凝土梁的型钢。

4. 梁与墙连接

型钢混凝土梁或钢梁与钢筋混凝土墙垂直连接时，可采用铰接和刚接形式。

铰接时在钢筋混凝土墙中设置预埋件，预埋件上焊连接板，连接板与型钢梁腹板用高强螺栓连接，如图 10.25 所示。

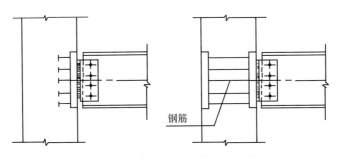

钢筋

**图 10.25  梁与墙的铰接连接构造**

刚接时，在钢筋混凝土墙中设型钢柱，型钢梁与墙中型钢柱形成刚性连接。

5. 柱脚节点

型钢混凝土柱的柱脚一般应采用埋入式柱脚。埋置深度不应小于 3 倍型钢柱截面高度。在柱脚部位及柱脚向上一层的范围内，型钢翼缘外侧一般应设置栓钉。

## 10.2.5  钢管混凝土构件

钢管混凝土构件是指在钢管内填充混凝土而形成的组合结构材料，一般用作受压构件。按截面形式不同，钢管混凝土构件可分为圆钢管混凝土构件、方钢管混凝土构件和多边形钢管混凝土构件等。钢管混凝土构件可以充分发挥钢管与混凝土两种材料的作用。对混凝土而言，钢管使混凝土受到横向约束而处于三向受压状态，从而使管内混凝土的抗压强度和变形能力提高；对钢管而言，由于钢管较薄，在受压状态下容易局部失稳，不能充分发挥其强度潜力，管中填实了混凝土后，避免了钢管发生局部失稳，使其强度潜力得以发挥。

【大复合截面
钢管混凝土
柱施工工法】

承重结构的圆钢管可采用焊接圆钢管、热轧无缝钢管，不宜选用输送流体用的螺旋焊管；矩形钢管可采用焊接钢管，也可采用冷成型矩形钢管；钢管质量应满足相关规定。钢管内的混凝土强度等级不应低于 C30。

为了防止钢管混凝土构件的整体失稳，构件的长细比不宜大于 80。

圆形钢管混凝土柱钢管直径不宜小于 400mm，壁厚不宜小于 8mm。钢管外径与壁厚之比应在 $20\sqrt{235/f_y} \sim 100\sqrt{235/f_y}$ 之间。圆形钢管混凝土柱的套箍指标 $(f_aA_a/f_cA_c)$ 不应小于 0.5，也不宜大于 2.5。轴向压力偏心率（偏心距与核心混凝土横截面半径之比）不宜大于 1.0。

矩形钢管混凝土柱钢管截面短边尺寸不宜小于 400mm，壁厚不宜小于 8mm。钢管截面的高宽比不宜大于 2，当柱截面最大边尺寸不小于 800mm 时，宜采取在柱内壁焊接栓钉、纵向加劲肋等构造措施。钢管管壁板件的边长与其厚度的比值不应大于 $60\sqrt{235/f_y}$。矩形钢管混凝土柱的轴压比限值对应于抗震等级一、二、三级分别为 0.7、0.8、0.9。

钢管混凝土柱应按现行相关规定进行承载力和变形验算。

钢管混凝土柱节点构造应做到构造简单、整体性好、传力明确、安全可靠、节约材料和施工方便。

1. 钢管混凝土柱的连接节点

等直径钢管对接（图 10.26）时宜设置环形隔板和内衬钢管段，内衬钢管段也可兼作抗剪连接件。不同直径钢管对接时，宜采用一段变径钢管对接（图 10.27）。变径钢管的上下两端均宜设置环形隔板，变径钢管的壁厚不应小于所连接的钢管壁厚，变径段的斜度不宜大于 1∶6，变径段宜设置在楼盖结构高度范围内。

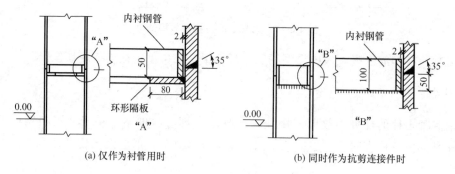

(a) 仅作为衬管用时　　　　　　　　(b) 同时作为抗剪连接件时

**图 10.26　等直径钢管对接构造**

2. 梁柱连接节点

钢管混凝土柱的直径较小时，钢梁与钢管混凝土柱间可采用外加强环连接（图 10.28），外加强环应为环绕钢管混凝土柱的封闭满环，外加强环与钢管外壁应采用全熔透焊缝连接，与钢梁应采用栓焊连接。当钢管混凝土柱的直径较大时，钢梁与钢管混凝土柱间可采用内加强环连接（图 10.29），内加强环与钢管内壁应采用全熔透坡口焊缝连接。当钢管混凝土柱直径较大且钢梁翼缘较窄时，可采用钢梁穿过钢管混凝土柱的连接方式，钢管壁与钢梁翼缘应采用全熔透剖口焊缝连接，钢管壁与钢梁腹板可采用角焊缝连接（图 10.30）。

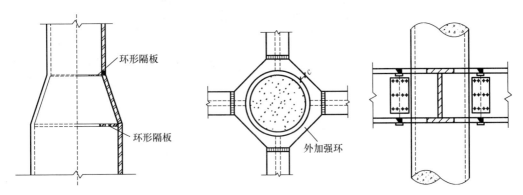

图 10.27　变径钢管对接构造　　　　图 10.28　钢梁与钢管混凝土柱连接（外加强环）

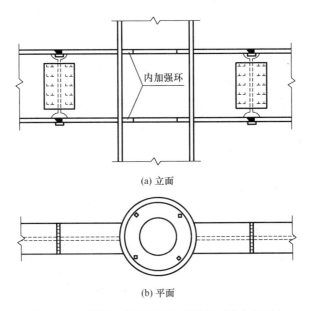

(a) 立面

(b) 平面

图 10.29　钢梁与钢管混凝土柱连接（内加强环）

　　钢筋混凝土梁与钢管混凝土柱的连接应同时符合钢管外剪力传递及弯矩传递要求，钢管外剪力传递可采用环形牛腿或承重销；钢筋混凝土无梁楼板或井式密肋楼板与钢管混凝土柱连接时，钢管外剪力传递可采用台锥式环形深牛腿。环形牛腿、台锥式环形深牛腿可由呈放射状均匀分布的肋板和上下加强环组成（图 10.31）。钢筋混凝土梁与钢管混凝土柱的管外弯矩传递可采用钢筋混凝土环梁、穿筋单梁、变宽度梁或外加强环等构造。

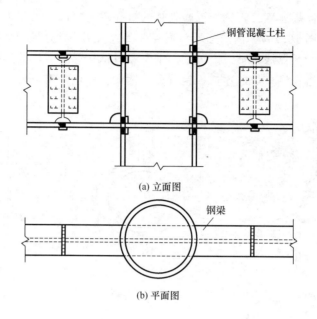

(a) 立面图

(b) 平面图

图 10.30  钢梁与钢管混凝土柱连接（穿心式）

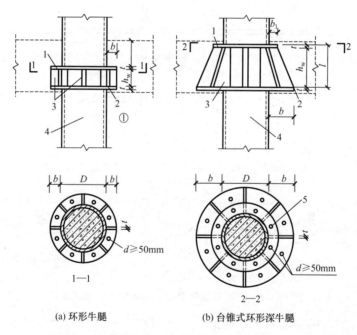

(a) 环形牛腿

(b) 台锥式环形深牛腿

1—上加强环；2—下加强环；3—腹板（肋板）；4—钢管混凝土柱；

5—根据上加强环宽确定是否开孔

图 10.31  环形牛腿构造

3. 柱脚节点

柱脚钢管的端头必须采用封头板封固，钢管混凝土柱脚与基础的连接采用插入式和端承式两种连接方式，其构造如图 10.32 所示。

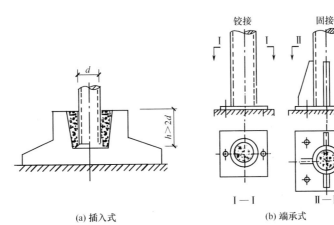

图 10.32　钢管混凝土柱脚构造

（a）插入式　　　　　　　（b）端承式

## 本 章 小 结

　　本章主要介绍了高层建筑钢结构和高层建筑混合结构的设计。在高层建筑钢结构设计中介绍了结构体系、一般规定、结构计算、构件设计、构件连接等内容。在高层建筑混合结构设计中主要介绍了结构体系、一般规定、结构布置、计算要求、型钢混凝土构件和钢管混凝土柱的构造要求等内容。

## 习　题

1. 思考题

（1）请简述高层建筑钢结构体系和适用性。

（2）中心支撑钢框架和偏心支撑钢框架有什么不同？

（3）为什么要规定钢结构构件的长细比限值和板件的宽厚比限值？

（4）高层建筑混合结构体系有哪些？

（5）与钢筋混凝土构件相比，型钢混凝土构件和钢管混凝土构件有什么优缺点？

（6）型钢混凝土梁柱连接方式有哪些？

（7）钢管混凝土梁柱连接方式有哪些？

2. 计算题

（1）某抗震设防烈度 7 度地区的轴心受压钢柱，截面为 HW350×350H 型钢，截面面积为 144cm²；材料为 Q235B 钢，抗压强度设计值为 215N/mm²；稳定系数为 0.8。地震作用参与组合的柱轴心压力设计值为 2500kN。请验算该柱是否满足强度要求。

（2）某型钢混凝土梁截面 $b×h=350\text{mm}×700\text{mm}$，混凝土强度等级为 C50，其弹性模量为 $3.45×10^4\text{N/mm}^2$；充满型实腹式型钢 I36c 居中布置，型钢的截面面积为 90.8cm²，惯性矩 $I_x=17351\text{cm}^4$，材料为 Q235B 钢，其弹性模量为 $2.10×10^5\text{N/mm}^2$。请计算该梁的抗弯刚度。

# 参 考 文 献

包世华，张铜生，2005. 高层建筑结构设计和计算：上册［M］. 北京：清华大学出版社 .

东南大学，同济大学，天津大学，2012. 混凝土结构：中册　混凝土结构与砌体结构设计［M］. 5 版 .
　北京：中国建筑工业出版社 .

傅学怡，2010. 实用高层建筑结构设计［M］. 2 版 . 北京：中国建筑工业出版社 .

高立人，方鄂华，钱稼茹，2005. 高层建筑结构概念设计［M］. 北京：中国计划出版社 .

华昕若，张彩霞，2015. 高层建筑结构［M］. 北京：中国建材工业出版社 .

李英民，杨溥，2017. 建筑结构抗震设计［M］. 2 版 . 重庆：重庆大学出版社 .

刘立平，2015. 高层建筑结构［M］. 武汉：武汉理工大学出版社 .

吕西林，2011. 高层建筑结构［M］. 3 版 . 武汉：武汉理工大学出版社 .

钱稼茹，赵作周，叶列平，2012. 高层建筑结构设计［M］. 2 版 . 北京：中国建筑工业出版社 .

沈小璞，2006. 高层建筑结构设计［M］. 合肥：合肥工业大学出版社 .

沈小璞，陈道政，2014. 高层建筑结构设计［M］. 武汉：武汉大学出版社 .

史庆轩，梁兴文，2006. 高层建筑结构设计［M］. 北京：科学出版社 .

谭文辉，李达，2013. 高层建筑结构设计［M］. 2 版 . 北京：冶金工业出版社 .

徐培福，2005. 复杂高层建筑结构设计［M］. 北京：中国建筑工业出版社 .

杨红，2018. 混凝土结构与砌体结构设计［M］. 重庆：重庆大学出版社 .

张世海，张力滨，卢书楠，2013. 高层建筑结构设计［M］. 北京：科学出版社 .

张仲先，王海波，2006. 高层建筑结构设计［M］. 北京：北京大学出版社 .

章丛俊，宗兰，2014. 高层建筑结构设计［M］. 南京：东南大学出版社 .

周云，2012. 高层建筑结构设计［M］. 2 版 . 武汉：武汉理工大学出版社 .

朱炳寅，2017. 建筑抗震设计规范应用与分析［M］. 2 版 . 北京：中国建筑工业出版社 .